개정판

조리과학

이론 및 실험

이 책을 펴내면서

사람은 "무엇을 어떻게 먹을 것인가"에 대한 의욕으로 항상 새로운 식물을 찾아 그것을 창조하고 전승하는 역사를 되풀이하면서 음식 문화를 이룩해 왔다.

또한 사람은 식품을 그대로 섭취하지 않고 특별한 의도를 가지고 조리과정을 통해 최선의 음식을 만들어 섭취함으로써 에너지와 만족감을 얻는다. 즉 조리는 식품이라는 소재를 음식물로 만드는 수단을 말하며, 조리학은 조리의 목적에 적합한 조작 과정과 결과의 평가에 대한 원리를 찾아 과학적으로 체계화시키는 학문이다.

우리가 원하는 최선의 음식을 얻기 위해서는 식품학에 기초를 둔 식품별 구성성분의 구조 및 영양, 물리화학적 성질 그리고 조리과정에서 일어날 수 있는 변화 등을 내포한 조리원리를 통하여 음식을 만드는 방법을 습득하여야 한다.

또한 음식의 역할을 생리학적 관점만 중시하여 먹는 것으로 끝내지 않고, 현대의 식생활 구조가 다양한 환경에 의해 영향을 받고 있음을 감안하여 과학적으로 확립된 기초 위에 축적된 경험을 조화시켜가는 조리과학적 체계의 연구 · 정립이 필요하다고 사료된다.

이에 본 저서는 조리의 과학적 개념에 기초하여 각 장별로 식품에 따른 영양 및 조리적 특성을 알아보기 쉽도록 정리하였고 이를 바탕으로 다양하게 실험을 전개해 볼 수 있도록 편성하였다.

여러모로 부족한 점이 많으나 영양학과 조리학을 학습하는 모든 학생들에게 도움이 되기를 바라며 이 책이 나오기까지 많은 도움을 주신 도서출판 효일 관계자 여러분께 감사드리는 바이다.

저자 씀

Contents

Chapter 03
조리의 기초과학

Chapter 04
조리조작의 개요

Chapter 05

조리용 기기의 종류와 다루는 법

Chapter 06

곡류의 영양 및 조리특성

Chapter 07
수육류의 영양 및 조리특성

Chapter 08
가금류의 영양 및 조리특성

Chapter 09

어패류의 영양 및 조리특성

Chapter 10

달걀의 영양 및 조리특성

Chapter 11
우유와 유제품의 영양 및 조리특성

Chapter 12
두류의 영양 및 조리특성

Chapter 13
유지의 영양 및 조리특성

Chapter 14
채소와 과일의 영양 및 조리특성

Chapter 15

해조류의 영양 및 조리특성

Chapter 16

식품의 품질측정

부록

조리과학 이론 및 실험

Chapter 01

조리과학의 개요

1. 조리과학의 정의

인간이 생명을 유지하고 성장 및 활동을 하기 위해서는 식생활을 통하여 꾸준히 물질을 섭취하여야 한다. 섭취된 물질 속에 함유되어 있는 생명유지에 필요한 성분을 영양소라고 하며, 그 영양소를 한 가지 이상 함유하고 있으면서 아직 조리, 가공되지 않은 물질을 식품이라고 한다. 그러므로 식품은 섭취된 후 체내의 대사과정을 통해 성장 및 생명의 유지를 돕거나 에너지를 획득하게 해주는 물질을 함유하지 않으면 안 된다.

즉 식품은 물리·화학적, 생물학적 특성뿐만 아니라 영양학적, 식품학적으로도 충분한 가치가 있어야 하므로 음식물로서의 기호성을 가지고 유기물질인 탄수화물, 지질, 단백질 및 비타민과 무기질 등의 영양소를 골고루 함유해야 한다. 또한 식품에 비위생적인 물질이 들어있지 않아야 하며, 들어있다 하더라도 간단한 처리에 의하여 쉽게 제거될 수 있어야 질적 가치를 인정받을 수 있다.

또한, 식품을 적절히 가공, 조리하여 먹기에 알맞도록 한 것을 '식물' 또는 '식이'라 하는데 이에는 기호성, 경제성, 영양효율성 및 위생성 등이 중요하게 작용한다. 이들 조건을 충족시키기 위해서는 조리과정이 중요한데, 19세기 후반까지도 식품과 관련된 과학들은 식품 속의 영양성분 분석과 가공식품의 유해물질 등을 검출하는 데 역점을 두었다.

그러나 식품은 조리 시의 열, 물, 산, 알칼리 등 여러 요소에 의하여 영향을 받아 많은 영양적, 물성적 변화를 일으키므로 식품의 성분과 물리·화학적인 성질을 이해하고 조리의 조건이 식품에 어떤 영향을 미치는지 파악하여 합리적이고 과학적인 조리가 되도록 하는 것이 중요하다.

조리과학의 정의는 조리의 전 과정에서 일어나는 식품의 화학적, 물리적, 영양학적 변화를 예측하고 보다 합리적인 조리법을 연구하여 조리를 과학화하는 것이다.

또한, 식품을 조리할 때 식품에서의 변화에 대하여 이해하는 것이 필수적이지만 실제적인 조리기술도 완성된 음식물의 질을 높이기 위해 중요하다. 조리기술의 습득을 위해서는 경험과 숙련이 요구되며, 정확한 조리기술을 바탕으로 과학(science)과 예술(art)적 개념을 조리에 접목시킨다면 21C 창조의 식문화 시대에 걸맞는 조리를 할 수 있으며, 이는 우리의 식생활을 한층 풍요롭고 즐겁게 할 것이다.

2. 조리의 목적

조리란 넓은 의미로는 식사계획부터 식품의 선택, 조리조작, 식탁차림 등 준비에서 뒤처리까지의 전 과정을 말하나 좁은 의미로는 식품을 조작, 가공하여 음식으로 만드는 것을 일컫는다. 그런데 조리는 맛의 향상에만 편중되어서는 안되며 식품학, 영양학, 조리과학, 식품위생 등 기초적인 지식의 토대 위에서 행해져야만 비로소 질적으로 완성된 음식을 만들 수 있다. 이러한 개념에서 조리의 목적을 살펴보면 다음과 같다.

(1) 영양소의 보존

식품의 조리 시 영양 손실이 가장 큰 것은 수용성 물질로, 재료의 수세나 조리과정에서 쉽게 영양 손실이 일어난다. 그러므로 이를 최대한 억제하기 위해서는 조리수의 양 및 조리 시간을 적절히 하여야 하는데, 예를 들어 채소를 데칠 때 채소의 종류에 따라 많은 물을 사용하는 것보다 채소 자체의 수분을 이용하여 데치는 것이 영양소의 손실을 줄이는 방법이 될 것이다. 이때 가장 많이 손실되는 영양소는 비타민 B_1과 비타민 C인 것으로 밝혀진 바 있다.

용어설명

- **식품(food materials)**
  유해물을 포함하지 않고 한 종류 이상의 영양소를 가지고 있는 천연물 또는 인공물
- **식물, 식이(food, diet)**
  식품을 적절히 가공 · 조리하여 사람이 먹기에 알맞도록 한 것
- **영양(nutrition)**
  생물체가 외부로부터 물질을 취하고, 이것을 이용하여 생명을 유지하는 현상
- **영양소(nutrient)**
  영양을 유지하기 위하여 외부로부터 섭취하여야 되는 물질
- **조리(cooking)**
  식품에 위생적이고 바람직한 물리, 화학적인 변화를 유도하여 기호성을 가진 음식으로 만드는 과정(식품을 식물화하는 과정)

또한, 조리과정에서 가열에 의한 단백질의 변성은 단백질의 생물가에도 영향을 주는데, 고기를 굽거나 곡류를 조리하는 과정에서 나타나는 갈변현상은 유효한 아미노산의 체내 이용을 저하시키므로 단백질의 생물가가 낮아진다. 그러므로 영양소를 최대한 보존하기 위해해 조조 시 식품의 종류와 양, 형태 등에 따른 적절한 열의 사용이 필요하다.

이렇듯 여러 조리조작은 식품의 영양성분에 좋지 않은 많은 변화를 초래하게 되므로 이들 변화를 억제하는 방향으로 조리함으로써 영양소가 최대한 보존되도록 해야 한다.

1) 탄수화물의 조리 시 영양적 변화

조리에 의한 탄수화물의 손실은 다른 영양소에 비해 적은 편이며 조리와 관계되는 성질로서는 단당류인 경우 수용성을 나타내고, 당의 종류에 따라 단맛을 낸다. 또한, 당은 단백질의 열 응고에 변화를 주는 성질이 있는데, 조리 시 설탕을 가하면 단백질의 열 응고온도가 올라가고, 많은 양을 첨가하면 단백질이 응고되지 않는 특성이 있다.

이당류인 서당을 계속 가열하면 캐러멜 반응을 일으키며, 아미노산과 같이 있을 때는 마이야르 반응을 초래한다. 전분은 가열하면 호화되고 부적절한 보관 시에는는노화현상을 일으킨다.

2) 단백질의 조리 시 영양적 변화

수용성 단백질이 함유되어 있는 식품을 물에 담가 두면 영양소가 용출되어 손실된다. 예를 들어 생선을 통째로 씻을 때보다 토막을 내어 씻으면 생선의 표면적이 커져서 수용성 단백질의 유출이 더 많아지게 되는 것이다. 또한, 단백질 식품을 조리하면 응고, 갈색화, 수화 등 단백질의 변성이 일어나 영양소의 감소를 초래하므로 적절한 조리과정이 필요하다다

3) 지질의 조리 시 영양적 변화

지질이 많이 함유된 식품을 가열하면 지질성분이 용출되어 식품에서 빠져 나오고 가열시간이 길거나 가열온도가 높으면 지질이 산화되어 나쁜 냄새와 맛을 내는 산패현상이 초래된다. 특히 튀김을 할 때는 발연점이 높은 기름을 선택해야 하며 사용한 기름은 잘 보관하여 영양적 손실 및 산패를 최소화하도록 하여야 한다.

4) 무기질의 조리 시 영양적 변화

조리 시 무기질은 상당히 안정적이라고 볼 수 있다. 수용성의 무기질 원소는 냉수보다 온수에서 용출되는 정도가 심한데, 예를 들어 미역을 냉수에 담그면 요오드가 약 20% 정도 물에 녹아 나오지만 가열하면 약 60% 정도 용출된다.

그리고 Cu^{++}와 Fe^{++}은 식품의 색을 고정시키는 역할을 하는데 완두콩을 가열할 때 황산구리($CuSO_4$) 용액을 소량 넣으면 색을 파랗게 유지할 수 있으며, 검은콩을 끓일 때 헌 못을 넣으면 색소의 고정 효과를 볼 수 있다.

또한, 금속은 물에 녹으면 이온화하여 영양성분을 용출하는 성질이 있어 외관, 맛 및 영양가의 저하를 초래하므로 특히 산성식품을 조리하거나 사과 등 과일을 깎을 때에는 금속 조리도구의 사용에 유의해야 한다.

5) 비타민의 조리 시 영양적 변화

지용성 비타민은 물에는 안정하나 기름에 녹아 용출되므로 지방과 같이 섭취하면 소화흡수율을 높일 수 있다. 특히 비타민 A의 흡수율은 지방과 함께 섭취하면 80~90% 이상이 되지만 무지방일 때는 40% 이하로 저하된다. 또한, 비타민 A는 내열성이 강해 산소가 없으면 120℃까지도 분해되지 않으므로 끓일 때는 반드시 뚜껑을 덮어서 산소와의 접촉을 막아야야한다.

수용성 비타민은 물에 담그거나 물에서 끓이면 국물에 상당한 양이 유출되어 나오게 된다. 또한, 수용성 비타민을 많이 함유한 식품은 공기와 접하는 부분이 크고 잘게 썰수록 용액의 알칼리도가 높고 오래 끓일수록 파괴율이 증가된다.

비타민 C의 경우는 금속 이온에 의해 산화가 촉진되므로 비타민 C가 많이 함유된 채소나 과일 등은 구리, 철, 알루미늄 등의 금속 용기에 담지 않는 것이 좋으며 비타민 C의 산화효소인 아스코르비나아제(ascorbinase)를 함유한 무, 오이, 호박, 참외, 당근 등과는 섞어서 이용하지 않는 것이 영양소의 파괴를 억제하는 방법이라 할 수 있다.

(2) 기호성 및 관능성의 향상

음식은 자체가 가지고 있는 영양도 중요하지만, 사람이 먹었을 때 맛이 좋게 느껴지고, 선택될 수 있어야 한다. 맛에는 단순한 4원미로서의 맛뿐만 아니라 냄새, 온도, 음식을 씹을 때 입에서 느끼는 압력 등이 모두 포함되며 더 나아가 음식의 형태, 색, 음식이 담긴 식기의 종류 등도 영향을 미친다.

또한, 음식에 대한 반응은 개인에 따라 차이가 크며 식품 자체가 지니고 있는 맛을 최대로 유지하면서 양념이나 다른 재료를 첨가하여 목적하는 바의 맛이 형성되도록 해야 한다. 이에는 조리의 조건이 중요한데, 예를 들어 갈색의 먹음직스러운 빵을 만들려면 증기로 찌거나 전자레인지에서 조리해서는 안 되고 건열로 충분히 구워야지만 갈색 반응이 일어나 구수한 맛과 색, 냄새가 형성되는 것이다.

육류의 조리에서 국물을 맛있게 하려면 사태나 양지머리를 이용하여 약한 불에서 오래 끓여야 되고 구이를 할 때는 등심이나 안심을 재료로 강한 불에서 고기의 표면을 빨리 익혀 육즙의 유출을 막아야지만 맛있는 고기 음식을 얻을 수 있다.

(3) 소화율의 증진

식품의 소화성은 섭취한 음식의 소화된 정도, 완전소화에 걸린 시간, 그리고 섭취된 음식이 소화과정에서 소화기관에 준 부담의 정도 등 모든 요소를 감안하여 고려된다. 과학적인 방법으로 식품의 소화율을 측정할 때 소화의 완전성을 가지고 이야기하지만 실제로 여러 조건에 의해 섭취된 식품이 완전히 소화되기란 쉽지 않다.

이와 관련하여 1897년 미국의 Atwater와 그의 공동 연구자들은 200여 종의 음식에 대한 소화율을 조사했는데 그 결과 영양소 중 당질은 98%, 지질은 95%, 단백질은 92%의 소화율을 가진 것으로 보고하였다.

그러나 실제 음식의 소화율은 영양소의 구성비 등에 의하여 변화하는 한편 먹는 사람의 노동량, 식사내용과 조리정도, 조리방법, 식사의 양, 식사 시의 감정상태, 소화기관 자체의 건강상태 등에 따라 많은 변수를 갖는다.

[표 1-1] 식품 종류별 소화 흡수율

식품의 종류		당질(%)	단백질(%)	지질(%)
쌀	백미	99.7	85.8	86.8
	7분 도미	99.6	83.0	80.5
	5분 도미	99.3	82.0	74.4
	현미	98.6	74.9	58.3
국수류		98	85	90
감자		96	87	98
쇠고기		98	98	87
생선		98	98	91
알 종류		98	97	95
우유		99	94	95

특히 식사내용에 있어서는 섬유소와 같은 소화되기 어려운 물질의 함유량에 따라서 소화율이 달라지며 같은 식품이라 할지라도 조리방법에 따라 소화율, 소화속도, 위의 부담률 등이 각각 달라진다.

(4) 위생의 개선 및 향상

식품은 자연 발생적 또는 비위생적인 환경으로 인해 유해한 물질이 침입할 수 있어 사람이 이를 섭취함으로써 건강에 해를 가져오기도 한다. 이런 식품에 의한 건강 장해를 방지하려면 무엇보다 음식을 취급하는 사람이 식품위생에 대한 올바른 지식을 가져야 하며 이는 국민의 복지에 있어서도 중요하다.

비위생적인 식품이라 함은 기생충에 감염된 것, 사람에게 해로운 병원균에 감염된 것, 세균의 증식으로 생성된 독소를 포함한 것, 유기 또는 무기 독소에 의해서 오염된 것 그리고 자연 독소를 지닌 것 등으로 조리 시 반드시 제거해야 하며, 더 나아가 조리 후 부적절한 음식 보관에 의하여 2차 감염이 발생하지 않도록 세심한 주의가 필요하다.

용어설명

- **식품위생법 제1장 1조 식품위생의 대상**

  식품위생이라 함은 식품, 식품첨가물, 기구, 용기, 포장을 대상으로 하는 음식에 관한 위생을 말한다.

- **식품위생의 목적**

  식품으로 인한 위생상의 위해를 방지하고, 식품영양의 질적 향상을 도모하여 식품에 관한 올바른 정보를 제공함으로써 국민보건의 증진에 이바지함을 목적으로 한다.

조리과학 이론 및 실험

Chapter 02

식품의 성분

식품은 여러 종류의 화학분자가 다양한 형태로 구성, 배열되어 있는 대단히 복잡한 물질이며 식품에 따라 다른 물리적, 화학적 성질을 가지고 있다. 식품들은 조리할 때 많은 변화가 일어나므로 제반 현상을 잘 이해하기 위해서는 구성성분의 화학적 특성과 기능에 대한 개념을 확실히 해 둘 필요가 있다.

식품의 성분은 크게 일반 성분과 특수 성분의 두 종류로 구분될 수 있다. 일반 성분은 물, 탄수화물, 단백질, 지질, 비타민, 무기질 등으로 분류할 수 있으며 특수 성분에는 식품의 맛, 색, 냄새, 효소 등이 있다.

1. 식품의 일반 성분

(1) 탄수화물(carbohydrate)

탄수화물은 탄소(C), 수소(H), 산소(O)의 세 원소로 이루어져 있으며 수소와 산소의 비가 물과 같은 2 : 1의 비율로 존재한다. 당질(saccharide)이라고도 하는데 이것은 가수분해에 의해 단당류가 얻어지는 물질을 뜻한다.

탄수화물은 가수분해되어 생성되는 당 분자의 수에 따라 단당류, 이당류, 소당류, 다당류로 분류된다[표 2-1].

1) 탄수화물의 체내 기능

① 주된 에너지원(4kcal/g)
② 혈당농도 유지
③ 단백질의 소모 억제
④ 지방의 불완전 산화 방지
⑤ 과다섭취 시 지방으로 전환되어 저장
⑥ 식이섬유는 소화기관의 작용을 도움

2) 탄수화물의 분류

① 단당류(monosaccharide)

가장 단순한 당으로 자연 식품은 대부분 탄소 원자가 6개인 당을 함유하고 있는데 이것을 6탄당(hexose)이라 하고 섬유소 또는 검류에 함유되어 있는 5개의 탄소를 갖는 당류를 5탄당(pentose)이라 한다.

이들 각 당류는 $C_6H_{12}O_6$으로 표기되나 화학기의 위치에 따라 단맛이나 용해도 같은 특성이 다르다. 종류에는 포도당(glucose), 과당(fructose), 젖당(galactose) 등이 있다.

② 이당류(disaccharide)

이당류는 2개의 단당류로 이루어져 있어 가수분해되면 2개의 단당류로 나누어진다.종류로는 서당(설탕,sucrose, 1glucose+1fructose), 맥아당(maltose, 2glucose), 유당(lactose, 1glucose+1galactose) 등이 있다.

③ 소당류(oligosaccharide)

3~10개의 단당류로 이루어진 탄수화물로 대부분의 소당류는 다당류를 부분적으로 분해시켜 얻는다. 소당류에는 삼당류인 라피노오스와 사당류인 스타키오스가 있으며, 소화성인 말토올리고당류, 난소화성인 이소말토올리고당류, 비소화성인 프락토올리고당류, 갈락토올리고당류 등이 있다.

④ 다당류(polysaccharide)

다당류는 수많은 단당류나 그 유도체가 글루코시드 결합한 고분자 탄수화물이며, 자연계에 존재하는 탄수화물의 대부분을 차지하고 있다. 종류로는 구성 단당류가 단일 종류로 되어 있는 단순다당류인 전분(starch), 셀룰로오스(cellulose), 글리코겐(glycogen)과 2가지 이상으로 되어 있는 복합다당류인 펙틴(pectin), 헤미셀룰로오스(hemicellulose) 등이 있다.

3) 조리에 영향을 주는 당의 성질

① 감미료(sweetener)

포도당, 과당, 서당 등은 단맛을 가지고 있어 음식의 맛에 영향을 주며 당의 종류에 따라 단맛의 강도에 차이가 있다.

② 발효(fermentation)

당은 미생물이나 효소에 의해 발효한다. 각종 알코올 음료나 김치류는 이 발효과정에 의해 생성된다.

③ 갈색화(browning)

당을 융점 이상으로 가열할 때 탈수와 중합 등 화학 반응이 일어나 갈색물질이 형성된다. 너무 지나친 반응은 바람직하지 않으나 적당한 갈색화는 음식에 좋은 풍미를 준다.

[표 2-1] **탄수화물의 분류 및 특성**

분 류	특 성
단당류	
리보오스(ribose)	- 5탄당, 동물의 핵산(RNA)의 구성성분, 환원당, 발효 안 됨
포도당(glucose)	- 6탄당, 유리상태로 동물의 혈액에 0.1% 존재, 포도 등 과일에 존재, 전분을 가수분해하여 얻음
과당(fructose)	- 6탄당, 설탕의 구성단위, inulin → fructose, 당류 중 가장 감미가 강하며 용해도가 큼
젖당(galactose)	- 6탄당, 유당의 구성성분으로 포유동물의 유즙에 존재
만노오스(mannose)	- 6탄당, 곤약의 mannan, 돼지감자 등에 함유
이당류	
맥아당(maltose)	- 맥아, 녹말의 기본 구성단위, 효소: maltase
서당(sucrose)	- 사탕수수, 사탕무에 함유, 감미도 100, 효소: sucrase
유당(lactose)	- 유즙에 존재, 효소: lactase
소당류	
라피노오스(raffinose)	- 3당류, 포도당, 과당, 갈락토오스로 구성, 목화씨, 사탕무에 함유
스타키오스(stachyose)	- 4당류, 포도당, 과당, 2분자의 갈락토오스로 구성, 대두에 함유
올리고당류(oligo-)	- 소화성: 말토올리고당류, 기능성 - 난소화성: 이소말토올리고당, 기능성 - 비소화성: 프락토올리고당, 갈락토올리고당, 기능성
다당류	
전분(starch)	- 소화성, 수백 · 수천 개의 포도당이 중합, 식물세포의 저장 탄수화물
글리코겐(glycogen)	- 소화성, 동물세포의 저장 탄수화물, 특히 간이나 근육에 많음
셀룰로오스(cellulose)	- 난소화성, 섬유소, 세포벽 주성분, 포도당이 β-1,4 결합을 한 직쇄상구조
펙틴(pectin)	- 난소화성, 세포막에 존재, 갈락토오스의 산화물인 갈락투론산으로 구성
알긴산(alginic acid)	- 난소화성, 미역, 다시마 등 갈조류의 점성을 나타내는 성분
이눌린(inulin)	- 난소화성, 돼지감자, 우엉의 성분, 과당이 β-1,2 결합을 한 다당류
키틴(chitin)	- 난소화성, 새우, 게 등의 갑각성분, 당유도체인 아미노당이 β-1,4 결합

(2) 단백질(protein)

단백질은 탄소(C), 수소(H), 산소(O), 질소(N)를 함유한 고분자 화합물로 효소, 호르몬, 항체의 주요성분이다.

1) 아미노산(amino acid)

아미노산은 단백질의 기본 단위 화합물로, 한 분자 내에 아미노기($-NH_2$)와 카르복실기($-COOH$)를 가진다. 단백질을 구성하는 아미노산은 약 20여 종이며 측쇄(R)의 화학구조에 따라, 또 이들의 펩타이드(peptide) 결합 상태에 따라 여러 가지 다양한 단백질을 구성한다. 단백질의 영양적 가치는 구성하고 있는 아미노산의 종류와 양에 따라 달라진다.

$$
\begin{array}{c}
\quad H \\
\quad | \\
R - C - COOH \\
\quad | \\
\quad NH_2
\end{array}
\quad : \text{Amino Acid}
$$

2) 단백질의 체내 기능

① 체내 단백질 합성에 필요한 아미노산 제공

② 에너지원(4kcal/g)

③ 당질 부족 시 당질로 전환

④ 과량의 단백질은 지질로 전환되어 저장

3) 단백질의 분류

자연계에는 수많은 종류의 단백질이 있으며 이들은 크게 단순 단백질, 복합 단백질, 유도 단백질로 분류된다[표 2-2].

4) 조리에 영향을 주는 단백질의 성질

① 변성(denaturation)

변성은 가열, 산도의 변화, 냉동 등의 조리과정 중에 단백질 분자가 물리적으로 변화되는 현상으로 이렇게 되면 단백질의 용해성이 감소하고, 특히 효소인 경우에는 촉매반응 능력을 상실하게 된다. 고기를 가열하면 쉽게 단백질이 변성된다.

[표 2-2] 단백질의 분류 및 특성

분 류	특 성
단순단백질	
알부민(albumin)	- 동식물에 존재, lactalbumin(유즙), ovalbumin(난백), myogen(근육)
알부미노이드(albuminoid)	- 동물체의 보호조직에 존재, collagen, elastin의 결합조직, keratin(손톱)
글로불린(globulin)	- 동식물에 존재, glycinin(대두), lactoglobulin(유즙), myosin(근육)
글루텔린(glutelin)	- 식물종자에 존재, glutenin(밀), oryzenin(쌀), hordenin(보리)
프롤라민(prolamin)	- 식물종자에 존재, gliadin(밀), zein(옥수수), sativin(귀리), hordenin
히스톤(histone)	- 동물에 존재, 간장적혈구(포유류, 조류), 정자핵(어류), globin(적혈구)
프로타민(protamin)	- 어류의 정자핵 속에 DNA와 결합하여 존재
복합단백질	
인단백질(인결합)	- 동물성 식품에서만 발견, casein(우유), vitellin(난황), hematogen(난황)
핵단백질(핵산)	- 동식물세포핵의 주성분, nucleohistone, nucleoprotamine, 배아, 효모
당단백질(다당류)	- 동식물세포, 점성분비물에 존재, 타액(mucin), 점액질(mucoid)
금속단백질(금속)	- ferritin(비장), hemocyanin(연체동물 혈액), insulin(췌장), hemoglobin
지단백질(지질)	- lipovitellin(난황), lipovitellenin(난황)
색소단백질(색소)	- hemoglobin(혈액), myoglobin(근육), rhodopsin(시홍)
유도단백질	
제1차 유도단백질 - gelatin - protean - metaprotein - coagulated protein	- 천연 단백질의 약간의 변성물, 골격의 대부분은 그대로이고 성질은 약간 변화함: 변성단백질(denatured protein)
제2차 유도단백질 - primary proteose - secondry proteose - peptone - peptide	- 천연 단백질 가수분해물의 총칭, 제1차 유도단백질보다 분해가 더 진행된 것: 분해단백질(peptised protein)

② 응고(coagulation)

단백질 분자가 열, 산, 알칼리 등에 의해 서로 결합하거나 재배열되어 겔이나 고체 상태를 형성하는 것이다. 우유 단백질인 카제인(casein)의 산에 의한 응고와 효소인 레닌(rennin)에 의한 응고 등이 있다.

③ 수화(hydration)

단백질은 수소결합에 의하여 물을 흡착하는 성질이 있다. 밀가루의 밀 단백질이 글루텐을 형성하기 위하여 물과 결합하는 것이 그 예이다.

④ 가수분해(hydrolysis)

가수분해는 물을 첨가함으로써 단백질이 보다 작은 분자로 분해되는 것을 말하며 이렇게 되면 단백질의 용해도는 증가하고 농후제로서의 힘은 저하된다.

(3) 지질(lipid)

지질은 탄소(C), 수소(H), 산소(O)로 구성된 유기화합물로서 물에 불용성이며 지방(fat)이나 기름(oil)으로 동 · 식물성 식품에 널리 분포되어 있다.

1) 지질의 결합

지질은 지방산(fatty acid)과 글리세롤(glycerol)이 에스테르(ester) 형태로 결합한 글리세리드(glyceride)로서 자연계에 존재하는 대부분의 지질은 서로 종류가 다른 3개의 지방산으로 된 트리글리세리드(triglyceride)이다. 지질의 성질은 일반적으로 지질을 구성하고 있는 지방산의 종류와 그 함량에 따라 크게 달라진다.

지방산은 분자 중에 이중결합이 없는 포화지방산(saturated fatty acid)과 이중결합이 있는 불포화지방산(unsaturated fatty acid)으로 나눠진다.

$$
\begin{array}{lcl}
\begin{array}{l} CH_2OH \\ | \\ CH_2OH \\ | \\ CH_2OH \\ \text{(glycerol)} \end{array}
& + \begin{array}{l} R_1\text{–}COOH \\ \\ R_1\text{–}COOH \\ \\ R_1\text{–}COOH \\ \text{(fatty acid)} \end{array} \rightleftarrows &
\begin{array}{l} CH_2O \cdot CO\text{–}R_1 \\ | \\ CH_2O \cdot CO\text{–}R_1 \\ | \\ CH_2O \cdot CO\text{–}R_1 \\ \text{(triglyceride)} \end{array} + 3H_2O
\end{array}
$$

[그림 2-1] 중성지질의 결합

2) 지질의 체내 기능

① 농축된 에너지원(9kcal/g)
② 필수지방산의 공급
③ 생체막의 구성성분
④ 에너지 저장원
⑤ 지용성 비타민 함유

3) 지질의 분류

지질은 그 구조가 매우 복잡한 여러 종류의 물질들을 포함하기 때문에 그 구조에 따라 지질을 단순지질(simple lipids), 복합지질(compound lipids), 유도지질(derived lipids)로 분류할 수 있다[표 2-3].

[표 2-3] 지질의 분류 및 특성

분 류	특 성
단순지질	
중성지질 natural fat, triglyceride	- 글리세롤과 지방산의 에스테르: 저장지방, 에너지원
왁스(wax)	- 고급 1가 알코올과 지방산의 에스테르: 동식물체의 표면에 존재하여 습윤, 건조 등을 방지함, 영양적 의의는 없음
스테롤 에스테르	- 스테롤과 지방산의 에스테르
복합지질	
인지질(phospholipid)	- 인산과 질소화합물 함유, 핵, 미토콘드리아 등 세포성분의 구성요소, 뇌조직(30%), 신경조직에 다량 함유
당지질(glycolipid)	- 당질(주로 갈락토오스) 및 질소화합물을 함유하지만 인산, 글리세롤은 함유하지 않음. 뇌 · 신경조직에 많음
황지질(sulfolipid)	- 스핑고신(sphingosine), 갈락토오스, 지방산, 황산 함유, 뇌 · 간에 함유
단백지질(proteolipid)	- 지질과 단백질의 복합체, 뇌백질, 심장 · 간에 많음
유도지질	
지방산	- 천연지방산은 모두 탄소수가 짝수임, C^8 카프릴산 이상을 말함
고급알코올	- 왁스의 가수분해에 의하여 생성, 1가 알코올, 스테롤, 비타민 A
탄화수소	- 지방족 탄화수소, 카로티노이드, 스쿠알렌
비타민 A, D, E, K	- 지용성 비타민은 분류상 지질에 속함

4) 조리에 영향을 주는 지질의 성질

① 가수분해(hydrolysis)

지질에 지방분해효소(lipase)나 산을 가하면 지방산과 글리세롤로 분해된다.

② 용해성(dissolution)

지질은 물에 녹지 않고 에테르, 벤젠, 클로로폼 등의 유기용매에 잘 녹는다. 동일한 용매에서도 탄소 수가 많은 지방산을 갖는 유지 또한 불포화지방산을 적게 갖는 유지일수록 용해도는 감소한다.

③ 융점(melting point)

포화지방산과 탄소 수가 많을수록 융점이 높다.

④ 발연점(smoking point)

지질을 가열하여 온도가 상승하면 지질이 분해되기 시작하는데 이때의 온도를 말한다.

(4) 무기질(mineral)

식품을 구성하고 있는 무기질은 인체의 신진대사와 구성을 위한 필수적인 성분이다.

식품 속에는 체내에서 알칼리나 산을 만드는 무기질 원소들이 함께 들어 있는데 알칼리 생성 원소(Ca, Mg, Na, K)와 산 생성 원소(Cl, S, P)의 함량에 따라 알칼리성식품과 산성식품으로 나눌 수 있다. 산도와 알칼리도는 식품 100g을 연소하여 얻은 회분을 중화시키는데 소요되는 0.1N의 산 또는 알칼리의 ㎖수로 표시한다.

1) 무기질의 체내 기능

① 경조직의 구성성분
② 체내 수분의 평형유지에 관여
③ 체내 산 · 알칼리 평형유지
④ 단백질의 성분 및 효소의 도움 인자
⑤ 신경 및 근육조직의 기능에 관여
⑥ 갑상선호르몬의 구성성분

[표 2-4] 식품의 알칼리도 및 산도

알칼리성 식품	알칼리도	산성 식품	산 도
해 조 류	10 ~ 20	육 류	10 ~ 20
채 소 류	5 ~ 12	어 류	10 ~ 20
과 일 류	5 ~ 10	곡 류	5 ~ 10
버 섯 류	5 ~ 7	두 류	1 ~ 3

[표 2-5] 무기질의 분류 및 특성

분류	생리작용	결핍증상	식품 중의 소재
Ca	골격, 치아의 형성, 혈액응고 촉진, pH 조절, 삼투압의 유지, 근육의 수축작용, 신경흥분성의 억제	골격, 치아발육불량, 골연화증, 구루병, 혈액응고불량, 내출혈	생선, 우유, 해조류
P	골격, 치아의 형성, 에너지대사, 체액의 완충작용, 인지질, 핵단백질의 구성성분	골격, 치아의 발육불량, 성장정지, 골연화증, 구루병	생선, 우유, 달걀, 육류, 채소류
Mg	골격·치아의 형성, 신경·근육의 흥분억제, 당대사효소의 조효소의 구성성분	신경계의 감수성 항진, 강직성 경련, 부정맥, 혈관확장(과잉섭취 증상), 칼슘의 배설촉진, 골연화	엽록소, 곡류, 감자류
K	pH의 조절, 삼투압의 유지, 근육의 수축, 신경의 전달작용	근육의 이완, 발육불량	곡류, 채소
Na	pH의 조절, 삼투압의 유지, 근육의 수축, 수액 소화효소의 활성화	소화불량, 체내성분 유지 불량, 식욕부진, 경련(과잉섭취 증상), 삼투압 증가, 부종	동·식물계에 분포
Cl	pH의 조절, 삼투압의 유지, 위액의 산성 유지	위액의 산도 저하, 식욕 부진	NaCl로서 식품첨가
S	함황아미노산의 비타민 B_1, H, Co-A의 구성원소	체단백질의 질적구성 저하, 탈모, 손톱, 발톱의 발육불량	단백질 중의 함황아미노산, 동물 각 조직
Fe	hemoglobin, myoglobin, catalase, cytochrome, peroxidase 성분, 호흡촉매작용, 조효소의 성분	저혈색소성 빈혈, 심계항진, 채소, 과일 중의 비타민 C는 철의 흡수를 상승시킴	채소류, 근육, 간장·비장(ferritin), 해조류, 조개류
Cu	헤모글로빈의 생성에 Fe과 더불어 관여, hemocyanin 성분, ascorbinase, polyphenol oxidase	저혈색소성 빈혈	채소류, 조개류, 달걀, 어육, 동물의 간장
Co	비타민 B_{12}의 구성성분	빈혈, 비타민 B_{12} 결핍증	채소류, 동물의 간장
I	갑상선호르몬(thyroxine)의 성분 (기초대사촉진)	갑상선 부종, 왜아증	해산물, 특히 해조류
F	골격, 치아의 경화, 우치예방	반상치(과잉섭취 증상), 비타민 B_{12} 결핍증, 심근장해	해산물, 특히 해조류
Zn	췌장호르몬 인슐린의 성분, 동물 탄산탈수소효소의 성분	발육장해, 탈모증상	곡류, 채소
Mn	발육에 관여	생장장해, 생식작용 불능	채소, 두류

2) 무기질의 분류

다량 요구되는 무기질은 Ca, P, Mg, S 등인데 이들은 영양적으로 중요하다. Na, K, Cl은 전해질로서 신진대사에서 수분평형을 유지하게 해준다. 미량무기질인 Fe, I, Zn, Cu, Mn, F, Cr, Co 등은 적은 양이 필요하지만 인체에 필수적이다.

(5) 비타민(vitamin)

비타민은 아주 미량으로도 생물의 성장과 건강을 유지하는 데 중요한 역할을 하는 유기물질이다. 생체 내에서 일어나는 대사와 생리작용에 대하여 촉매 역할을 하며 인체 내에서 합성되지 않기 때문에 반드시 음식으로 섭취하여야 한다. 비타민은 조리, 저장과정 중에 손실이 크므로 비타민의 성질을 잘 알고 조리 시 영양소의 파괴가 억제되도록 해야 한다.

1) 비타민의 체내 기능

① 조효소의 전구체
② 시각 및 세포의 분화와 성장에 관여
③ 항산화제로 작용하여 노화방지와 암 예방에 관련
④ 호르몬과 유사기능
⑤ 생명유지를 위한 생체 내 화학반응 촉진

2) 비타민의 분류

비타민은 현재 약 30여 종 이상 밝혀졌으며 기름과 유기용매에 용해되는 지용성 비타민(A, D, E, K)과 물에 용해되는 수용성 비타민(C, B 복합체 등)으로 분류할 수 있다.

지용성 비타민과 수용성 비타민이 나타내는 성질의 차이점은 다음과 같다.

구분	성질
지용성 비타민	• 지방에 녹는다. • 부족 시에는 결핍증상이 장기적으로 나타난다. • 과잉섭취 시에는 독성을 나타낸다. • 배설이 쉽게 되지 않고 일부는 담즙으로 배설되며 인체에 축적된다.
수용성 비타민	• 물에 녹는다. • 부족 시에는 결핍증상이 단기적으로 나타난다. • 과잉섭취 시에는 소변으로 배설된다. • 배설이 쉽게 되기 때문에 인체 내에 축적되지 않아 매일 필요량을 섭취해야 한다.

[표 2-6] 비타민의 분류 및 특성

분류	생리작용	결핍증상	식품 중의 소재
A retinol	발육을 촉진하며, 상피세포를 보호하여 눈의 작용을 좋게 함	야맹증, 안염, 각막연화증, 유아발육부전	김, 당근, 간, 치즈, 녹황색채소
D calciferol	Ca, P의 대사를 조절하며, 골 조직의 형성에 작용	구루병, 골연화증, 유아발육부전	간유, 어패류, 버섯, 달걀, 버터
E tocopherol	생식 기능을 정상으로 유지	불임증, 근육왜소증	콩기름, 면실유, 옥수수기름
K phylloquinone	혈액 중의 프로트롬빈 양을 정상으로 유지하며 응고성을 보호, 장내세균에 의해 합성됨	혈액응고 지연, 임신성 부종, 신장염	녹황색 채소, 해조류
F 필수지방산	산화 환원 반응에 관여	피부염, 성장정지	식물성유
B_1 thiamin	탄수화물의 대사를 촉진하고 식욕 및 소화기능을 자극하며 신경조절기능	피로와 권태, 각기증	배아, 쌀겨, 명태, 정어리, 효소
B_2 riboflavin	발육을 촉진하며 식욕을 증진, 입의 점막을 보호, 체내에서의 산화·환원반응에 작용	발육저해, 구내염, 설염, 구각염, 위장장애	효모, 간, 푸른잎 채소, 버섯, 된장
B_6 pyridoxine	단백질의 대사에 작용하며, 피부질환, 빈혈, 동상에 대해서도 효과가 있으며 지방의 합성에도 관여	피부염, 습진, 기관지염	간, 효모, 육류, 어류, 우유, 당근, 시금치, 고구마
B_{12} cyanocobalamin	증혈작용이 있으며, 성장촉진 작용도 인정되고 있음	악성빈혈, 간장질환	동물성 식품
엽산 folic acid	항빈혈작용을 가지며 성장을 촉진	빈혈, 만성하리	간, 치즈, 콩, 엽채류, 소맥, 효모
니코틴산 niacin	탄수화물의 대사를 증진하며 펠라그라 피부염을 예방	펠라그라	간, 육류, 효모, 땅콩, 녹두, 보리
판토텐산 pantothenic acid	체조직의 기능을 정상으로 간직함	피부염	간, 효모, 두류
C L-ascorbic acid	체내에서의 산화환원에 관여하며 세포간질의 생장을 촉진하는 단백질의 대사에도 작용	괴혈병, 잇몸출혈, 전염질환에 걸리기 쉬움	신선한 채소, 과일
L anthranilic acid	유즙분비를 촉진 장내세균에 의해 합성됨	유즙분비 저하	간장, 효모
P hesperidin rutin	혈관의 저항력을 강화하여 그 침투압을 정상 유지	자반병, 신장염	오렌지껍질, 밀감, 메밀

2. 식품의 특수 성분

(1) 식품의 맛(taste)

식품의 맛은 그 자체가 영양가와 직접 연관되는 것은 아니지만 미각을 통해 식욕을 증진시켜 줄 뿐만 아니라 소화, 흡수에도 큰 영향을 주므로 식품의 품질을 결정하며 음식의 기호성에 있어 가장 중요한 요소의 하나가 된다.

맛의 기본 4원미로는 단맛, 짠맛, 신맛, 쓴맛이 있으며 이 외에 매운맛, 떫은맛, 아린맛, 감칠맛, 교질맛 등이 있다.

맛의 성분으로는 단맛에 당류, 알코올류, 아민류, 알데히드류 등이 있으며 짠맛은 중성염의 전해물질에 의해 느껴지고 주로 소금의 성분에 의한 것이다. 신맛 성분은 주로 유기산이며 쓴맛을 내는 성분은 배당체, 알칼로이드, 케톤류, 무기염류 등이다.

[표 2-7] 식품의 맛 성분 분류와 함유 식품

맛의 분류		함유 식품		
단맛	천연감미료	당류: 포도당, 과당, 설탕, 맥아당, 유당		
		당알코올: 솔비톨, 만니톨, 자일리톨		
		아미노산: 루신, 글리신, 알라닌, 프롤린, 세린		
		방향족화합물: 글리시린진, 필로둘신, 페릴라틴, 스테비오사이드		
		황화합물	메틸메르킵단	무
			프로필메르캅탄	양파, 마늘
	인공감미료	사카린, 아스파탐, 아세설파탐: 설탕의 130~700배의 감미도를 가짐		
짠맛	NaCl(소금), KCl, NH_4Cl, $CaCl_2$, $MgCl_2$ 등			
신맛	유기산	초산(acetic acid)		식초, 김치류
		젖산(lactic acid)		김치류, 젖산음료, 발효유제품
		숙신산, 호박산(succinic acid)		조개류, 사과, 딸기, 청주
		사과산, 말산(malic acid)		사과, 배
		구연산(citric acid)		살구, 감귤류
		주석산(tartaric acid)		포도
		아스코르브산(ascorbic acid)		과일, 채소류
		글루콘산(gluconic acid)		곶감, 발효식품

맛의 분류		함유 식품	
쓴맛	알칼로이드	카페인(caffeine)	차, 커피, 콜라, 견과
		테오브로민(theobromine)	코코아, 초콜릿
		퀴닌(quinine)	키나, 쓴맛의 표준물질
	배당체	나린진(naringin)	밀감, 자몽
		큐커비타신(cucurbitacin)	오이의 꼭지부분
		퀘세틴(quercetin)	양파껍질
	케톤류	후물론(humulon), 루풀론(lupulon)	호프(맥주의 원료)
		투존(thujone)	쑥
	무기염류	염화마그네슘, 염화칼슘	간수
	아미노산	트립토판, 루신, 페닐알라닌	단백질 분해물
	기타	사포닌(saponin)	콩, 도토리
		이포메아마론(ipomeamarone)	흑반병 고구마
		리모넨(limonen)	레몬, 오렌지
매운맛	산아미드류	캡사이신(capsaicin)	고추
		차비신(chavicine)	후추
		산스홀(sanshool)	산초
	황화합물	시니그린(sinigrin)	흑겨자, 고추냉이
		디아릴설파이드(deallysulfide)	부추류
	방향족 및 케톤류	진저롤(gingerol), 진저론(zingerone), 쇼가올(shogaol)	생강
		쿠르쿠민(curcumin)	강황(울금)
		히스타민(histamine), 티라민(thyramine)	신선하지 않은 생선
떫은맛	시부올(shibuol): 감 / 엘라지산(elagic acid): 밤 클로로겐산(chlorogenic acid): 커피, 가지 / 카테킨(catechin)류: 차		
감칠맛	아미노산과	글리신(glycine)	조개류, 게, 새우
	유도체	베타인(betaine)	오징어, 새우, 문어, 전복, 조개류
		테아닌(theanine)	녹차, 단맛을 띤 감칠맛
		아스파라긴(asparagine)	어류, 육류, 채소류
		글루탐산나트륨(MSG)	대표적인 감칠맛
	콜린유도체	트리메틸아민옥사이드(TMAO)	어류
	기타	타우린(taurine)	오징어, 문어
	핵산	IMP(inosine-5'-monophosphate)	가쓰오부시, 멸치, 육류
		GMP(guanine-5'-monophosphate)	느타리, 표고, 송이버섯
		AMP(adenosine-5'-monophosphate)	다시마

[표 2-8] 음식의 맛에 관련 있는 요소

요인별 분류	요 소	내 용
감각적 요인	화학적 요소	미각: 입안의 미뢰에서 느끼는 맛 취각: 음식의 냄새
	물리적 요소	촉각: 음식의 점성, 탄성, 경도, 매끄러움 피부감각: 음식의 냉 · 온감, 수렴성, 자극성
	심리적 요소	시각: 외관(음식의 모양, 색, 광택 등) 청각: 씹을 때 나는 소리
환경적 요인	신체외적 요소	계절, 분위기, 온도 등
	신체내적 요소	건강상태, 공복감, 기호 등

(2) 식품의 색(color)

식품에는 여러 가지 색소가 함유되어 있어 채소나 과일의 선명한 색이나 육류의 자연색은 식욕을 돋우어 주며 식품의 신선도, 익은 정도 등의 기준이 되기도 한다. 또한 조리된 음식의 외관은 색에 의하여 품질에 큰 영향을 받으므로 조리 시 색에 대한 성질을 잘 이해하여야 한다.

식품의 색은 조리과정에서 열, 산, 알칼리, 금속 등에 의하여 영향을 많이 받아 색의 향상 및 손실과 변색이 초래될 수 있으므로 음식에 바람직한 색을 주기 위해 잘 조리하여야 한다.

식품의 색소에 대한 분류로는 식품 속에 원래 존재하는 천연색소가 있으며 이는 분포에 따라 식물성 색소와 동물성 색소로 나뉜다. 그리고 식품 본래의 색을 보완하여 기호성과 상품의 가치를 높이기 위하여 인위적으로 첨가하는 합성색소가 있다.

합성색소는 크게 착색제와 발색제로 구분되는데 착색제는 착색을 목적으로 사용하는 식품첨가물로, 식품첨가물 자체가 착색되어 있고 이 첨가물 자체의 색을 식품에 부착시키는 것이다. 발색제는 식품에 첨가함으로써 식품 자체 성분 중의 발색능력을 조장하든가 또는 식품 자체에 함유되어 있는 색소를 안정화하는 식품첨가물로 발색체 자체는 무색인 것이 많다.

[표 2-9] 식품의 천연색소와 합성색소의 분류

구분	분류	색소명	소재	조리상의 특징	비고
천연 색소	식물성 색소	클로로필 (chlorophyll)	엽채류	• 녹색색소로 물에 불용성 • 75℃에서 선명한 녹색, 산에 의해 소실 • Cu^{++}, Fe^{++}의 치환으로 녹색 안정	지용성
		카로티노이드 (carotenoid)	당근, 호박, 고추, 토마토, 고구마	• 황~적색의 색소 • 열에 안정	
		안토시아닌 (antocyanin)	적순무, 자색 양배추, 가지, 포도	• 산에 적색, 알칼리에 청~자색을 나타냄 • Fe, Al 등에서 안정된 청색 • 가지색 보존에 응용	수용성
		플라보노이드 (flavonoid)	귤껍질, 고사리, 대두, 밀	• 무색~황색의 색소 • 산에 안정, 알칼리에 황색을 띰	
		탄닌 (tannin)	커피, 코코아, 감, 사과, 연근, 우엉	• Fe 이온에서 갈색~흑색 • 가열에 의해 촉진	
		카테친 (catechin)	녹차	• 식물 중 널리 분포, 무색이며 쉽게 산화 • 녹색의 쓴맛, 맛난맛의 성분	
		클로로겐산 (chlorogenic acid)	커피콩, 우엉, 쑥갓, 머위	• 거의 모든 식품조직 내 존재 • 무색에 가까우나 알칼리 용액 중에서 자동산화 되거나 튀길 때 녹색이 됨	
	동물성 색소	hemoglobin myoglobin epinochrome	육류, 게, 성게, 새우, 문어, 난황	• myoglobin 산화: 적색→갈색으로 변함 • 새우, 게의 변색은 60℃ 이상에서 진행됨 • 암청색(astaxanthin)→적색 (astacine)	
합성 색소	착색제	• 타르색소: 식용 타르색소 8종, 타르색소의 알루미늄레이크 색소 7종 • 타르색소 이외 색소: β-카로틴, 수용성 안나토, 철클로로필린 나트륨, 구리클로로필린 나트륨, 삼이산화철 5종			식품 위생 법으로 규제
	발색제	• 아질산나트륨, 질산칼륨, 질산나트륨, 황산제일철(건조), 황산제일철(결정) 6종류			

(3) 식품의 냄새(odor)

음식의 식욕을 돋우는 것에 냄새가 매우 중요한 작용을 하는데 천연향이 식품을 가공하는 공정 중에 소실되거나 전혀 없는 경우 본래의 향 또는 특유의 향을 넣어 식품의 상품적 가치를 높이고자 할 때 합성향료가 쓰인다. 합성향료에는 천연의 향기성분을 화학적으로 합성한 것과 자연계에서 전혀 찾아볼 수 없는 순 합성품이 있다. 이들 합성향료는 식품첨가물로 지정된 것 이외에는 식품에 사용할 수 없다. 인간이 느낄 수 있는 냄새는 약 10만 종에 달하며 현재 사용되고 있는 합성향료는 2,000~3,000종류인데 비교적 많이 사용하고 있는 것은 300~400종류 정도이다. 최근에는 기술의 발달로 인공적으로 화학물질을 배합한 합성향료 외에 천연물질에서 추출한 정유(essential oil)를 혼합하여 천연에 가까운 우수한 제품이 개발되어 사용되고 있다.

[표 2-10] 향의 분류

구 분	분 류	
천연향	향신료 향(spicy odor)	- 후추, 계피, 마늘, 생강
	꽃 향(fragrant odor)	- 장미, 재스민 등 꽃
	과일 향(fruity odor)	- 오렌지, 레몬, 귤, 사과 등의 과일
	수지 향(resinous odor)	- 테르펜(terpene) 기름, 송정유
	썩은 냄새(foul stink)	- 부패 육, 황화수소 등
	탄 냄새(burnt stink)	- 커피, 캐러멜
합성향료	에스테르 향료	- 유기산과 알코올의 에스테르 아세토 초산에틸 외 38종
	에스테르 이외 향료	- 알코올류, 알데히드류, 휘발성 산류, 케톤류 등, 아세토페논 외 36종

(4) 식품의 효소(enzyme)

효소는 특별한 기능을 갖는 고분자 단백질 분자로 동·식물의 살아있는 세포에 의하여 생산되고 그 자체는 영향을 받지 않으면서 화학반응을 촉진하는 촉매제로서 작용한다.

모든 생물은 효소를 갖고 있으며 특히 신선한 식품에서는 이 효소의 활성이 계속되어 작용을 멈추지 않고 식품의 조리, 가공, 발효, 부패 과정에서 식품 자체의 효소와 미생물이 분비하는 효소가 중요한 역할을 한다. 효소반응이 불리하게 일어나는 경우에는 효소작용을 억제하고 유리하게 일어날 때는 그 작용을 촉진시키는 등 적절하게 이용함으로써 조리된 식품의 질을 향상시킬 수 있다.

[표 2-11] 효소제의 용도와 급원

효소제	용 도	급 원
amylase	포도당, 물엿의 제조 알코올발효, 술(청주,막걸리 등) 제빵	맥아(엿기름), 곰팡이, 세균 맥아, 곰팡이, 세균 곰팡이, 세균
protease	된장·간장 치즈 제조 단백질 혼합물의 제거 식육연화제	곰팡이, 세균 레닌(rennin), 곰팡이, 세균 식물, 곰팡이 곰팡이, 세균, 식물
lipase	지질분해, 콜레스테롤 감소	동물, 곰팡이
peptinase	과즙의 청징화	곰팡이
cellulase	곡류, 채소의 가공 등	곰팡이
invertase	전화당(invert sugar)의 제조	효모, 세균
naringinase	과즙의 쓴맛 등 제거	곰팡이
hesperidinase	밀감류, 통조림의 흐림 제거	곰팡이
glucose isomerase	포도당으로부터 과당의 제조	방사균
glucose oxidase	식품의 산화방지, 건조알의 제조	곰팡이

[표 2-12] 주요 효소의 분류와 작용

효소의 분류	효소의 작용	주요 소재지
• 가수분해효소		
– 탄수화물분해효소		
amylase	starch → dextrin + maltose	소화액, 발아종자, 곰팡이
sucrase	sucrose → glucose + fructose	장액, 곰팡이, 효모
maltase	maltose → 2glucose	장액, 곰팡이, 효모, 종자
lactase	lactose → glucose + galactose	장액, 미생물
cellulase	cellulose → glucose, cellobiose	미생물
– 단백질분해효소		
pepsin	protein → albumose, peptone	위액, 세균, 곰팡이
trypsin, chymotrypsin, erepsin	protein,albumose → peptide amino acid	췌액, 장액, 곰팡이, 세균
peptidase	peptide → amino acid	소화액
papain	protein → amino acid	파파야, 과일
– 지질분해효소		
lipase	lipid → glycerin + fatty acid	소화액, 종자, 세균
phosphatase	인산ester → 인산 + 기타 물질	췌액, 장액, 내장, 고기
– 핵산분해효소		
nuclease	nucleic acid → nucleotide	장액, 내장, 곰팡이, 세균
nucleotidase	nucleotide → 인산 + nucleoside	장액, 내장, 곰팡이, 세균
nucleosidase	nucleoside → sugar + base	장액, 내장, 곰팡이, 세균
• 산화환원 효소		
– 산화 효소		
phenolase	phenol → quinone	동식물의 체내
polyphenolase	polyphenol → quinone	동식물의 체내
tyrosinase	tyrosin → melanin	동식물의 체내
peroxidase	과산화물 → 산화물 + O_2	신선한 식품, 세균
catalase	$H_2O_2 \rightarrow H_2O + 1/2O_2$	신선한 식품, 세균
– 탈수소 산화 효소		
succinate dehydrogenase	succinic acid → fumaric acid	동식물체
lactate dehydrogenase	lactic acid → pyruvic acid + 2H	동식물체
• 기타		
– 전달 효소		
phosphotransferase	인산기를 전달	근육, 기타 조직
aminotransferase	아미노기를 전달	간장, 기타 조직
– 응고 효소		
rennin	casein → paracasein	유아, 송아지 위액, 세균
thrombin	혈액의 응고	혈액

조리과학 이론 및 실험

Chapter 03

조리의 기초과학

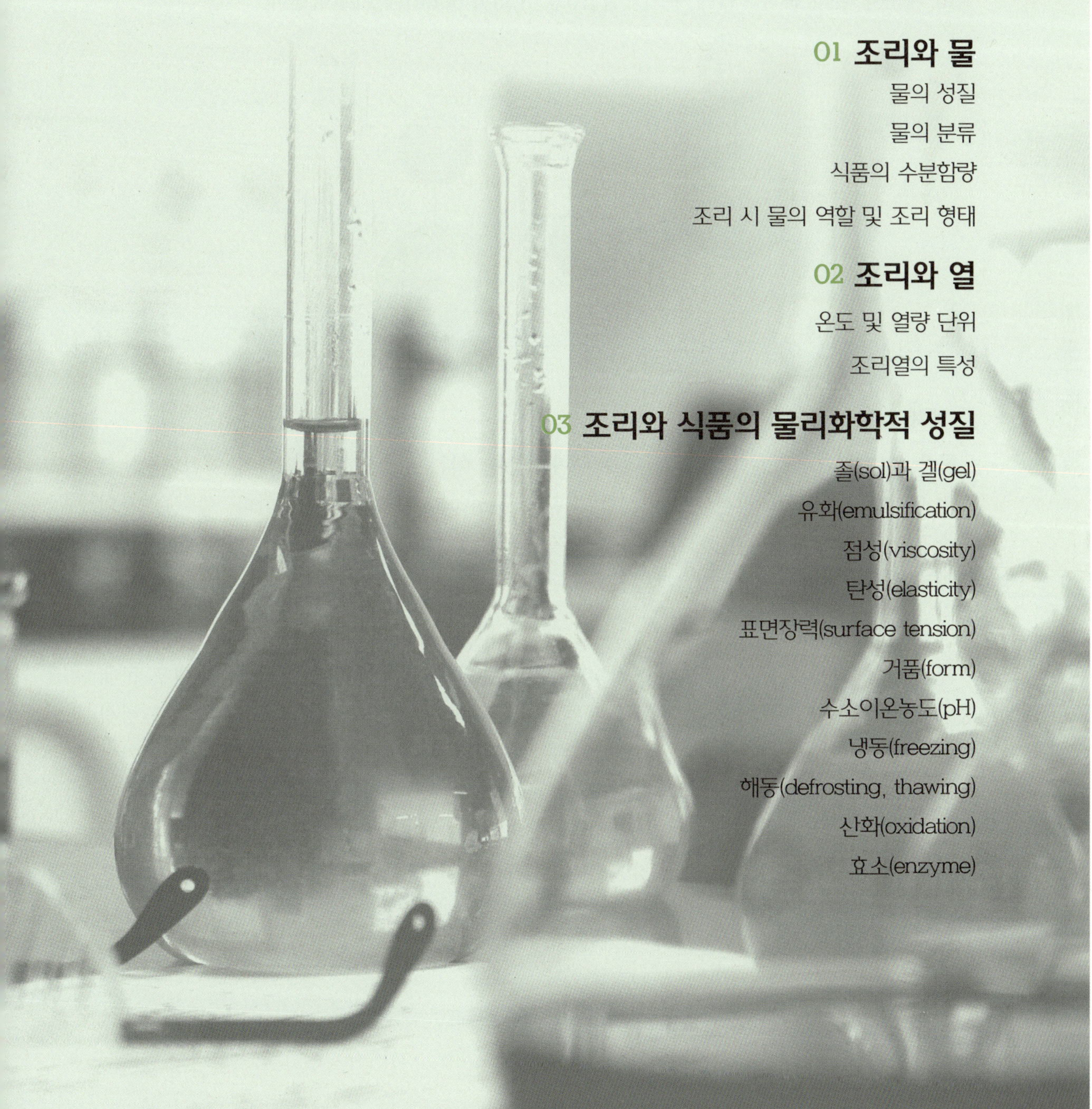

1. 조리와 물

(1) 물의 성질

물 분자(H_2O)는 산소 원자 1개가 수소 원자 2개와 극성 공유결합한 형태로서 물 분자의 극성 때문에 물의 분자사이에 수소교결합(hydrogen bond)이 이루어진다.

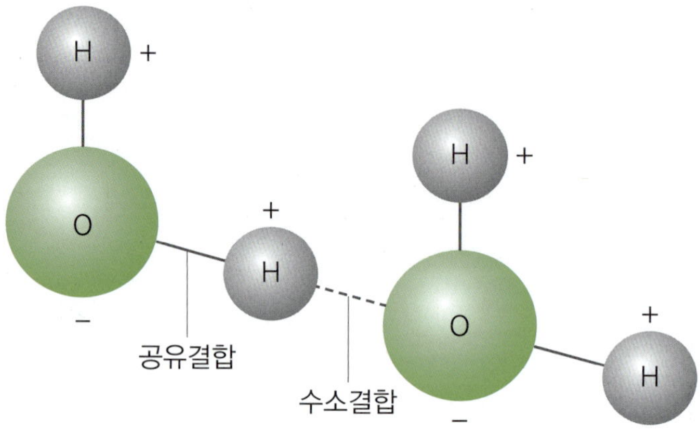

1) 액체 상태의 물

물은 0~100℃에서는 액체의 상태로 존재하는데 이는 수소결합에 의해서 인접한 물 분자가 몇 개 모여 서로 연결되어 일정한 패턴을 형성하되 자유로이 이동한다. 즉 상호간의 수소결합에 의해 힘을 유지하며 유동성을 갖게 되는 것이다. 이 액체 상태의 물이 식품의 조리과정에서 가장 보편적으로 광범위하게 쓰이는 형태이다.

① 진용액(solution)

물은 식품 내에 함유되어 있는 여러 가지 가용성 물질의 용매로서 그 역할이 매우 큰데 용액(solution)이라 함은 어떤 물질이 다른 한 물질 속에 용해되었을 때 균질 상태를 형성하는 것을 말한다. 용액에 있어서 용해되는 물질을 용질(solute)이라고 하며, 용해시키는 물질을 용매(solvent)라고 한다.

진용액은 소금, 설탕, 수용성 비타민, 무기질같이 분자량이 비교적 작은 물질이 용해된 것이다. 용액 중 입자의 크기가 가장 작고 안정된 상태의 용액으로 이온성과 분자성 용액으로 나뉜다.

물은 용매로서 용질인 소금이나 설탕을 잘 녹이는데 녹는 양(용해도, solubility)은 외적 조건에 따라 증감되기도 한다. 즉, 설탕의 경우에는 온도의 상승에 따라 용해도가 증가하나 황산칼슘의 경우에는 반대로 감소되며 소금은 큰 영향을 받지 않는다. 또한 액체에 가스도 용해되는데 고체 물질의 용해도와는 달리 대체적으로 온도가 낮을수록 커진다. 예를 들면 탄산음료는 차가울 때 탄산가스가 많이 용해되어 있고, 온도가 상승됨에 따라 용해도가 낮아지므로 차가울 때 탄산음료를 마셔야만 상쾌한 맛을 제대로 느낄 수 있다.

② 교질 분산액(colloidal dispersion)

교질 분산액은 물질의 입자가 커서 용해되지 못하고 작은 입자(분산상)가 어떤 물질(분산매)에 분산되어 있는 상태를 말하며 침전되지는 않는다. 이 분산액의 크기는 진용액과 현탁액의 중간이며, 대표적인 것이 단백질로 우유나 젤라틴이 있다.

콜로이드(colloid)를 형성하는 입자의 크기 때문에 일반적으로 교질 분산액은 불완전하여 외부 조건에 의해 쉽게 안정성을 잃어 침전하게 된다. 즉 대표적인 교질 분산액으로 우유와 두유는 산이나 무기염 등의 첨가로 인해 침전 현상을 일으키는데 이를 응결(coagulation)이라고 하며, 이러한 원리를 이용하여 우유에서 치즈를 제조하고 두유로 두부를 만들 수 있다.

또한 교질 입자는 분산액 중의 분산매와 결합하려는 성질, 즉 흡착성을 가지고 있다. 예를 들어 국이 짜게 되었을 때 달걀을 풀어주면 달걀이 소금 전해물질을 흡착하여 응고하므

용어설명

- **용해도(solubility)**

포화용액 속에 녹아 있는 용질의 양을 말한다. 즉, 용질이 용매에 용해될 때 일정 온도에서는 그 양에 한도가 있으며 이 한도를 용질의 용매에 대한 용해도라 하는데, 보통 용매 100g 속에 용해하는 용질의 g 수로 나타낸다.

예를 들면, 물 100g에 대하여 소금(NaCl)은 20℃에서 35.8g까지 녹으므로 소금의 물에 대한 용해도는 20℃에서 35.8이라고 한다.

- **이액(syneresis)**

겔(gel) 상 식품을 용기에 담아 방치해 두면 차츰 용적이 줄어들고 내부의 수분이 빠져 나와 제품의 품질이 손상되는 현상

- **응결(coagulation)**

교질 분산액의 온도 변화, 분산매의 증발, 전하를 가진 교질 입자의 첨가 등 외부조건의 변화에 의해 교질 입자가 모여서 분산매와 떨어져 침전을 일으키는 현상

로 익은 달걀을 걷어내면 국물의 짠맛을 감소시킬 수 있다.

식품에서의 교질 상태로는 졸(sol), 겔(gel), 유화액(emulsion), 거품(foam)이 있고, 이는 물질의 세 가지 상태, 즉 고체, 기체, 액체가 식품에서 교질 상태를 형성한 것이다.

이 중 유화액은 하나의 액체가 서로 섞이지 않는 다른 액체 내(예: 물과 기름)에 작은 방울로 분산되어 있는 교질액을 말한다. 분산이 잘 되도록 하기 위해 유화제를 첨가하며 식품 중 가장 대표적인 유화제는 달걀노른자에 있는 레시틴이다.

자연적인 유화액에는 우유, 크림, 달걀노른자 등이 있고 인공적인 유화액에는 마요네즈,

[표 3-1] 식품 중 교질 분산액의 형성상에 따른 분류

분산매	분산상	교질상태	식품의 예
액체	고체	현탁질	풀, 젤리, 된장국
액체	액체	유탁질	우유, 크림, 마요네즈
액체	기체	포말질	맥주 및 사이다 거품, 흰자의 거품
고체	고체	고체교질	사탕과자, 과자
고체	액체	고체포말질	버터, 초콜릿, 마가린
고체	기체	고체포말질	식빵, 냉동 · 건조식품

용어설명

• **승화(sublination)**

물의 결정 상태는 액화과정을 거치지 않고 바로 기화하기도 하는데 이를 승화라 한다. 냉동고에 식품을 저장할 때 식품 자체 내의 수분 증발을 방지하기 위하여 방습포장을 철저히 하지 않으면 냉동저장 과정 중 승화현상으로 식품의 탈수 현상이 일어나 품질이 저하된다.

• **냉동상(freezer burn)**

냉동저장 중 식품이 수분을 상실하여 건조되면서 식품이 지니고 있던 향기, 질감, 맛의 손실 등 바람직하지 못한 품질 변화를 초래한 것을 말한다.

• **냉동건조(freezer dry)**

승화 현상을 이용하여 식품을 냉동상태에서 건조시키는 것이다. 냉동건조된 식품에 수분을 다시 부여하면 가열건조법에 의해 가공된 식품보다 훨씬 품질이 좋다. 이는 냉동 건조 과정에서 식품 자체의 조직손상, 단백질의 변성, 과중한 수소결합 형성의 방지가 이루어졌기 때문이다.

크림수프, 아이스크림, 케이크 반죽, 소스 등이 있다.

③ **현탁액(suspension)**

물질의 입자 크기가 매우 크거나 복잡해서 입자가 용해되지도 않고, 교질 상으로 분산되지도 않은 것을 말하며 이는 물과 섞었을 때 현탁상태를 유지한다. 이 물질은 인력에 의해 영향을 받고 결국은 분리되려는 경향을 갖는다. 예를 들어 찬물에 생 전분을 넣어 저어주면 부유상태로 현탁되고 가만히 두면 용기 밑으로 가라앉게 되는데, 이것을 저으면 다시 부유상태로 돌아가게 된다.

2) 고체 상태의 물

물의 온도가 내려감에 따라 분자의 활동 상태가 약화되고 물 온도가 0℃가 되면 물이 고체 상태가 되는데 결정은 육면입체이면서 중간에는 공간을 형성한다. 이러한 얼음의 육면입체 내에 무수한 공간이 형성됨으로써 물이 고체 상태로 변할 때는 원래 용량의 약 1/11배를 갖게 되며 물보다 비중이 가벼워 얼음이 뜨게 된다. 그리고 식품 내 수분은 동결 시 체적 팽창이 일어나서 식품의 조직을 파괴하므로 얼음의 결정을 되도록 작게 하기 위해 급속냉동을 하는 것이 좋다.

3) 기체 상태의 물

물의 온도가 상승되면 수소결합 상태가 끊어지면서 분자운동이 활발해진다. 물의 온도가 올라가 대기압(760mmHg)과 액체 내부의 압력이 일치할 때 물이 100℃에서 끓어 수증기가 발생되며 이 때의 온도를 비등점(boiling point)이라 한다. 이 수증기는 식품을 찌거나 삶을 때 이용된다. 압력솥에서 식품을 삶을 경우에는 압력이 높아져 비등점이 올라가므로 고온으로 가열된다. 반대로 산 위에서는 기압이 낮기 때문에 비등점이 내려가서 잘 끓지 않는다. 또한 용액의 농도가 높을수록 비등점이 상승하여 순수한 물보다 소금물이나 설탕물의 비등점이 더 높다.

(2) 물의 분류

1) 자유수와 결합수

식품에 함유된 물은 보통 식품 속에 유리 상태로 존재하는 자유수(free water)와 물분자 사이의 수소교결합력으로 인하여 전분이나 단백질에서도 수소결합을 하여 자유롭지 못한 물인 결합수(bound water)의 두 가지로 나뉜다.

식품 속에는 많은 수분이 함유되어 있는데 그 함량은 식품의 조리, 가공, 저장에 매우 중요한 영향을 미친다. 특히, 미생물의 발육과 수분함량과는 밀접한 관계가 있으므로 식품의 저장수명(shelf-life)은 식품의 수분함량에 의하여 가장 큰 영향을 받는 것이 일반적이다. 또한, 식품의 건조나 동결 등 식품가공 시 결합수에까지 영향을 미치면 단백질의 변성 등 조직적인 품질저하를 일으키게 되며, 식품의 물성에도 영향을 미치게 된다.

[표 3-2] 자유수와 결합수의 특성 비교

자 유 수	결 합 수
• 식품 내 단순한 물로 존재 • 수용성 성분을 녹임(용매로 작용) • 0℃ 이하에서 동결 • 미생물 번식과 발아에 이용 • 동·식물의 조직에 존재할 때 그 조직에 압력을 가하여 압착시키면 제거됨 • 밀도가 물과 같음	• 식품구성 물질과 결합 • 용매로 작용하지 못함 • 0℃ 이하에서도 동결되기 어려움 • 미생물의 번식과 발아에 이용되지 못함 • 큰 압력을 가하여 압착해도 제거되지 않음 • 밀도가 물보다 큼

2) 연수와 경수

물은 경도(hardness)에 따라 연수(soft water)와 경수(hard water)로 구분할 수 있는데 경수에는 칼슘이온(Ca^{++})이나 마그네슘이온(Mg^{++})이 많이 함유되어 있다. 또한, 경수는 일시적 경수와 영구적 경수로 나눌 수 있는데 탄산수소이온이 들어 있는 것은 끓이면 연수로 바뀌므로 일시적 경수라 하고, 황산이온이 들어 있는 것은 끓여도 연수로 바뀌지 않으므로 영구적 경수라 한다. 그렇지만 영구적 경수도 이온교환수지를 이용하면 연수로 만들 수 있다.

보통 물 100㎖ 속에 산화칼슘 1mg이 들어 있을 때를 경도 1로 보는데, 경도가 20 이상인 것을 경수, 10 이하인 것을 연수라 하며 증류수는 경도가 0인 연수이다. 지하수는 경수이고 빗물과 수돗물은 연수이다.

경수에 함유되어 있는 무기염은 조리를 할 때 영향을 미치는데, 말린 콩을 불릴 때 경수에 함유되어 있던 칼슘이 콩의 수화를 지연시키는 역할을 하며, 알칼리성인 경수는 채소를 조리할 때 채소의 색에도 영향을 미친다.

(3) 식품의 수분함량

물은 식품의 구성성분 중 가장 중요한 요소의 하나로서 이의 함량은 식품 자체의 질감,

맛, 외관 등은 물론이고 영양가 및 조리 시에도 큰 영향을 미친다.

식품 중 수분함량을 보면 [표 3-3]과 같이 신선한 채소와 과일은 수분함량이 85% 이상이고 육류는 70~80%이며 건조식품의 경우에도 10% 내외의 수분을 함유하고 있다.

수분함량은 식품의 이화학적 특성과 미생물학적 요인에 의한 식품의 변질에도 영향을 미치므로 조리 시 식품 내의 수분 상태는 음식의 질적인 면에서 매우 중요하다.

[표 3-3] 주요 식품의 수분함량과 수분활성도

식품명	수분함량(%)	수분활성도(Aw)
과일, 채소	85~96	0.98~0.99
주스	92	0.05~0.99
육류	70~80	0.96~0.98
생선류	65~80	0.98~0.99
달걀	72~78	0.97~0.99
식빵	38	0.90~0.95
건조과일	18~22	0.72~0.80
젤리	18	0.64~0.69
곡류, 두류	13~16	0.60~0.64
국수	12	0.50~0.54

용어설명

- **수분활성도(water activity: Aw)**

임의의 온도에서 그 식품이 갖는 수증기압(Ps)에 대한 그 온도에서 순수한 물이 갖는 최대 수증기압(Po)의 비로 Aw = Ps / Po로 나타낸다. 식품 저장 시 미생물의 증식에 있어서는 수분함량보다 더 중요한 의미를 갖는다.

미생물과 수분활성도의 관계에서 세균은 0.85~1.0 정도이고, 효모는 0.86~0.91 정도이며, 곰팡이는 0.80~0.87 정도이다. 수분활성도를 0.6 이하로 낮추면 미생물이 성장, 번식하기 어려우므로 식품을 장기저장 하려면 0.6 이하로 낮추는 것이 좋다.

수분활성도를 저하시켜 미생물의 성장을 억제함으로써 식품저장성을 증가시키는 방법에는 건조법, 염장법, 당장법, 산장법 등이 있다.

(4) 조리 시 물의 역할 및 조리 형태

1) 조리 시 물의 역할

물은 상온에서 색, 냄새, 맛이 없는 액체이며 바닷물, 지하수, 빗물, 수증기, 눈, 얼음 등의 형태로 존재한다. 물의 부피는 4℃에서 가장 작고 그보다 높거나 낮으면 커지게 되는데, 용기에 물을 가득 담아 얼렸을 때 용기가 깨지거나 넘쳐나는 것이 그 이유이다. 조리 시 물의 역할은 다음과 같다.

① 식품에 열을 전달하는 매체로 작용한다.
② 건조한 식품을 수화시키고 호화를 촉진한다.
③ 식품의 수용성 성분과 색소를 용해시킨다.
④ 글루텐의 형성을 돕는다.
⑤ 식품의 성질, 모양, 맛, 형태 등에 영향을 미친다.
⑥ 수세에 의해 조리기구와 식품 표면의 더러움과 미생물을 제거한다.

2) 물의 조리 형태

① 삼투압

삼투압이란 수분이 반투막을 빠져 나오는 힘을 말하며 이 압에 의해 농도가 다른 두 용액은 시간이 지나면서 차츰 농도가 같아지게 된다. 조리과정 중에서는 조미료가 식품재료에 침투되는 과정이라고 할 수 있는데 분자량이 적은 쪽이 많은 쪽보다 침투속도가 빠르다. 그러므로 조미 시 분자량이 큰 설탕을 분자량이 작은 소금보다 먼저 넣어야 된다.

② 확산

어떤 물질 속에 다른 물질이 섞여 들어가는 것을 말하며, 예를 들어 물이 들어 있는 컵에 잉크를 한 방울 떨어뜨렸을 때 잉크가 점차 전체로 퍼져 균일하게 되는 것이다.

③ 팽윤

건조된 것을 물에 불리면 수분을 흡수하여 체적이 다시 늘어나는 것으로 친수성이 큰 원자단(OH, COOH, NH_2)이 많을수록 팽윤이 잘 된다. 식품에 따라 팽윤의 정도에 차이가 있으므로 조리를 할 때 감안하여 재료 분량을 잘 준비하여야 한다.

④ 수축

식품의 가공, 저장 시 건조를 위해 수분을 증발시키면 수분함량이 감소되면서 수축이 일어난다. 건조된 식품은 보관 중 상대 습도의 영향으로 대기의 수분을 재흡수하여 변질되기 쉬우므로 주의해야 한다.

⑤ 용출

용출이란 재료를 물에 담갔을 때 재료 내의 성분이 물 속으로 녹아 나오는 현상을 말하며 이 때 영양소의 손실이 초래되므로 필요 이상 오래 용출시키지 않도록 한다. 영양소가 용출된 물은 가급적 조리에 이용하는 것이 바람직하며 식품의 짠맛, 쓴맛, 떫은맛을 제거할 때는 가끔 물을 갈아주는 것이 좋다.

2. 조리와 열

유기물 속에 있는 탄소와 수소는 산소와 반응할 때 빛과 열을 낸다.

$$C + O_2 \rightarrow CO_2 + 97kcal$$
$$2H_2 + O_2 \rightarrow 2H_2O + 136.6kcal$$

열은 에너지의 한 형태로서 식품을 조리할 때 열을 사용하면 식품을 구성하고 있는 성분은 여러 가지 물리화학적 변화를 일으키게 된다.

조리 시 열을 사용하였을 때의 장점으로는 ① 식품의 소화 · 흡수율 증진 ② 다양한 조리방법으로 열을 가함으로써 풍미 증가와 조리 다양화 추구 ③ 식품의 질감 증진 ④ 식품의 수축에 의한 부피 감소 ⑤ 가열에 의한 위생적 처리, 안전성 증가 ⑥ 효소의 불활성화 ⑦ 식품의 저장수명 연장 등이다.

반면 단점도 발생하는데 ① 가열에 의한 식품의 영양 손실 ② 부적절한 가열에 의한 질감과 색의 변성 및 발암성분 유발 등이 있다.

(1) 온도 및 열량 단위

1) 온도 단위

① 섭씨(Centigrade)

물의 비점을 100℃로 하고 빙점을 0℃로 구분하여 그 사이를 균등하게 100으로 나누어

놓은 것이다. 섭씨는 세계 공통적으로 널리 사용되고 있는 단위이다.

② 화씨(Fahrenheit)

물의 비점을 212°F로 하고 빙점을 32°F로 하여 그 사이를 180으로 구분하여 놓은 것이다. 화씨는 미국 등 일부 국가에서 상용하고 있으므로 두 단위간에 환산을 하여 사용할 수 있어야 한다.

$$℃ = 5/9(℉ - 32) \qquad ℉ = 9/5℃ + 32$$

[표 3-4] 각종 식품 튀김온도의 섭씨와 화씨 비교

식품의 종류	튀 김 온 도	
	℃	℉
채 소 류	155~170	311~338
생 선 류	165~180	329~356
육 류	160~170	320~338
크 로 켓	190	374

2) 열량 단위

열량이란 물질을 가열할 때 소요되는 에너지의 양을 표시하는 것으로 물질의 분자량에 따라 결정된다.

① Calorie

가장 보편적인 열의 단위로서 1칼로리(calorie)는 물 1g을 1℃ 상승(14.5℃ → 15.5℃)시키는 데 필요한 열의 양을 뜻한다. 식품의 열량을 표시할 때는 주로 칼로리 단위를 사용하며 영양학에서는 1cal의 1,000배인 1kcal를 사용한다.

② Joule

미터(meter)법에 의한 식품의 열량가 측정 단위는 줄(joule)로서 1kcal는 4.184KJ이다.

③ British thermal unit(Btu)

1Btu는 물 1파운드(1pound=454g)를 63°F(55.8℃)에서 64°F(57.6℃)로 상승시키는 데 필요한 열량을 말하며 이 열량은 성냥 한 개비를 태울 때 발생하는 열량과 동일하다. 이 단위는 연료의 잠재열 용량을 표시하는 데 흔히 쓰인다.

(2) 조리열의 특성

1) 조리열의 종류

분 류 고체열원: 목탄, 장작, 나뭇잎, 석탄, 무연탄
액체열원: 알코올, 석유, 가솔린, 종자기름
기체열원: 수소가스, 석탄가스, 메탄가스, LNG, LPG
전기열원: 전기
전자열원: 초단파(electro magnetic wave)
*열효율의 크기: 전기 > 가스 > 연탄 > 장작

2) 열의 전달 방법

식품이 조리되려면 열이 식품으로 전달되어야 하는데 전달 방법에는 전도, 대류, 복사 등이 있으며 대부분의 음식은 어느 한 가지 방법에 의한 것보다 복합적인 방법에 의해 에너지가 전달되어 식품이 조리된다.

① 전도(conduction)

조리기구인 냄비나 솥이 직접 열에 접촉되어 그 속의 식품이 가열되는 것인데 전도에 의한 열의 전달은 비교적 서서히 진행되며 조리기구의 성분에 따라 차이가 크다. 일반적으로 금속은 거의 열전도율이 높으므로 음식을 빨리 끓이기 위해서는 금속 용기를 써야하고 보온을 위해서는 열전도율이 낮은 용기를 사용해야 한다.

[표 3-5] 열 전도율

물 질	열 전도율
은	1.000
구 리	0.918
알루미늄	0.480
철	0.161
유 리	0.002
공 기	0.000051

② 대류(convection)

대류에 의한 열의 전달은 공기나 액체를 통해서만 일어나는데 공기나 액체가 가열되면 밀도가 높은 곳에서 낮은 곳으로 이동하여 대류의 현상이 일어난다. 즉 냄비나 오븐의 아래쪽이 열에 의해 더워지면 밀도가 낮아지고 동시에 위쪽의 찬 액체나 공기의 밀도는 높으므로 아래로 내려오면서 지속적인 순환이 일어나게 된다.

열의 전달속도는 복사와 전도의 중간 정도이며 액체의 점도가 클수록 대류가 잘 일어나지 않아 음식이 잘 식지 않는다.

③ 복사(radiation)

매개체 없이 열이 직접 물체를 데우는 것으로 이에는 태양의 복사열, 가스, 숯, 장작, 석탄 등의 불꽃을 직접 이용하는 것, 토스터기의 전열, 오븐 속에서 얻는 열원 등이 있다.

조리를 할 때 식품에 복사열을 직접 가하면 음식이 탈 우려가 있으므로 도기, 금속 등의 기구에 먼저 열을 흡수시켜 거기서 나오는 복사열을 이용하면 음식을 잘 데울 수 있다. 그러므로 조리기구의 재질이 중요한데 기구의 표면이 검고 거친 것이 희고 반질반질한 것보다 열을 잘 흡수하여 조리온도를 신속히 높여 주기 때문에 조리시간이 단축된다.

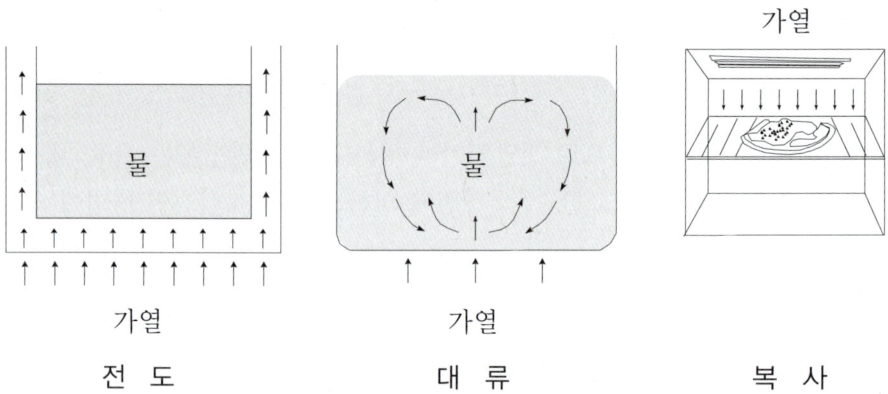

[그림 3-1] 열의 전달 방법

3) 열의 전달 매체

① 물

물은 식품을 조리할 때 가열기구로부터 식품에 에너지를 전달하는 매체로 작용한다. 용기 안에 있는 물은 열을 흡수하여 온도가 균일해지도록 대류를 일으키며 열이 서서히 식품에 전달되도록 한다.

② 기름

조리를 할 때 기름은 열을 전도하는 좋은 매개체로 작용하는데 그 대표적인 예가 튀김이다. 튀김은 기름의 대류에 의하여 열전도가 일어나며 고온의 기름 속에서 단시간 처리되므로 다른 조리법에 비해 맛이나 영양소의 손실이 가장 적다.

③ 공기

공기를 가열하면 대류에 의하여 열이 전달되는데, 오븐의 아래에서 열이 가해지면 공기가 뜨거워져서 밀도가 낮아진다. 한편 위쪽의 찬 공기는 밀도가 높고 무거워져서 아래로 이동하고 따뜻한 공기는 위쪽으로 올라가서 전체적으로 같은 온도를 만들게 된다. 많은 양의 과자나 빵을 구울 때 오븐 안에 있는 공기의 운동을 촉진시키면 굽는 시간을 반으로 줄일 수 있다.

3. 조리와 식품의 물리화학적 성질

(1) 졸(sol)과 겔(gel)

콜로이드(colloid) 분산액에서 콜로이드 입자가 분산액에 분산되어 있을 때 이를 졸(sol)이라 하며 졸이 어떤 요인에 의해서 굳어진 상태를 겔(gel)이라고 한다. 졸에서 겔 상태로 되는 것은 분산계에서 분산상의 농도, 온도, 수소이온 또는 전해질 등의 변화가 일어나는 데에서 기인된다.

또한, 졸과 겔 간에는 서로 가역반응을 일으키는 것과 일단 겔이 형성되면 졸로 되돌아가지 않는 비가역반응을 일으키는 것이 있다. 가역반응물질에는 젤리, 캔디 등이 있고 비가역반응물질에는 두부, 묵, 풀, 알찜 등이 있다.

우유 · 두유 (sol) ←— 산 · 무기염 (요인) —→ 치즈 · 두부 (gel)

입자 형태 :

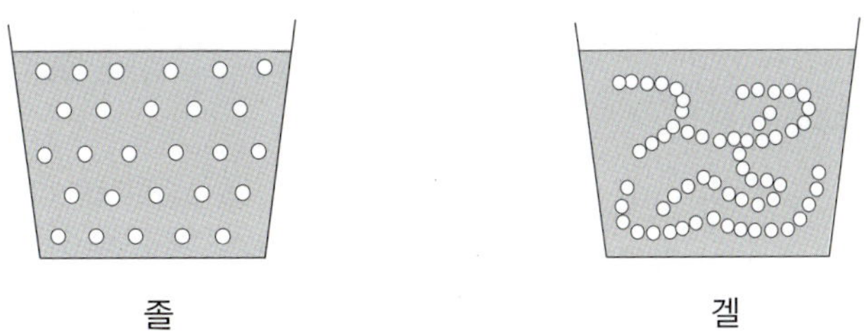

[그림 3-2] 졸과 겔

(2) 유화(emulsification)

물과 기름은 섞이지 않으나 한 분자 내에 친유성과 친수성을 같이 갖고 있는 물질을 넣고 저어주면 잘 섞이는데 이를 유화라 하며 유화를 잘 시키는 물질을 유화제(emulsifier)라 한다. 유화제의 작용은 액체의 표면장력을 감소시켜 유화액을 안정시키는 것으로 마요네즈를 만들 때 넣는 달걀의 레시틴(lecithin)이 그 예이다.

유화액의 형태는 물속에 기름이 분산된 수중유적형(oil in water: O/W)과 기름에 물이 분산된 유중수적형(water in oil: W/O)이 있다.

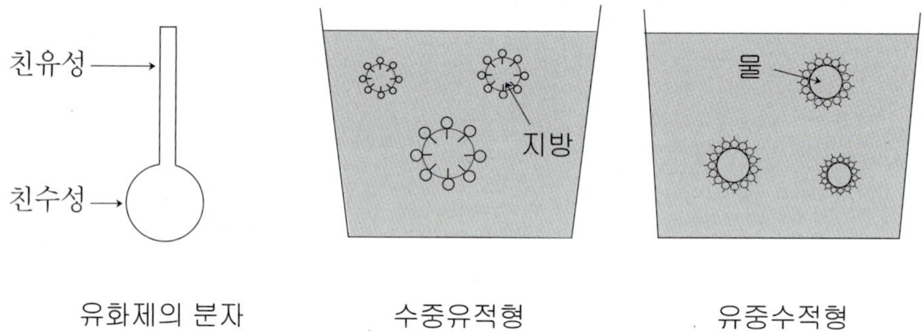

[그림 3-3] **수중유적형과 유중수적형의 형태**

이들의 구분은 유화제의 성질, 전해질의 유무, 기름의 성질 그리고 기름과 물의 비율에 따르며 종류에는 수중유적형은 생크림, 우유, 마요네즈 등이 있고 유중수적형은 버터, 마가린 등이 있다.

(3) 점성(viscosity)

액체는 외부에서 힘을 가하면 움직이는데 이때 액체는 움직임에 대하여 저항을 가지며 이러한 성질을 점성이라 한다. 액체 상태인 식품은 모두 점성이 있으며 이의 정도는 맛에 영향을 주므로 중요하다.

점성은 일반적으로 용매 및 용질의 종류, 액체의 농도에 따라 다르며 온도가 높아지면 감소되고 압력이 증가함에 따라 증가된다. 예를 들어 꿀이나 소스 등은 온도가 높거나 농도가 낮으면 점성이 낮아 쉽게 저어지지만 식거나 농도가 높으면 점성이 높아져 마찰을 강하게 느끼게 된다.

(4) 탄성(elasticity)

외부로부터 힘을 받아 변형된 물체가 외부의 힘이 제거될 때 되돌아가려는 성질을 말한다. 탄성은 식품의 조성에 따라 다른데 특히 한천, 젤라틴, 묵 같은 식품에 이 성질이 많다.

(5) 표면장력(surface tension)

액체는 모두 그의 표면을 될 수 있는 한 작게 하려고 하는 경향을 가지고 있으며 외력의 작용이 거의 무시될 때는 구형을 이룬다. 이 현상은 액체 분자 사이의 인력에서 기인되는 것이며 이 작용들이 모여 액체 표면에서 일종의 장력이 되는 것이다. 표면장력은 조리와 매우 밀접한 관계가 있으며 특히 조리에서 거품을 이용할 때 연관이 많은데 온도의 상승에 따라 감소된다.

물의 표면장력은 물속에 여러 가지 물질이 용해될 때 변화되는데 표면장력을 증가시키는 물질은 설탕이며, 감소시키는 물질은 지방산, 지방, 알코올, 탄닌, 사포닌, 단백질 등 유기화합물이다. 또 약간만 변화시키는 물질로는 전해질 등이 있다.

(6) 거품(form)

거품은 기체가 얇은 액체의 막에 싸여 있는 것으로 매우 불안정한 상태이므로 분산되어 물 밖으로 나오게 되는데, 이것은 주로 용액 상태에서 생기게 되며 순수한 액체에서는 생기기 어렵다. 거품이 우리의 생활에서 잘 이용되고 있는 예는 맥주, 머랭, 비누, 세제 등이다.

거품은 음식을 먹을 때의 촉감과 관계가 있으며 맛에도 영향을 미친다. 그러므로 식품에 충분한 거품이 형성되도록 해야 하는데 이것에는 표면장력, 온도 등이 관여된다. 보통 액체의 표면장력이 큰 것은 거품이 생기기 어려우나 한번 생긴 거품은 잘 없어지지 않으며, 액체 속에 표면장력을 낮게 하는 물질을 가하면 거품이 생기기는 쉬우나 지속성이 짧다.

또 온도가 올라가면 표면장력이 저하되기 때문에 거품이 오래 지속되지 않는다. 예를 들면 찬 맥주의 거품은 오래 지속되나 더운 맥주는 거품이 생겨도 금방 없어지며 쓴맛을 부드럽게 하는 거품이 없어져서 맥주가 쓰게 느껴진다.

(7) 수소이온농도(pH)

물은 $H_2O \rightarrow H^+ + OH^-$ 로 해리된다. 이 때 수소이온(H^+)은 실제에 있어서는 단독으로 존재하지 않고 이것이 다른 물(H_2O)과 합하여 H_3O+라는 히드로늄이온이 되어 존재한다. 그러므로 pH(hydrogen ion concentration)는 H_3O^+에 의하여 정해진다.

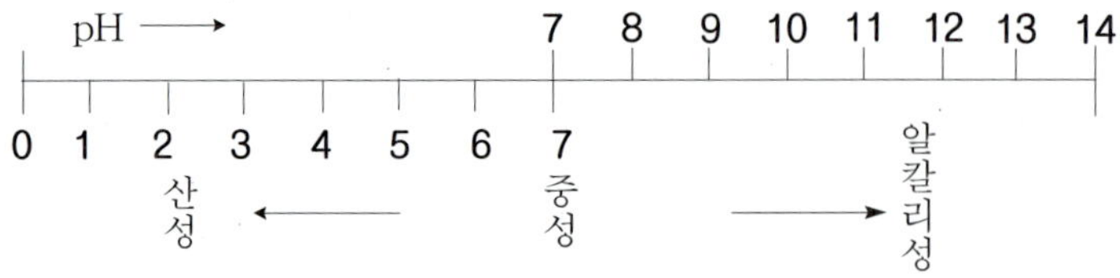

pH < 7 …… 산성
pH = 7 …… 중성
pH > 7 …… 알칼리성

이 농도를 그대로 사용하면 불편하므로 그 농도의 상용대수를 구하여 이것을 pH라는 기호로 표시한다. 순수한 물은 1기압에서 25℃에 있어 1ℓ중에 1×10^{-7} 이온의 H_3O^+을 함유하므로 pH는 7이 되는 것이다. pH 7은 중성을 나타내며 이 값보다 적은 pH를 산성이라 하고 반대로 많은 것은 알칼리성이라 한다.

일반적으로 식품의 pH가 산성일 때는 맛이 있고 알칼리성일 때는 맛이 없게 느껴진다. 보통 조리는 pH 7 부근에서 이루어지는데 알칼리성인 중조나 산성인 식초를 사용함으로써 pH를 변화시켜 조리하는 경우도 있다.

(8) 냉동(freezing)

식품을 0℃ 이하의 상태에 두면 수분이 동결되어 냉동 상태로 된다. 이 때 물의 결정은 동결이 빨리 이루어질수록 작게 되고 결정 형성이 서서히 되면 커지게 된다. 얼음 결정이 크면 식품의 세포조직을 파괴하기 때문에 품질이 나빠진다. 그러므로 가능한 한 미세한 결정을 만들기 위하여 급속히 동결시켜야 한다. 이것을 급속 동결법(quick freezing)이라 하

용어설명

• 완충액(buffer solution)

약산과 그 염류의 용액에서는 산 또는 염기를 첨가해도 그 수소이온 농도가 변화하기 어려운데 이러한 용액을 완충액이라 한다. 식품은 pH를 완충하는 능력을 가지고 있으며 이 때문에 식품의 pH가 일정하게 유지되고 쉽게 상하지 않는다.

단백질이 많은 식품일수록 큰 완충능력을 나타내며 이 때문에 일반적인 조리 조건에서는 식품의 pH가 크게 변화하지 않는다. 그러나 육류의 가공 시에는 pH의 변화를 크게 주어 발색효과를 내는데 이용한다.

• 등전점(isoelectric point)

양성의 전해질이 용액 중에서 산 및 염기로 전해할 때 두 가지의 양이 같아질 때의 pH. 또, 콜로이드 입자의 전하부호 및 양이 pH의 영향을 받아 전하가 전체적으로 영이 될 때를 등전점이라고 한다.

며 보통 −40℃ 이하에서 동결시킨다.

최근에는 액체 질소를 사용해서 −194℃로 급속히 동결시키기도 하며 동결된 식품은 점차 얼음 결정이 커지는 것을 지연시키기 위해 저온(−15～−20℃)에 보관하는 것이 좋다.

(9) 해동(defrosting, thawing)

가장 간편한 식품저장 방법의 하나인 냉동법은 식품에 널리 이용되고 있는데 그 원리는 동결함으로써 미생물의 발육을 저지하고 식품 중의 효소작용을 억제시키는 것이다. 그러나 이 방법은 조리 전 식품의 해동에 의해 많은 품질변화를 야기시키는데 주로 단백질의 변성으로 인한 조직의 손상과 성분의 유출(drip)에 의한 정미성분의 손실이다.

그러므로 해동에 의한 냉동식품의 품질 손상을 최대한 줄이기 위해서는 먼저 얼음의 결정이 작게 되도록 동결해야 하며 조리 시에는 식품의 종류와 조리방법에 따라 적절한 해동이 이루어져야 한다.

냉동식품을 해동하는 방법으로는 냉장고에서 하는 방법(완만 해동), 흐르는 물속에서 하는 방법(급속 해동), 조리과정에서의 해동 및 전자레인지에서 하는 해동 등이 있다.

(10) 산화(oxidation)

어떤 물질이 산소와 결합, 수소 탈취, 금속의 원자 증가 등의 원인으로 품질에 변성을 일으키는 것이다. 이 산화작용은 식품을 조리할 때 음식의 풍미를 나쁘게 하고, 더구나 영양가를 저하시키기도 하는데, 산화되기 쉬운 성분으로는 유지류, 비타민 A, 비타민 C, 식품의 색소 등이다. 이 중 유지는 가장 산화되기 쉬운데 공기 중에서 가열하면 즉시 산화되고 산화된 것끼리 다시 중합을 일으켜 유지류가 산패된다.

비타민 A, 비타민 C도 공기 중의 산소에 의해 산화되어 영양적 효력이 저하 되며 식품 중의 색소는 산화되면 색이 나쁘게 되어 조리에 좋지 않은 영향을 미친다. 예를 들면 육류의 미오글로빈(myoglobin) 색소는 산화되면 메트미오글로빈(metmyoglobin)으로 변해 갈색이 되고 카로틴(carotene) 등도 산화에 의해서 퇴색된다.

(11) 효소(enzyme)

효소는 동물 및 식물체의 생 세포 내에 존재하여 계속적으로 화학반응을 진행한다. 효소에는 가수분해효소, 산화효소, 응고효소 등이 있으며 이 효소들은 단백질로 되어 있기 때문에 열, 산, 알칼리, 중금속 등에 의해 영향을 받는다.

효소의 특성에는 ① 효소반응과 최적 온도(30~60℃)와의 관계 ② 효소의 기질 특이성 ③ 효소반응의 종류에 따른 최적 산도조건 ④ 효소반응의 촉진제(Fe, Cu, Mg) 및 억제물질(중금속) 등이 있다.

식품을 취급하고 조리하는 과정에서 음식의 질적 향상을 얻기 위해서는 효소의 특성을 잘 이해하고 적용해야 한다. 효소의 역할이 좋게 작용하는 것에는 각종 발효식품(제빵, 양조 등)이나 전분의 당화, 고기의 연화, 홍차 제조 시의 효소 이용, 바나나 숙성 등이 있으며 나쁘게 작용하는 것에는 과일, 채소 등에서 볼 수 있는 갈변현상이 있다. 이 갈변은 조직 중의 산화효소와 공기 중의 산소에 의해 변색된 것으로 이를 저하시키기 위해서는 식품의 껍질을 벗긴 후 곧바로 물이나 소금물(1%) 또는 산을 가한 물에 담가 산소의 작용을 불활성화시키고 공기를 차단하여야 한다.

Chapter 04

조리조작의 개요

01 조리의 예비 조작법

계량

세정

수침(불리기)

썰기, 분쇄, 마쇄

교반, 혼합, 반죽

압착, 여과

신장

성형

냉각, 동결

해동

02 조리의 본 조작법

생식조리법

가열조리법

03 조리의 조미 조작법

조미의 효과 및 시기

조미료의 종류

향신료의 특징

04 계량의 실험조리

실험 1 계량컵의 정확도 검사

실험 2 식품의 계량방법

실험 3 식품의 폐기율 측정

1. 조리의 예비 조작법

(1) 계량

1) 계량기기의 종류

음식을 훌륭하게 조리할 수 있는 중요한 요소의 하나는 재료를 적절히 잘 배합하는 것이다. 바람직한 맛을 항상 재현해 내기 위해서는 눈대중에 의한 것보다 각 재료의 정확한 무게와 용량에 대한 계량 기술이 요구된다. 그러기 위해서 우선 표준화된 계량기구의 제작이 선행되어야 하고 또한 기구를 정확하게 사용할 수 있는 지식과 기술이 필요하다.

① 중량을 측정하는 기구

- 단위: mg, g, kg
- 종류: 천칭, 상평 저울, 디지털 저울(전자 저울)

② 용량을 측정하는 기구

- 계량컵: 1C의 소분 – 1C, $\frac{3}{4}$C, $\frac{2}{3}$C, $\frac{1}{2}$C, $\frac{1}{4}$C
  1C의 할편 – 1C, $\frac{1}{2}$C, $\frac{1}{3}$C, $\frac{1}{4}$C

[표 4-1] 계량 단위 환산표

cups	tea spoon	table spoon	pints	quarts	ounces	pound	grams
1/2	24	8	1/4	1/8	4.15	1/6	75
1	48	16	1/2	1/4	8.3	1/3	150
2	96	32	1	1/2	16.62	1	450
4	192	64	2	1	33.24	2	900

- 계량스푼: 1/4C보다 적은 양을 재는 경우 사용한다.
  1Tbsp, 1tsp, 1/2tsp, 1/4tsp 등으로 구성되어 있다.

- 메스실린더: 용량에 따른 눈금이 정확하게 표시되어 있다.
  10mℓ, 50mℓ, 100mℓ, 200mℓ 등이 있다.

• 비커: 메스실린더보다 많은 용량을 잴 때 사용하며 눈금이 표시되어 있다.
25mℓ, 50mℓ, 100mℓ, 250mℓ, 500mℓ, 1ℓ, 2ℓ 등이 있다.

2) 식품별 계량방법

① 액체

액체의 계량은 눈금이 분할 표시된 투명한 유리제의 표준계량컵을 이용해서 측정한다. 용량을 잴 때는 액체의 아랫부분 선과 눈의 높이를 동일하게 해서 읽고 계량한 양을 용기에 조심스럽게 따라 붓는다. 기름이나 꿀처럼 점성이 높은 것은 할편된 계량컵을 이용한다.

② 설탕

백설탕을 측정할 때는 계량컵이나 계량스푼에 숟가락으로 담아 위를 곧은 막대로 편편하게 깎아 내고, 흑설탕은 계량기구에 꼭꼭 눌러 담아서 잰다. 덩어리진 제과용 설탕은 가루로 부수고 체에 친 후 계량한다.

[표 4-2] 조미식품의 중량

식품명	1tsp (5cc)	1Tbsp (15cc)	1Cup (200cc)	식품명	1tsp (5cc)	1Tbsp (15cc)	1Cup (200cc)
물	5.0	15.0	200	깐 마늘	–	–	110
술	5.0	15.0	200	다진 마늘	3.0	9.0	120
식 초	5.0	15.0	200	깐 생강	–	–	115
간 장	5.7	17.0	230	다진 생강	3.0	9.0	120
소금(호렴)	2.7	8.1	130	다진 파	3.0	9.0	120
소금(재제염)	2.7	8.1	130	MSG	3.5	10.5	140
설 탕	4.2	12.5	150	고춧가루	2.0	6.0	80
꿀, 물엿, 조청	6.0	18.0	292	계핏가루	2.0	6.0	80
식물성 기름	3.5	11.0	180	겨잣가루	2.0	6.0	80
참기름	3.5	12.8	190	후춧가루	3.0	9.0	120
통 깨	3.0	7.0	90.0	고추장	5.7	17.2	260
깨소금	3.0	8.0	120.0	된 장	6.0	18.0	280
새우젓	6.0	18.0	240	밀가루	3.0	8.0	105
멸치젓	6.0	18.0	240	녹말가루	3.0	7.2	110

[표 4-3] 곡류, 가루류, 건과류의 중량

구분	식품명	용량 (cup)	중량 (g)	식품명	용량 (cup)	중량 (g)	식품명	용량 (cup)	중량 (g)
곡류	백 미	1	160	밀	1	160	옥수수	1	155
	현 미	1	160	대 두	1	160	차 조	1	160
	찹 쌀	1	160	녹 두	1	170	메 조	1	165
	보리쌀	1	180	팥	1	165	기장쌀	1	160
	압 맥	1	110	강낭콩	1	160	수 수	1	180
	참 깨	1	120	들 깨	1	110	흑임자	1	110
가루식품	강력밀가루	1	105	생 콩가루	1	98	잣가루	1	90
	중력밀가루	1	105	볶은 콩가루	1	85	도토리녹말	1	130
	박력밀가루	1	100	팥가루	1	125	칡녹말	1	140
	차수수가루	1	90	메줏가루	1	80	팥고물	1	114
	쌀가루	1	100	엿기름가루	1	115	볶은 팥고물	1	108
건과류	구기자	1	70	껍질 깐 행인	1	120	결명자	1	140
	오미자	1	40	껍질 깐 밤	1	160	껍질 깐 호두	1	80
	말린 모과	1	60	곶 감	1	45	껍질 깐 은행	1	160
	잣	1	140	대 추	1	70	건포도	1	120

[표 4-4] 육류, 어패류 및 기타 식품의 중량

구분	식품명	수량	중량 (g)	식품명	수량	중량 (g)	식품명	수량	중량 (g)
육류·어패류	다진쇠고기	1컵	200	민 어	1마리	2,300	중 새우	1마리	30
	다진돼지고기	1컵	200	농 어	1마리	2,000	큰 새우	1마리	100
	다진닭고기	1컵	200	조 기	1마리	400	홍합살	1컵	200
	꿩	1마리	1,000	도 미	1마리	1,000	새우살	1컵	120
	닭	1마리	12,000	넙 치	1마리	1,100	조갯살	1컵	200
	오징어	1마리	500	준 치	1마리	700	굴	1컵	200
	낙 지	1마리	140	갈 치	1마리	450	마른오징어	1마리	100
	갑오징어	1마리	500	고등어	1마리	600	북 어	1마리	150
	해 삼	1마리	100	동 태	1마리	500	암 치	1컵	700
	멍 게	1개	200	전갱이	1마리	300	뱅어포	1장	20
	꽃 게	1마리	300	정어리	1마리	150	마른멸치	1컵	50
기타식품	달 걀	1개	55	생크림	1컵	180	우 유	1컵	200
	메추리알	1개	15	연 유	1통	250	요구르트	1컵	200
	두 부	1모	250	분 유	1큰술	14	치 즈	1장	20
	김	5장	5	불린 미역	1컵	150	다시마	1장	20

[표 4-5] 채소 및 과일류의 중량

구분	식품명	수량(개)	중량(g)	식품명	수량(개)	중량(g)	식품명	수량(개)	중량(g)
채소류	배 추	1	1300	오 이	1	150	양송이	1(봉)	200
	무	1	700	호 박	1	300	마 늘	1(통)	30
	감 자	1	140	양 파	1	160	생 강	1(쪽)	20
	고구마	1	250	풋고추	1	10	굵은 파	1(뿌리)	40
	연 근	1	170	가 지	1	100	실 파	1(뿌리)	20
	토 란	1	45	쑥 갓	1(단)	230	붉은 고추	1	20
	우 엉	1	400	시금치	1(단)	250	부 추	1(단)	160
	당 근	1	100	상 추	1(뿌리)	200	미나리	1(단)	180
	양배추	1	800	두 릅	10	120	달 래	1(단)	80
	양상추	1	400	더 덕	5	120	도라지	5(뿌리)	100
	토마토	1	150	표고버섯	5	85	고사리	1(컵)	200
	삶은 죽순	1	200	느타리버섯	5	85	고 비	1(컵)	200
	숙주나물	1	300	콩나물	1(봉)	300	늙은 호박	1	3,000
과실류	시 과	1	200	참 외	1	600	레 몬	1	150
	배	1	220	복숭아	1	140	딸 기	1	20
	감	1	150	자 두	1	40	앵 두	1(컵)	150
	귤	1	100	포 도	1(송이)	200	모 과	1	500
	유 자	1	110	수 박	1	2,000	키 위	1	100

③ 밀가루

밀가루는 저장하는 동안 눌려 굳어지기 때문에 계량하기 전에 반드시 체로 쳐서 이용한다. 체로 친 밀가루는 누르지 말고 계량컵에 수북하게 담은 후 위를 편편하게 깎아서 계량한다.

④ 지방

버터, 마가린, 쇼트닝 등의 고형지방은 실온에서 부드러워졌을 때 계량컵에 꾹꾹 눌러 담아 재고 유연한 고무주걱으로 잘 긁어 옮긴다. 포장지에 용량의 눈금이 매겨져 있는 것은 계량 없이 간편하게 사용할 수 있다.

(2) 세정

식품에는 협잡물, 미생물, 기생충 알, 농약 등이 묻어 있을 수 있으므로 흐르는 물의 압력을 이용하여 5번 이상 충분히 씻어야 한다.

(3) 수침(불리기)

식품 내의 수분함량을 증가시켜 조직을 연화시키고 식품의 불미성분이나 불필요한 성분을 제거하기 위한 목적으로 조리를 하기 전에 식품을 잠시 물에 담가두는 조작이다. 또한 껍질을 제거한 식품의 변색 방지와 염분농도가 높은 식품의 짠맛 저하 및 쓴맛, 떫은맛 제거를 위해서도 이 조작이 필요하다.

(4) 썰기, 분쇄, 마쇄

썰기는 비 가식부의 제거와 먹기 좋은 모양이나 크기로 만들기 위한 조작으로 식품을 자르면 표면적이 커져 가열할 때 열의 전도율이 높아지므로 조리시간이 단축되고 조미액의 침투가 촉진된다.

분쇄는 수분함량이 적은 건조물을 작은 입자로 부스러뜨리기 위한 조작으로 분쇄함으로써 조직은 세분화되고 소화율을 증대시키며 입안에서의 촉감이나 풍미에 변화를 주게 된다.

그리고 수분이 비교적 많은 식품은 식품 조직의 파괴, 식품의 물성 및 유동성의 변화, 효소작용의 촉진을 위해 마쇄한다.

(5) 교반, 혼합, 반죽

식품의 재료를 균질화시키고 가열하거나 냉각시킬 때 열의 전도를 균일하게 하기 위한 조작이다. 무침이나 조림 등을 할 때 조미액이 균일하게 침투되고 식품의 거품내기가 용이해지며 점탄성이 향상된다.

(6) 압착, 여과

압착과 여과는 고형물과 액즙을 분리하기 위한 목적으로 마쇄, 교반, 혼합 등과 병행해 사용한다.

(7) 신장

반죽과 함께 실시하는데 두께를 얇게 하여 내용물을 싸기 좋게 하면서 조직이 균질해지도록 하기 위해 행한다. 만두 껍질이나 국수, 파이 껍질을 만들 때 많이 이용한다.

통썰기	반달썰기	은행잎썰기	얄팍썰기
	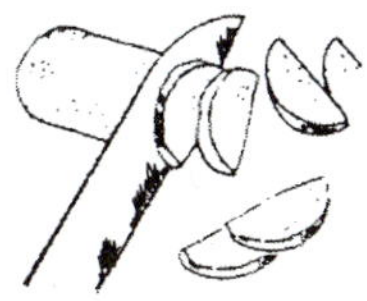	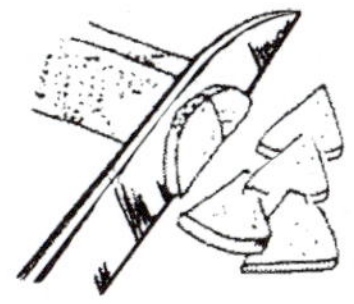	
모양이 둥근 오이 · 당근 · 연근을 통째로 써는 방법. 두께는 재료와 요리에 따라 다르게 조절하며 보통 조림 · 국 · 절임에 이용된다.	무 · 고구마 · 감자 등 통으로 썰기에 너무 큰 재료들은 길이로 반을 가른 후 썰어 반달 모양이 되게 한 것. 주로 찜 요리에 쓰인다.	재료를 길게 십자로 4등분한 다음 고르게 은행잎 모양으로 썬 것. 감자 · 무 · 당근 등을 조림이나 찌개에 이용할 때 주로 쓰인다.	재료를 원하는 길이로 토막낸 다음 고른 두께로 얇게 썰거나 재료를 있는 그대로 얄팍하게 써는 방법. 무침이나 볶음에 주로 쓰인다.
어슷썰기	**골패썰기 · 나박썰기**	**깍둑썰기**	**채썰기**
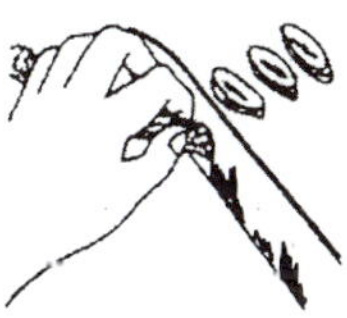	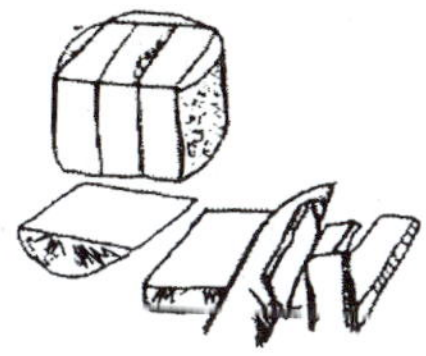		
오이 · 당근 · 파 등 가늘고 길쭉한 재료를 적당한 두께로 어슷하게 써는 방법. 썰어진 단면이 넓어 맛이 배기 쉬우므로 조림에 좋다.	둥근 재료를 토막낸 다음 네모지게 가장자리를 잘라내고 직사각형으로 얇게 썬 것. 정사각형으로 얇게 썰면 나박썰기가 된다.	무 · 감자 · 두부 등을 막대 썰기한 다음 다시 주사위처럼 썬 것. 깍두기 · 조림 · 찌개 등에 흔히 이용하는 썰기 방법이다.	얄팍 썰기한 것을 비스듬히 포개어 놓고 손으로 가볍게 누르면서 가늘게 썬 것. 보통 생채나 생선회에 곁들이는 채소를 썰 때 쓰인다.
다져썰기	**막대썰기**	**마구썰기**	**깎아썰기**
	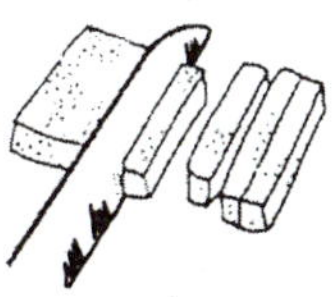	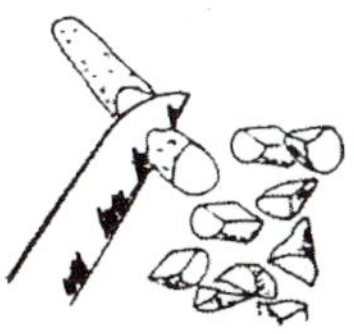	
채 썬 것을 가지런히 모아서 잡은 다음 직각으로 잘게 써는 방법이다. 파 · 마늘 · 생강 · 양파 등 양념으로 만드는 데 주로 쓰인다.	재료를 원하는 길이로 토막낸 다음 1×1cm 정도의 굵기로 써는 방법. 무 · 당근 · 오이 등을 샐러드에 이용할 때 이처럼 썬다.	오이나 당근 등 비교적 가늘고 긴 재료를 한 손으로 빙빙 돌려가며 한입 크기로 각이 지게 써는 방법. 단단한 채소의 조림에 쓰인다.	우엉 등의 재료를 돌려가며 연필 깎듯이 칼날의 끝부분으로 얇게 써는 방법. 무 등 굵은 것은 칼집을 여러 번 넣은 다음 썬다.

[그림 4-1] 계량 단위 환산표

(8) 성형

조리재료의 모양을 만들거나 다듬는 조작으로서 손으로 하거나 과자나 젤리를 만들 때처럼 기구나 틀을 이용할 수도 있다.

(9) 냉각, 동결

냉각은 식품의 온도를 내리기 위해 하는 조작으로서 자연 바람으로 식히거나 냉수, 냉장고 또는 냉동고에 넣어 식힌다.

동결은 식품의 온도를 빙점 이하로 낮추어 함유된 식품을 얼리기 위한 조작으로 아이스크림, 셔벗 등을 만들 때 이용한다.

(10) 해동

해동은 냉동한 식품을 냉동 전의 상태로 만들기 위한 조작이다. 냉동제품의 해동은 완만히 하는 것이 좋은데 냉장고에서 천천히 해동하면 표면과 중심부의 온도 차이가 작으므로 자연의 수화상태로 되기 쉽다. 해동이 급한 경우에는 열을 가해 해동시킬 수 있으나 이것은 성분의 유출량이 많고 아미노산, 염류, 비타민류 등 수용성 영양성분의 손실이 크므로 영양가나 맛이 모두 떨어진다.

전자레인지를 이용한 해동법은 해동이 빠르고 변색 및 풍미 저하 등의 식품 변질이 거의 없으며 산화작용도 최소화시킬 수 있으나 해동 후 즉시 조리할 때 이용한다.

해동시킨 식품은 생식품보다 품질이 저하되므로 될 수 있는 한 빨리 조리하도록 하고 일단 해동된 식품은 다시 얼리지 않도록 한다.

2. 조리의 본 조작법

(1) 생식조리법

식품을 익히지 않고 그대로 이용하여 식품 자체가 지닌 맛, 향, 색, 질감을 즐길 수 있는 조리법으로 식물성 식품을 이용한 생채, 겉절이, 샐러드, 냉채 등과 동물성 식품을 이용한 생선회, 육회 등이 있다.

생식조리를 했을 때의 장점은 영양성분, 특히 수용성 성분의 손실을 최소화할 수 있으며, 어류나 육류의 경우 가열 처리한 것보다 소화율이 높다. 또 식품 고유의 맛을 이용할 수 있고 조리방법이 간단하다. 그러나 가열에 의한 살균처리를 거치지 않으므로 신선한 재료의 선택과 위생적 취급이 필수적이며, 가능한 한 빨리 섭취하는 것이 좋다.

(2) 가열조리법

가열을 통한 조리는 식품에 많은 장점을 부여하는데 소화흡수율 증가, 안전성 증가, 풍미 증가, 질감 연화, 효소 불활성화, 저장수명 연장 등이 있다.

반면 지나친 가열은 영양성분의 파괴와 향미 및 질감의 저하를 가져오므로 적절하게 가열조리가 행해져야 한다.

1) 습열조리법

습열조리는 식품이 보유하고 있는 수분 외에 별도의 물을 첨가하여 가열하는 조리법으로 끓이기, 삶기(데치기), 찌기, 졸이기 등이 포함되며 물을 전달매체로 이용하므로 식품이 고르게 익을 수 있다.

① 끓이기(boiling)

물속에서 가열하는 조리법으로 식품 중의 맛성분과 영양성분이 국물 속으로 용출되게 하여 국물을 이용한다.

② 삶기(blanching)

삶기는 식품의 조직 연화와 단백질을 응고시키며 불미성분의 제거, 전분의 호화, 지방의 제거, 살균, 소독 등을 위해 행해진다. 그러나 수용성 비타민, 무기질, 맛 성분의 용출 등 영양적 손실이 일어난다.

③ 찌기(steaming)

수증기를 이용하여 가열하는 조리법이며 이를 응용한 찜요리는 식품의 모양을 그대로 유지하면서 식품이 갖고 있는 수분만으로도 열에 의해 조직이 연해지므로 맛이나 영양성분의 손실이 비교적 적다.

④ 조리기(stewing)

생선조림이나 장조림같이 양념을 넣은 다음 처음에는 강한 불로 가열하다가 끓기 시작하면 국물이 줄어들도록 오랫동안 은근하게 가열하는 조작법이다.

2) 건열조리법

열의 전달매체로 물이 아닌 뜨거운 조리도구 또는 기름을 사용하거나 복사열을 이용하여 직접 가열하는 방법으로 습열조리에 비해 비교적 높은 온도를 이용할 수 있다.

① 굽기(grilling)

식품에 열을 직접 가하여 조리하는 것을 말하며 석쇠에 얹어 굽거나 꼬챙이에 꽂아서 굽기도 하고 팬이나 오븐을 사용하여 간접적으로 굽는 방법도 있다.

② 볶기(pan frying, stir frying)

고온의 냄비나 철판에 약간의 기름을 두르고 식품을 저으면서 가열하는 조리법으로 튀김과 구이의 중간 조리법이다.

③ 튀기기(deep fat frying)

튀김은 기름을 열의 매체로 이용하여 가열하는 조리법이다.

3) 극초단파 가열조리법

극초단파 가열법은 식품 내 쌍극성의 물분자를 급속히 진동시킴으로써 식품 자체 내에서 열이 생성되도록 하여 조리하는 가열법이다.

[표 4-6] 조리법의 분류

조리법의 분류	조리방법	조리명
• 생식조리법	생식품을 수세, 썰기 등 간단한 조작으로 조리	회, 겨자채, 초나물, 생채, 샐러드, 쌈
• 가열조리법	여러 방법으로 열을 가해 식품을 익힘	
– 습열조리법	조림국물 또는 물에서 가열(100℃)	밥 짓기, 삶기, 끓이기, 조림, 탕, 전골
	수증기 열로 가열(85~100℃)	찜
– 건열조리법	식품을 방사열 또는 금속판의 열로 가열	구이
– 기름가열법	적온의 기름 속에서 가열(150~190℃)	튀김, 전, 볶음
– 극초단파가열법	극초단파로 가열	해동, 각종 조리

3. 조리의 조미 조작법

조미란 식품 자체의 맛 성분만으로 사람의 기호도를 충족시키기 어려울 때 조미료나 향신료 등을 첨가하여 음식의 기호성을 높이기 위한 조리조작으로 조미료가 확산작용에 의해 식품 내부로 침투되는 원리를 이용한 것이다.

조미료는 음식의 맛과 향을 증진시키기 위한 목적이 충족될 수 있도록 종류와 사용 시기를 잘 선택하여야 한다.

(1) 조미의 효과 및 시기

1) 조미의 효과

조미를 하여 얻는 효과는 조미료 자체의 맛이 음식에 가미되어 향미가 상승되며 식품자체가 지닌 좋은 맛이 증가하거나 좋지 않은 맛은 감소된다. 또한 조미료와 식품이 지닌 고유의 맛이 합해져 새로운 맛이 생성된다.

2) 조미의 시기

조미의 시기는 [표 4-7]과 같이 3단계로 나눌 수 있다.

[표 4-7] 조미의 시기에 따른 분류

조미 시기	조미 형태	조리의 종류
가열 전 조미	미리 소금을 뿌리거나 조미액에 재워두기(marinade)	생선 절이기, 갈비, 불고기 재기
가열 중 조미	끓이거나 졸이는 중에 양념 첨가	찌개, 조림
가열 후 조미	섭취직전에 양념 첨가	소스에 담그기, 드레싱 뿌리기

(2) 조미료의 종류

1) 단맛을 내는 조미료

① 설탕

설탕은 단맛을 내는 대표적인 조미료로 단맛 외에 점성, 보수성, 방부력, 갈색화 등의 효과도 부여한다. 조미 시 설탕은 분자량이 크므로 가장 먼저 첨가해야 하며 다음은 소금, 간장, 식초의 순서로 한다.

② 물엿

물엿은 전분을 산 또는 효소로 가수분해하여 농축시킨 것으로 맥아당, 포도당, 덱스트린 등이 함유되어 있고 식품에 점도를 부여한다.

③ 꿀

꽃에서 채취된 액즙이 벌의 타액에 의해 가수분해되어 얻어지는 천연의 전화당으로 흡습성이 강하기 때문에 식품에 첨가하면 장기간 수분유지의 효과를 부여할 수 있다.

④ 올리고당

설탕에 비해 단맛은 떨어지나 점도 등 물성은 기존 당류와 비슷하다. 소장에서 분해, 흡수되는 정도가 낮아 저칼로리 조미료로 알려져 있으며 비만 예방, 충치 억제, 당뇨병 예방 등의 기능성을 가지고 있다.

⑤ 아스파탐

아스파르트산과 페닐알라닌이 연결된 디펩타이드(dipeptide)로 단맛은 농도에 따라 다르나 설탕의 120~200배 정도이다.

⑥ 사카린

설탕의 300배 정도의 단맛을 가지고 있는 인공감미료로 높은 농도에서는 사카린 특유의 쓴맛을 내므로 보통 0.02~0.03%의 농도를 사용하는 것이 좋다.

2) 짠맛을 내는 조미료

짠맛은 조미의 기본 맛으로 적절한 농도는 개인의 기호에 따라 다르지만 음식에 보통 0.5~2% 정도의 농도로 맞춘다.

① 소금

짠맛을 내는 대표적인 조미료로 주성분은 염화나트륨(NaCl)이다. 소금의 종류는 천일염,

재제염(꽃소금), 정제염 등이다.

② 간장

대두 발효식품으로 짠맛 외에 발효에 의해 생성된 특유의 맛과 색, 향을 가지고 있다. 간장의 염 농도는 약 18~20% 정도이며 간장의 맛과 색을 보유하기 위해 조리가 끝나기 전에 넣는 것이 좋다.

③ 된장

대두 발효식품으로 짠맛 외에 특유의 맛, 색, 향을 가지고 있으며 단백질의 중요 급원이 된다. 된장의 염 농도는 15% 정도이다.

3) 신맛을 내는 조미료

신맛을 내는 대표적인 조미료인 식초의 주성분은 초산(CH_3COOH)이고 4% 정도 함유되어 있다. 식초를 조리에 사용하게 되면 신맛을 주는 것 외에 식품재료를 희게 하고 산성에 의한 방부성, 단백질 변성, 섬유소 질감의 경화, 비린내 제거, 생선가시 연화 등의 효과를 부여한다. 식초는 휘발성이 강하므로 가장 마지막에 첨가하도록 한다.

4) 감칠맛을 내는 조미료

감칠맛은 다시마, 쇠고기, 버섯 등에서 느낄 수 있는 맛으로 아미노산, 펩타이드, 핵산물질 등이 있다.

시판되고 있는 복합조미료는 MSG와 핵산물질(IMP, GMP)이 주성분으로 상승작용에 의해 서로의 감칠맛 효과를 증대시킨다. 가열을 하게 되면 감칠맛 성분이 분해되므로 섭취하기 직전에 사용하는 것이 좋다.

(3) 향신료의 특징

조미료가 음식의 맛을 내기 위해 사용되듯이 향신료도 음식의 품질을 증가시키기 위해 여러 용도로 사용된다. 즉 음식의 맛과 향미의 증가, 수조육류 및 어패류의 불쾌취 억제, 방부제의 역할로 사용되며 약효 성분에 의한 약리 작용의 효과도 있다.

특히 서양음식에서는 향신료의 사용이 많고 조리에 중요하게 이용되고 있으며 크게 스파이시(spices)와 허브(herbs)류 등으로 분류할 수 있다. 우리나라 음식에도 파, 마늘, 생강, 후추, 겨자 외 많은 종류의 향신료가 각종 조리에 사용되고 있다.

용어설명

- **MSG(monosodium glutamate)**

화학조미료로 아미노산의 일종인 글루탐산에 나트륨이 결합된 염이다. 해조류인 다시마에서 추출한 감칠맛 성분인데 현재는 당밀을 주원료로 미생물 발효로 글루탐산을 생산한 후 합성에 의해서 Na-glutamate(MSG)를 만들고 있다. MSG 자체가 감칠맛 외의 약간의 단맛과 짠맛을 가지고 있으며 사용 시 단맛과 짠맛에는 상승효과를, 쓴맛과 신맛에 대해서는 완화효과를 낸다. MSG는 중국 음식점의 증후군(CRS, Chinese Restaurant Syndrom: Kwok's Disease)의 원인 물질로 중국 음식을 먹고 난 뒤 후두부의 작열감, 불쾌감, 근육 경직, 매스꺼움 등의 증상이 일어나는 것은 그 음식 속에 함유된 다량의 MSG 때문이다. WHO에서는 1세 미만의 유아용 급식에는 MSG 첨가를 하지 않도록 권장하고 있다. 그것은 유아가 다량의 MSG를 섭취할 경우 발육 이상, 이상 비만, 신경내분비장애 등의 문제 발생 우려가 있기 때문이다.

- **IMP(inosine-5'-monophosphate)**

핵산계 조미료로 리보핵산(ribonucleic acid)을 분해해서 제조하며 가쓰오부시, 멸치 또는 각종 육류에 다량 함유되어 있다.

- **GMP(guanine-5'-monophosphate)**

핵산계 조미료로 느타리, 표고, 송이버섯같은 말린 버섯에 다량 함유되어 있다.

- **AMP(adenosine-5'-monophosphate)**

핵산계 조미료로 다시마 등 해조류에 다량 함유되어 있다.

- **복합조미료**

MSG를 기본으로 핵산(IMP, GMP), 유기산(호박산, 구연산), 당류, 소금, 기타 성분을 코팅 및 혼합하여 분말상 또는 과립상으로 만든 조미료이다.

- **천연조미료**

MSG에 대한 소비자의 인식을 극복하기 위해 멸치, 다시다, 버섯 등 자연식품으로 만든 조미료이다.

4. 계량의 실험조리

실험1

계량컵의 정확도 검사

조리에 사용되는 계량컵의 정확도를 알기 위해 물을 이용하여 중량과 용량을 측정한다. 또 표준량(물 1C의 표준량은 200g, 200㎖임)과 비교하여 기구 제작 및 계량기술 면에서 어떤 오차가 있는지를 알아보고 정확한 계량기술을 익힌다.

1) 눈금 없는 계량컵의 정확도 검사

● **재료 및 분량**

물

● **기구 및 기기**

계량컵 4종류(1, 1/2, 1/3, 1/4C), 메스실린더 2종류(100㎖, 250㎖), 저울

● **실험 방법**

(1) 중량의 측정

① 1C용 계량컵을 저울 위에 올려 중량을 먼저 측정하고 조심스럽게 물을 채워 이 1C 물의 중량을 측정한 후에 컵의 무게를 빼고 물의 중량만 기록한다. 이것을 3회 반복하여 평균값을 계산하고 그 결과를 [표 4-8]에 기입한다.

② 1/2, 1/3, 1/4C에 대해서도 ①과 같은 방법으로 행한다.

(2) 용량의 측정

① 1C용 계량컵에 물을 채운 후 250㎖ 메스실린더에 붓고 액면이 정지된 후 실린더의 눈금을 읽는다. 이것을 3번 반복한다.

② 1/2, 1/3, 1/4C에 대해서도 ①과 같은 방법으로 용량을 측정한다.

[표 4-8] 조미의 시기에 따른 분류

분류		1C	1/2C	1/3C	1/4C
중량(g)	1회				
	2회				
	3회				
	합 계				
	평균량				
	표준량	200g			
용량(mℓ)	1회				
	2회				
	3회				
	합 계				
	평균량				
	표준량	200mℓ			

● **결과 및 고찰**

- 평균 실험치는 표준량과 일치하는지, 또는 과 · 부족한지 알아본다.
- 실측에 사용된 계량컵은 정확한지 알아본다.
- 어떤 용량의 컵이 가장 정확한지를 평가해 본다.

결과

2) 눈금 있는 계량컵의 정확도 검사

- **재료 및 분량**

물

- **기구 및 기기**

계량컵 4종류(1, 1/2, 1/3, 1/4C), 메스실린더 2종류(100㎖, 250㎖), 저울

- **실험 방법**

(1) 중량의 측정

중량을 알고 있는 1C의 물의 중량을 재고 1/2, 1/3, 1/4C에 대하여는 컵 내부에 있는 그 눈금에 맞도록 물을 부어 측정하며 이를 3회 반복하고 그 결과를 [표 4-9]에 기입한다.

(2) 용량의 측정

1C의 물의 용량을 재고 1/2, 1/3, 1/4C에 대하여는 컵 내부에 있는 그 눈금에 맞도록 물을 부어 측정하며 이를 3회 반복한다.

[표 4-9] 눈금 있는 계량컵의 중량과 용량 측정

분류		1C	1/2C	1/3C	1/4C
중량(g)	1회				
	2회				
	3회				
	합 계				
	평균량				
	표준량	200g			
용량(㎖)	1회				
	2회				
	3회				
	합 계				
	평균량				
	표준량	200㎖			

- **결과 및 고찰**
  - 매회 실험 값의 평균치는 표준량과 일치하는지, 과 · 부족한지 알아본다.
  - 실측에 사용된 계량컵의 정확성은 어떠한지 알아본다.
  - 할편된 컵과 아닌 것 중 어느 컵이 더 정확한지 비교해본다.

결과

실험2

식품의 계량방법

계량 기구를 사용하여 몇 가지 식품들을 정확하게 계량하는 방법과 기술을 익히며 각 식품들의 목측량을 알아본다.

● 재료 및 분량

중력분 1kg, 버터 1kg, 기름 1ℓ, 우유 1ℓ
백설탕 1kg, 흑설탕 1kg, 빵가루 500g

● 기구 및 기기

계량컵(1C), 계량스푼(1Tbsp), 저울

● 실험 방법

① 밀가루: 한번 체에 친 다음 스푼으로 컵에 가볍게 퍼 넣는다. 컵은 흔들지 않고 직선인 막대(spatula)로 컵의 윗면이 수평이 되도록 깎은 다음 먼저 목측한 양을 기록하고 중량을 잰다.
② 백설탕: 덩어리가 있으면 부수고 컵에 담은 후 윗면이 수평이 되도록 깎는다.
③ 흑설탕, 버터, 마가린: 계량컵이나 스푼에 꼭꼭 눌러 담고 윗면이 수평이 되도록 깎는다. 흑설탕을 쏟았을 때 틀 모양을 가지고 있어야 되며 계량된 버터는 부드러운 고무제 주걱으로 잘 긁어 옮긴다.
④ 기름, 우유: 투시할 수 있는 계량컵의 눈금까지 붓는다.
⑤ 빵가루: 덩어리가 있으면 깨뜨리고 눌리지 않도록 섞은 후 계량컵에 가득 담은 후 윗면을 수평이 되게 직선 막대로 깎는다.
⑥ 각 식품들을 3회 계량하여 중량을 측정하고 평균값을 낸다. 계량 시 되도록이면 계량에 사용되지 않았던 재료를 이용하여 측정한다.

[표 4-10] 각종 식품의 1C 또는 1Tbsp의 중량(g)

분류		1회	2회	3회	합계	평균	목측치**
중력분	측정치						
	편차*						
백설탕	측정치						
	편차*						
흑설탕	측정치						
	편차*						
버터	측정치						
	편차*						
기름	측정치						
	편차*						
빵가루	측정치						
	편차*						

* **편차**: 각 회에서 측정한 값을 평균치에서 뺀 것, +, −로 표시

** **목측치**: 눈으로 짐작한 양

● **결과 및 고찰**

- 목측량의 정확성은 어떠한지 평가해본다.
- 매회 측정치의 편차가 가장 큰 식품과 가장 작은 식품은 어느 것인지 비교해본다.

결과

실험3

식품의 폐기율 측정

식품에는 우리가 섭취하게 되는 가식부위와 먹을 수 없어서 버리게 되는 불가식부위가 있다. 여러 식품의 종류에 따라 불가식부위가 어느 정도 있는지(폐기율)를 알아본다.

$$\text{폐기율(\%)} = \frac{\text{폐기부분중량}}{\text{전중량}} \times 100$$

$$\text{또는 폐기율(\%)} = \frac{\text{전중량} - \text{가식부중량}}{\text{전중량}} \times 100$$

● **재료 및 분량**

식빵 1장, 사과 1개, 생선 1마리
시금치 1단, 감자 1개, 달걀 1개

● **기구 및 기기**

칼, 도마, 볼, 저울

● **실험 방법**

① 식빵: 식빵 1장의 무게를 잰 후 가장자리를 제거하고 다시 무게를 잰다.
② 과일, 채소: 그대로 씻어서 물기를 빼고 중량을 잰 다음 보통의 방법으로 다듬거나 껍질을 벗겨 가식부의 무게를 잰다.
③ 어패류: 씻어서 물기를 빼고 중량을 잰 다음 불가식부위를 제거한 후 무게를 잰다.
④ 달걀: 전체 중량을 재고 나서 껍질을 제거한 달걀의 중량을 잰 다음 난백과 난황을 나누어서 각각의 중량을 다시 재어 전란에 대한 비율을 구한다.

[표 4-11] 각종 식품의 폐기율

분 류	식품명	분 량	중량(g)	가식량(g)	폐기율(%)
곡 류	식 빵	1장			
어패류	생 선	1마리			
알 류	달 걀	1개			
	난 황	1개			
	난 백	1개			
과일, 채소류	사 과	1개			
	감 자	1개			
	시금치	1단			

● **결과 및 고찰**

- 오차를 줄이기 위해 위의 전 조작을 여러 번 반복하여 평균을 얻어야 한다.
- 측정된 각 식품의 폐기율을 식품분석표의 수치와 비교해 보고 자신의 조리 조작 능력도 평가해 보도록 한다.

결과

Chapter 05

조리용 기기의 종류와 다루는 법

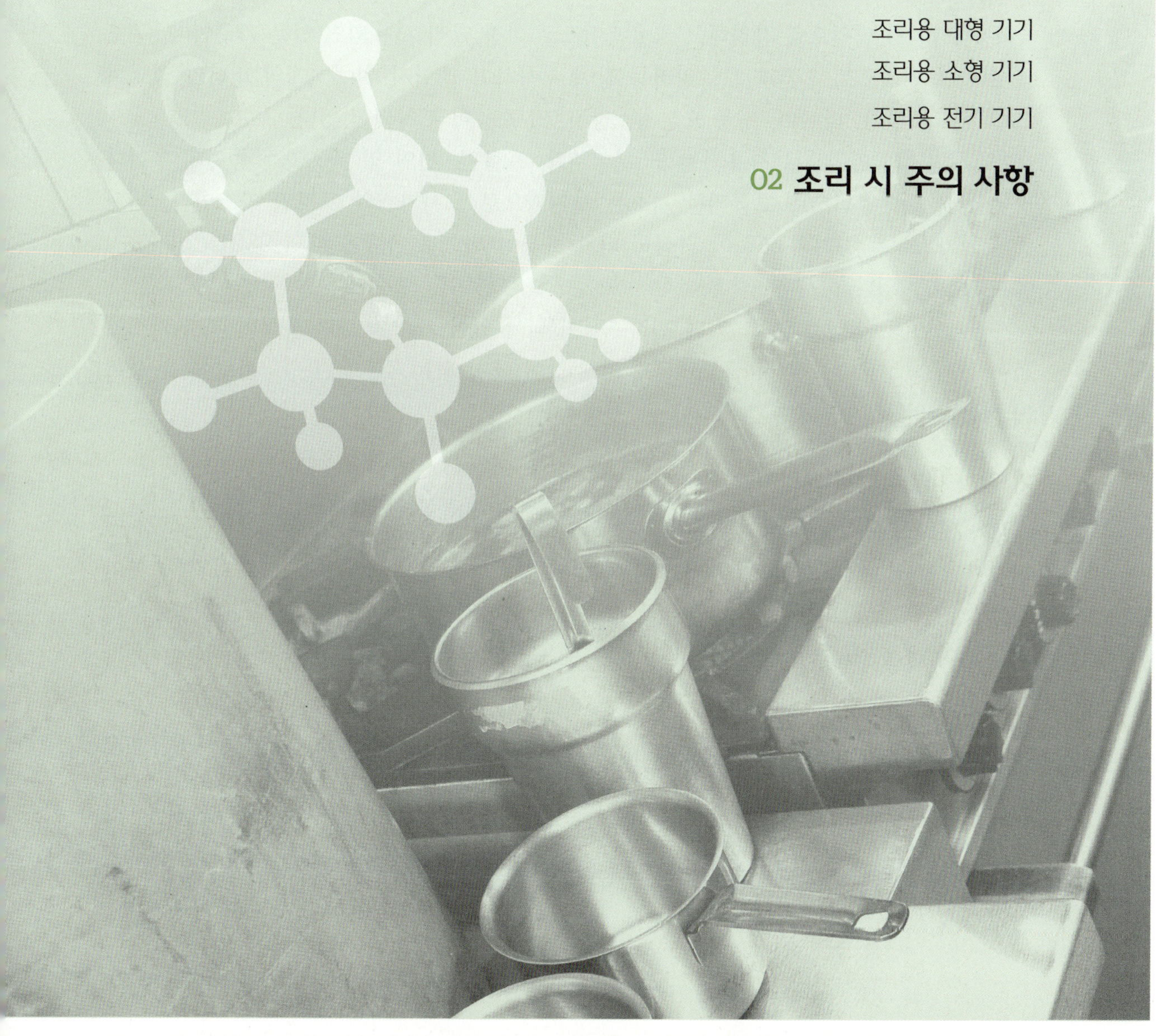

현대의 식생활을 관리하는 주부들은 경제적, 공간적 및 시간적 여건이 허용하는 한도 내에서 조리기기를 설비하여 생활의 과학화로 편리한 가정생활을 도모하고자 한다. 그러므로 조리의 간편화와 능률화를 위해 필요한 조리기기의 종류를 대형 기기, 소형 기기, 전기 기기로 나누어 살펴보고 취급방법도 알도록 한다.

1. 조리용 기기의 종류

(1) 조리용 대형 기기

1) 가스 및 전기레인지

식품 조리 시 열원으로 간편하고 효율적이므로 가장 많이 사용되고 있는 기구이다. 구조를 보면 보편적으로 오븐과 브로일러를 같이 부착하고 레인지 위에 4개의 버너가 있으며 그 외 온도조절기, 타이머, 자동 오븐청소장치, 전구 등이 부착되어 있다.

가스레인지의 열원으로 사용되는 연료는 부탄, 프로판, 천연 및 제조가스 등인데 우리나라에서 가정용 열원으로 보급되는 가스는 보편적으로 도시가스와 프로판 가스이다. 어떤 종류의 가스이든 공기의 조절이 적절히 되고 불꽃이 최고로 올랐을 때 1,982℃(3,600℉)에 도달할 수 있다.

가스레인지의 버너는 불을 켤 때 전자조절이 되어 있어 가스를 틀면 불꽃이 튀겨 가스에 불이 붙게 되는 것, 모불(pilot light)에 의해 불이 붙게 되는 것, 매번 성냥불로 불을 붙이게 하는 것의 세 가지 종류가 있다.

2) 강화 내열유리제 레인지

강화 내열성 유리질의 사기물질이 전기 코일 위에 덮여 코일이 보이지 않게 만들어진 레인지이다. 가스레인지와 다른 점은 불꽃이 없어 안전하며 온도가 자동으로 조절된다. 파이로세람(pyroceram) 판은 아주 강하고 평평하여 긁히지 않고 음식이 묻어도 젖은 행주로 쉽게 닦아 낼 수 있으며 열을 사용하지 않을 때는 조리대의 용도로도 사용할 수 있다.

3) 전자레인지

이 기기는 식품 조리에 초단파의 전자방사(electro magnetic wave)를 이용한 것이다. 전자레인지에 사용되는 주파수는 915MHz와 2,450MHz이며 복사 에너지의 일종인데 이 전자파는 비이온화 에너지로 인체 내에 축적이 안되고 분자 파괴를 일으키지 않는 장파 복사에너지에 속한다.

이 전자파에 의해 음식이 데워지는 원리를 보면 전자레인지에 있는 마그네트론 튜브(magnetron tube)가 전류를 고주파의 초단파에너지로 전환하고 이 전환된 전자파가 음식 내에 흡수되면 음식 분자가 전기장(electric field)을 형성한다. 음식물의 분자가 화학적으로 결합이 끊어져서 이온화한 분자들이 전기적으로 안정을 되찾기 위해 양극의 빠른 교환현상이 일어나서 분자들이 매 초당 2.45×109회나 180° 로 반복 회전하게 된다.

이러한 계속적이고도 빠른 회전이 내부에서 마찰을 일으켜 가열되는 것으로 전자레인지 내의 음식은 종래와 같이 표면에서 전도에 의해 내부로 익혀지는 것이 아니라 여러 방향에서 동시에 익혀진다. 식품성분 중에서 이 전기장의 변화에 영향을 크게 받는 것은 작은 분자량인 물이나 유리 아미노산 등이고 고분자인 단백질 및 탄수화물 등은 거의 영향을 받지 않는다.

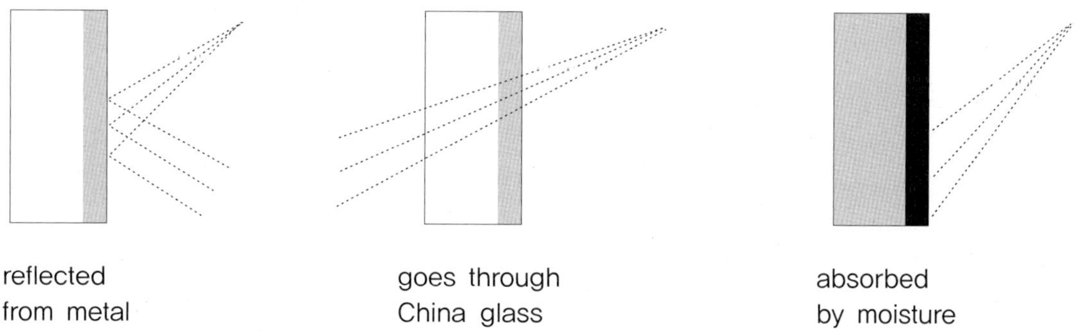

[그림 5-1] Microwave의 형태

이 전자파는 수분에 의해서는 흡수되나 종이, 유리, 자기, 플라스틱 등에는 투과되며 금속에서는 반사된다. 그러므로 전자레인지에 사용할 수 있는 그릇은 유리, 도자기, 플라스틱, 종이 등이 적합하며 금속은 전자파를 반사하여 효율을 저하시키고 마그네트론 튜브를 소각시키기도 하므로 사용해서는 안된다.

전자레인지를 이용한 조리 시의 장점과 단점은 다음과 같다.

① 조리시간이 다른 가열조리기구에 비해 훨씬 단축된다. 기존의 45~60분 걸리는 감자 찜을 8~12분 내에 완성할 수 있다.

② 식품의 큰 손상 없이 단시간에 냉동식품을 해동시킬 수 있다.
③ 단시간의 조리 시에는 음식은 데워졌어도 그릇은 뜨거워지지 않는다.
④ 전자파가 중단되어도 한동안 분자운동에 의한 가열이 계속되므로 완전히 익지 않은 음식을 꺼내어도 계속 조리가 진행된다.
⑤ 조리시간이 짧은 관계로 갈색화가 일어나지 않는다.

4) 식기 세척기

식사관리에 소요되는 주부들의 시간과 에너지를 절감해 주고 손으로 씻을 때보다 고온에서 일정한 온도로 씻어주므로 위생적이다. 많은 양의 그릇을 씻을 때는 편리하고 경제적이나 적은 양의 그릇을 넣고 가동하는 것은 비경제적이므로 애벌로 씻어 세척기에 넣고 그릇이 많아지면 한꺼번에 넣고 가동하는 것이 좋다.

식기 세척기에 사용되는 물의 온도는 60~80℃이며 건조 시 공기의 온도는 85℃ 정도이다.

5) 냉장고 및 냉동기

신선한 식품과 상하기 쉬운 음식을 낮은 온도에서 저장함으로써 세균의 번식을 지연시켜 일정기간 동안 안전하게 저장할 수 있다. 냉장은 식품을 0~10℃에서, 냉동은 −5~−20℃에서 보관할 수 있다. 요즘은 식생활 구조의 변화로 인해 냉동식품의 소비가 늘어나 별도의 냉동기를 구입하는 경향이 늘고 있다.

식품마다 적정한 냉장, 냉동온도가 다르고 같은 냉장고 속이라도 위치에 따라 조금씩 온도가 다르므로 적소에 적당한 식품을 저장해야 식품을 손상시키지 않고 위생적으로 식용기간을 연장하여 섭취할 수 있다.

대부분의 냉장고는 내부 중 하부가 가장 저온이고 상부는 비교적 온도가 높다. 또 뒤쪽이 앞쪽보다 온도가 낮으며 냉장고의 문을 여는 빈도에 따라 내부 온도가 영향을 받는다. 냉장고의 온도가 4℃ 내외, 냉동고 온도가 −18℃로 유지되는 것이 이상적이다.

냉장고 속에서도 미생물이나 효소 등이 서서히 음식에 작용하여 변질을 일으키므로 냉장, 냉동식품도 저장 시 품질 변화에 유의해야 한다[표 5-1].

(2) 조리용 소형 기기

1) 칼

칼은 식품을 자르는 데 사용하는 것으로 식품에 따라 또는 조리방법에 따라 써는 모양이

[표 5-1] 식품의 적정한 저장 온도 및 동결 온도

분 류	식품명	저장 온도	동결 온도
냉동육류	쇠 고 기	−23.5 ~ −17.5	−
	돼지고기	−23.5 ~ −17.5	−
	닭 고 기	−29	−
	햄	−23.5 ~ −17.5	−
신선육류	쇠 고 기	0 ~ 1.5	−2.5 ~ −1.5
	돼지고기	0 ~ 1.5	−2.5 ~ −1.5
	닭 고 기	0	−1.5
	햄	0 ~ 11.5	−2.5 ~ −1.5
가공식품	버 터	−10	−2.5
	치 즈	1.5	−2.5
	소 시 지	4.5 ~ 7	−
채소식품	오 이	7 ~ 10	−1
	양 배 추	0	−0.5
	당 근	0	−0.5
	버 섯	0 ~ 3	−1
	양 파	0	−1
과일	사 과	−1 ~ 0	−2
	바 나 나	13.5 ~ 22	−0.5
	수 박	2 ~ 4.5	−1.5
	오 렌 지	0 ~ 1	−2
	포 도	−0.5 ~ 0	−2.5
	딸 기	−0.5 ~ 0	−1.5
곡류, 서류	쌀	1.5	−1
	감 자	3.5 ~ 10.0	−1.5

다르므로 알맞은 칼을 선택하여야 한다. 가정에서는 기본적으로 3~4개의 칼을 구비하여 적절하게 사용하면 좋다.

또 칼은 손잡이가 편리하게 되어 있어야 하며, 날은 단단하여 휘거나 금이 가거나 쉽게 무뎌지거나 해서는 안된다.

2) 솥, 냄비, 주전자

열의 전도가 빠른 철이나 알루미늄, 구리를 냄비나 주전자 밑의 마감재료로 사용하며 파이렉스, 파이로세람, 스테인리스 등은 철, 구리보다 열 전도율은 낮으나 조리 시 식품의 향미에 영향을 주지 않으므로 조리기구의 재료로 많이 사용하고 있다.

3) 압력 솥, 압력 냄비

뚜껑을 밀폐할 수 있도록 제작된 조리기구로 냄비 속의 물에 열이 가해지면 증기로 변해 증기압이 형성된다. 열을 가할수록 압력이 올라가 100℃ 이상이 되므로 조리시간을 단축할 수 있다. 내용물은 반 이상을 넘지 않도록 하며 안전장치의 사용 요령을 잘 알고 안전하게 사용하는 것이 중요하다.

4) 튀김용 팬

두꺼운 알루미늄 판, 주조 철, 스테인리스, 내열성 유리 등으로 만들어진 팬은 일정한 온도를 비교적 오래 지속시켜 주므로 기름이 발연점에 쉽게 도달하는 것을 방지한다.

(3) 조리용 전기 기기

다양한 조리용 전기 기기의 사용은 식품 조리를 매우 편리하게 만든다. 기기의 성능을 충분히 이해하고 효율성을 높이도록 사용하며, 기기의 수명도 최대한 연장되도록 조심해서 다루어야 한다.

1) 믹서, 블랜더

믹서에는 전기 모터가 내부에 장착되어 있으며 식품을 섞고, 젓고, 혼합하고, 거품을 내거나 할 때 사용한다. 블랜더는 모터가 도는 힘이 커터를 회전시켜 각종 식품을 곱게 갈아 준다.

2) 토스터

전열 코일이 양측에 부착되어 있어 빵이 골고루 구워지고 또 자동 조절기가 있어 갈변을 조절할 수 있으며 다 구워지면 자동으로 단전되어 빵이 올라온다.

3) 전기 튀김기

자동 온도조절기가 부착되어 있어 튀김 재료에 따라 적절한 온도로 튀길 수 있으므로 재료가 타는 것을 방지할 수 있다.

4) 전기 후라이팬

열 조절기가 고정되어 있어 음식을 내놓을 때까지 식지 않게 일정한 온도를 유지할 수 있다.

5) 전기 밥솥

하부에 발열체와 자동 온도조절기가 내장되어 있으며 밥이 다 되면 자동으로 단전된다. 여열을 이용하여 밥의 뜸을 들이며 계속 보온이 가능하다.

2. 조리 시 주의 사항

부엌이나 조리 작업 장소에서 부주의로 인해 사고를 당하지 않도록 항상 유의하여야 한다. 불필요한 물건이나 도구의 나열, 불충분한 조명, 청결하지 못한 환경은 사고의 유발원인이 되므로 항상 정리, 정돈된 상태에서 조리를 하도록 한다.

조리 전 주의 사항

- 흰색 가운과 머릿수건을 착용한다.
- 굽이 낮은 신을 신는다.
- 손톱을 짧게 깎고 손을 깨끗이 씻는다.
- 기록을 할 노트를 준비한다.
- 복장은 단정히 하고 스카프나 긴 허리띠는 걸려 넘어질 수 있으므로 늘어뜨리지 않도록 주의한다.
- 부엌에서는 각종 기기, 도구 및 용기를 사용하므로 사용법과 보관 위치를 잘 습득하도록 한다.
- 반드시 소화기를 비치하고 사용법을 익혀 둔다.

조리 중 주의 사항

- 조리 중 머리를 빗거나 몸을 만지지 않는다.
- 미끄럼 방지를 위해 바닥의 물기나 음식조각을 즉시 제거한다.
- 부딪히지 않도록 서랍이나 선반의 문을 계속 열어 두지 않는다.

- 뜨거운 냄비나 그릇은 젖은 행주로 잡지 않는다.
- 긴 손잡이가 달린 냄비의 손잡이는 안쪽을 향하게 한다.
- 뜨거운 기름은 온도가 높으므로 특히 사용에 주의하여야 한다.
- 국물이 끓고 있는 냄비의 뚜껑은 바깥을 향해 연다.
- 모터가 있는 전기 기기를 사용할 때 켜진 상태에서 식품을 젓지 않는다.
- 칼과 같은 날카로운 물건이 떨어질 때 잡으려 하지말고 피해 선다.
- 젖은 손으로 전기 기기를 만지거나 쇳 조각을 대지 않는다.
- 예리한 칼을 사용할 때 주의하고 칼을 설거지통에 담가 두지 않는다.
- 유리가 깨어졌을 때 손으로 줍지 말고 빗자루로 쓸고 젖은 종이로 닦는다.

조리 후 주의 사항

- 기름을 많이 사용한 팬은 먼저 휴지로 닦은 후 씻는다.
- 설탕 용액을 사용한 그릇은 뜨거운 물에 담근 후 씻는다.
- 단백질 및 전해질 식품은 냉수에 씻는다.
- 찌꺼기는 분리 수거를 해서 버리고 밀가루는 싱크에 버리지 않는다.
- 수세한 그릇은 물기를 잘 닦은 후 제자리에 정돈하여 넣는다.
- 부엌이나 조리실 청소를 깨끗이 하고 수도 및 가스 잠금을 확인한다.
- 행주는 삶아서 말려 놓는다.

Chapter 06

곡류의 영양 및 조리특성

곡류는 주로 쌀과 맥류(밀, 보리, 귀리 등) 및 잡곡(조, 수수, 옥수수, 메밀) 등 우리의 주식으로 열량의 급원이 되는 식품을 말한다. 곡류는 알갱이 자체로 먹기도 하지만 가루, 전분, 가공품으로 이용되기도 한다.

이들의 재배 기원은 확실하지 않으나 유사 이전에 인류가 식용으로 이용하였을 것으로 추측되며 우리나라에는 기원전 1000년경 벼농사가 도입된 것으로 보고 있다. 세계적으로 볼 때 곡류의 생산량이 다른 식품들에 비해 가장 많으며 식품 열량원 중 가장 경제적이다.

1. 쌀의 성분과 특성

쌀은 전분질 식품으로서 우리의 주된 곡류이며 밥을 짓거나 죽과 떡을 만드는데 이용된다. 쌀의 품종은 많지만 크게 일본형(Japonica형)과 인도형(Indica형)으로 나뉜다. 일본형은 쌀의 입자가 둥글고 짧으며 단단하여 밥을 지으면 점성이 높다. 우리나라, 일본, 대만, 중국 남북부, 이집트, 이탈리아, 스페인, 브라질, 미국 캘리포니아 등에서 생산된다. 인도형은 쌀알이 길고 가늘며 부서지기 쉽고 점성이 낮으며 베트남, 파키스탄, 타이, 멕시코, 미국 남부 등에서 생산된다. 현재 우리나라에서는 재래종인 일반계와 개량종인 다수확계가 재배되고 있다.

쌀의 구조를 보면 외측에 외피, 종피, 호분층이 있고 배유, 배아가 있다. 구성은 배유가 92%, 배아가 2~3%, 껍질 부분이 5~6%이다.

(1) 쌀의 영양성분

쌀의 성분은 도정 정도에 따라 차이가 크다. 탈곡에 의해서 겉껍질인 왕겨를 벗긴 것을 현미라 하고 현미를 도정한 것을 정백미라 한다. 현미에는 전분을 주성분으로 하여 단백질, 지질, 비타민 B_1, B_2 등이 함유되어 있고 정백미는 대부분이 전분이며 다른 성분은 적다. 현미의 표피는 물이 통하기 어려워 소화율이 좋지 않고 정백한 것이 소화가 더 잘 된다. 수확하여 찧은 지 6개월 이내의 쌀을 햅쌀이라 하며 외관상 더 투명하고 신선한 냄새를 가진다.

1) 탄수화물

쌀의 탄수화물 중 70~80%가 전분이고 그 외 덱스트린, 섬유소 등이 소량 함유되어 있다. 쌀의 전분 중 아밀로오스가 20~25%, 아밀로펙틴이 75~80%인데 찹쌀은 거의 아밀로펙틴으로 구성되어 있어 점성이 강하다.

2) 단백질

쌀의 단백질은 품종에 따라 함량이 12%(Indica gulfrose)를 함유하는 것도 있으나 보통 현미에 7~8%, 백미에 6~7% 정도 함유되어 있다. 단백질의 종류는 주로 글루테린(glutelin)으로 오리제닌(oryzenin)이라고 한다. 그 외 글로불린, 프롤라민, 알부민 등도 함유되어 있다.

쌀 단백질의 아미노산은 아르기닌은 풍부하나 리신, 트립토판, 히스티딘, 메티오닌 등은 부족하다. 단백가는 78로서 식물성 단백질로는 우수한 편이다.

[표 6-1] 쌀 단백질의 아미노산 조성

아미노산	전쌀단백	백미단백	표준단백
리신(lysine)	3.2	2.2	4.2
트립토판(tryptophan)	1.3	1.1	1.4
페닐알라닌(phenylalanine)	5.0	5.6	2.8
메티오닌(methionine)	3.0	2.6	4.2
트레오닌(threonine)	3.8	2.2	2.8
루신(leucine)	8.2	6.7	4.8
이소루신(isoleucine)	5.2	4.9	4.2
발린(valine)	6.2	8.8	4.2

3) 지질

지질은 주로 배아 내에 함유되어 있으므로 현미에는 2.3% 정도 함유되어 있으나 백미에는 0.8% 정도로 아주 낮다. 지방산으로는 50% 이상이 올레익산이고 나머지는 리놀레닉산과 팔미틱산이며 불포화지방산이 많아 영양적으로 바람직하나 저장 중에 산패되어 품질저하의 원인이 된다.

4) 무기질

쌀의 외부층에는 유효한 무기질이 풍부하나 내부에는 함량이 적다. 쌀에 함유된 무기질로 P, K, Mg 등은 풍부하나 Ca, Fe 등은 부족하다.

5) 비타민

쌀에는 비타민 B군이 주로 함유되어 있고 그 외의 비타민은 적다. 비타민 B군 또한 외피와 배아 부분에 주로 많이 함유되어 있기 때문에 백미의 경우에는 그 함량이 적다. 백미에 이 비타민군이 남아 있더라도 물에 씻고 밥을 짓는 동안에 감소되기 때문에 실제 섭취율은 대단히 적다.

정백도에 따른 쌀 종류별 영양성분은 [표 6-2]와 같고 도정 정도에 따른 영양소 함량의 변화는 [표 6-3]과 같다.

[표 6-2] 쌀의 종류에 따른 일반 성분(100g당)

쌀의 종류	수분 (%)	단백질 (g)	지질 (g)	당질 (g)	섬유 (g)	Ca (mg)	Na (mg)	P (mg)	Fe (mg)	B_1 (mg)	B_2 (mg)	niacin (mg)
현 미	11.0	7.2	2.5	76.8	1.3	41.0	6.0	284	2.1	0.30	0.10	5.0
7분 도미	12.3	6.9	1.1	78.8	0.3	24.0	2.0	179	0.9	0.19	0.05	2.7
백 미	11.7	6.8	1.0	79.6	0.4	5.0	2.0	100	3.7	0.15	0.08	1.5
강 화 미	14.0	7.0	1.3	76.8	0.3	6.0	2.0	140	0.5	125	5.0	1.5
찹 쌀	12.1	7.4	2.1	77.1	0.8	21.0	11.0	243	3.4	0.30	0.12	5.0

[표 6-3] 도정 정도에 따른 영양소 함량의 변화

도정도	수분(%)	단백질(%)	지질(%)	탄수화물 (%)	무기질(%)	타아민(%)	소화율(%)
현 미	13.25	7.63	2.33	75.7	1.60	5.4	93
5분 도미	14.05	7.50	1.50	76.2	0.79	4.0	97
7분 도미	14.06	7.27	1.32	76.6	0.71	3.1	98
백 미	14.39	7.11	0.97	77.1	0.54	1.7	98

6) 효소

쌀에는 여러 가지 효소가 함유되어 있어 식품을 저장하거나 조리, 가공할 때 식품의 색, 맛, 질에 영향을 준다. 이 효소 중 가장 중요한 것은 α, β-아밀라아제(amylase)와 프로테아제(protease)인데 아밀라아제는 전분을 가수분해시키는 것이고 프로테아제는 단백질을 가수분해시킨다. 이외에 지방을 가수분해시키는 리파아제(lipase)효소가 있는데 이 효소는 쌀을 저장할 때 부패의 원인이 되기 쉽다.

(2) 전분(starch)

식물에서 탄수화물의 저장형태인 전분은 자연에 가장 풍부하게 존재하는 물질 중의 하나이다. 주로 식물의 뿌리, 종자, 줄기 등에 함유되어 있으며 조리하는 데 중요한 역할을 한다.

1) 전분의 구조

전분의 분자는 수백 개 또는 수천 개 이상의 포도당이 결합되어 있는 다당류로 그 구조의 모양과 크기는 종류에 따라 다르나 전분 입자는 직선으로 결합된 직쇄상의 아밀로오스(amylose)와 가지를 치며 결합된 분지상의 아밀로펙틴(amylopectin)으로 구성되어 있다.

아밀로오스는 500~2,000 정도의 글루코오스(glucose)가 α-1,4 결합하여 중합된 직쇄분자이다. 결합된 포도당의 수가 적을수록 물에 잘 용해되나 전분에서와 같이 많은 수의 포도당이 결합되면 조리 시 용해성이 낮아지는 특징을 가지고 있다.

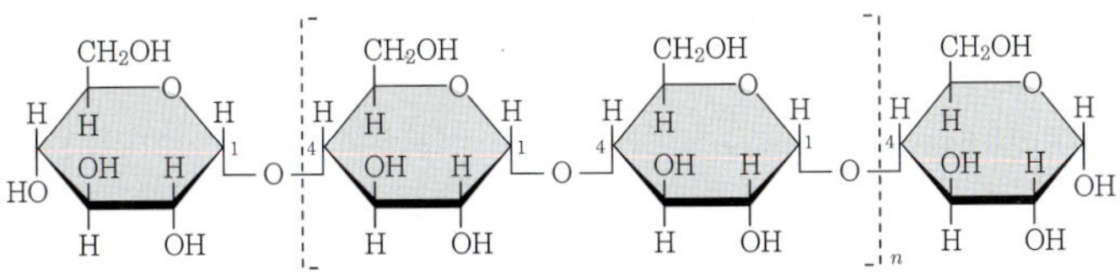

아밀로오스(amylose)

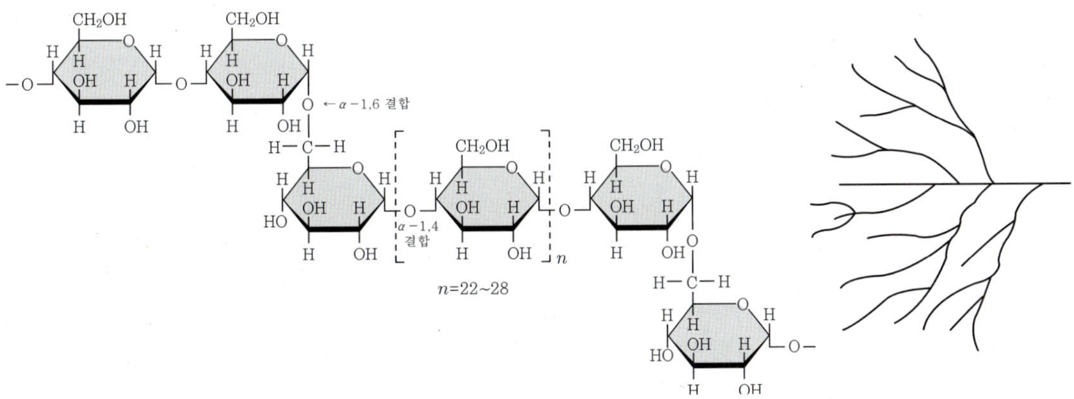

아밀로펙틴(amylopectin)

[그림 6-1] 전분의 구조

일반적으로 곡류 전분은 두류 전분이나 감자전분보다 짧아서 분해되기 쉽다. 식품에 있어서 아밀로오스의 중요한 특징 중 하나는 지질, 알코올, 요오드와 같은 물질과 복합체를 이루는 것이다. 아밀로오스가 용액 속에 존재할 때는 6분자의 포도당이 단위가 되어 다소 유연한 나선구조 형태를 보인다.

나선형으로 된 배열에 요오드를 첨가하면 요오드가 나선구조 내로 들어가 이 복합체는 청색이 된다. 나선구조 내의 6개의 D-글루코오스 단위는 한 분자의 요오드 원자와 결합할 수 있으며 이 요오드 테스트는 어떤 물질 속에 아밀로오스의 존재를 확인할 때 사용한다. 만약 아밀로오스의 분자가 길면 요오드-전분 복합체는 청색을 나타내지만 짧으면 적색을 나타낸다.

아밀로펙틴은 D-글루코오스의 중합체로서 아밀로오스와 같은 직쇄 부분(94~96%)과 군데군데 α-1,6 결합에 의해 가지를 가진 것으로 전 분자가 1,000~수만인 거대 분자이다. 전분 혼합물을 가열하면 걸쭉해지는 것은 아밀로펙틴 때문이며 요오드 테스트를 하면 자줏빛 붉은색을 나타낸다. 전분의 종류에 따라서 아밀로오스와 아밀로펙틴의 혼합 비율이 다른데 대체로 천연 전분에는 2:8의 비율로 들어 있다.

가열하면 아밀로오스는 엉키는 성질을 나타내고 아밀로펙틴은 끈기를 나타낸다.

[표 6-4] 각종 전분의 amylose와 amylopectin의 함량

곡류명	amylose	amylopectin	곡류명	amylose	amylopectin
쌀	20	80	밀	24	76
찹 쌀	0	100	메 밀	28	72
보 리	27	73	감 자	23	77
찰보리	3	97	고구마	20	80
옥수수	21	79	수 수	27	73
찰옥수수	0~6	94~100	바나나	21	79

2) 전분의 특성

① 전분의 당화(saccharification)

전분에 묽은 산이나 알칼리를 넣고 가열하면 가수분해되어 당화된다. 또 α, β-아밀라아제 효소를 첨가하고 최적 온도(55~60℃)를 유지시켜도 가수분해된다. 이러한 성질을 이용하여 식혜, 엿당 등을 만드는데 식혜는 쌀의 전분을 부분적으로 당화시킨 것이고 엿은 완전히 당화시켜 농축한 것이다.

② **전분의 호화(gelatinization)**

전분에 물을 붓고 가열하면 온도가 올라감에 따라 전분립은 물을 흡수한 뒤 팽창하는데 70~75℃ 정도가 되면 전분입자가 크게 팽창하고 전분입자의 형태가 없어져 전체가 점성이 높은 반투명의 콜로이드 상태가 된다. 이러한 변화를 호화라고 하며 이때의 전분은 소화하기 쉬운 형태로서 α-전분이라고 부른다.

호화가 일어나는 것은 전분 분자의 수소결합이 열에 의해 약해져서 전분입자의 분자간 재배열이 일어난 것으로 결정 형태의 전분립의 구조가 깨어진 것이다.

또한, 호화된 전분 용액이 높은 점성을 나타내는 것은 아밀로오스나 아밀로펙틴이 길게 또는 가지를 가진 분자이므로 미립자가 녹아도 따로 떨어져서 움직일 수 없고 한 개의 분자가 움직이면 다른 분자도 따라서 움직이게 되기 때문에 점성을 가진 용액이 되는 것이다. 이 용액을 계속 가열하면 전분액의 활성이 감소되는데 이것은 전분입자가 터져서 모양이 없어지기 때문이다.

호화된 전분은 건조시킬 수는 있으나 호화되기 전 상태의 전분 구조로 되돌릴 수는 없다. 건조된 호화 전분은 다량의 물을 재흡수하는 성질이 있는데 이 성질을 이용하여 인스턴트 라면, 인스턴트 밥을 제조하고 있다. 이것은 α화한 전분에 물을 부으면 β-전분과 달리 미립자가 없기 때문에 물이 쉽게 들어가서 전분을 둘러싸므로 열을 가하지 않아도 호화 상태가 되는 특성을 이용한 것이다. 이 원리를 이용하여 α-전분으로 가공된 식품에는 알파 미, 냉동미, 쿠키, 밥풀, 튀김 등이 있다.

전분의 호화가 일어나는 현상은 [표 6-5]와 같이 전분의 종류, 전분분자의 종류, 온도, 수분함량, pH, 첨가물의 종류 등 여러 인자에 의해 영향을 받는다.

[표 6-5] 전분의 호화와 노화의 영향 인자

영향 인자	호 화	노 화
전분의 종류	- 전분입자가 클수록 빠름 옥수수, 밀 < 감자, 고구마 < 찹쌀	- amylopectin 함량이 적은 전분은 노화 촉진
전분분자의 종류	- amylose < amylopectin	- amylose > amylopectin
온도	- 온도가 높을수록 호화시간 단축	- 2~5℃에서 가장 빠름 (냉장고의 온도)
수분함량	- 수분 부족은 호화 방해	- 30~60%에서 가장 쉬움
pH	- 강산, 알칼리에서는 빨리 호화하나 분해되어 점도가 낮아짐.	- 산성에서 노화 촉진 (H_2SO_4, HCl, H_3PO_4)
첨가물 종류	- 설탕, 소금, 지방, 달걀은 호화 방해	

③ 전분의 노화(retrogradation)

α화한 전분입자는 많은 양의 물과 수화해서 벌어진 상태로 있다가 실온에 오래 방치되면 전분이 미립자 상으로 다시 분자 배열을 이루어 β-전분으로 돌아가는데 이 현상을 노화라고 한다. 일단 호화된 전분의 노화가 일어나면 생 전분일 때의 원래 구조로 되돌아가는 것은 불가능하며 식품의 품질이 저하되어 먹기가 곤란할 뿐 아니라 물분자나 효소와도 친화력이 떨어지기 때문에 소화되기도 어렵다.

그러므로 조리된 식품의 노화를 방지해야 하는데 그 방법은 α-전분이 된 것을 80℃ 이상으로 유지하면서 수분을 제거하거나 0℃ 이하로 얼려서 급속히 탈수한 후 수분함량을 15% 이하로 해주면 된다. 이렇게 하면 전분 분자의 배열이 헝클어져서 인접한 분자와 교착된 채로 고정되기 때문에 노화하기 어렵게 된다. 이 원리를 이용하여 이유식용 전분, 쿠키, 크래커, 비스킷 등을 만든다.

[표 6-6] 각종 식품의 수분함량과 α화도

식 품 명	수분함량(%)	α화도
흰 밥	65.0	63.6
식 빵	35.6	85.3
국 수	72.1	69.0
건 빵	7.7	69.9
밥풀튀김	8.6	96.1
볶 은 쌀	5.5	94.3

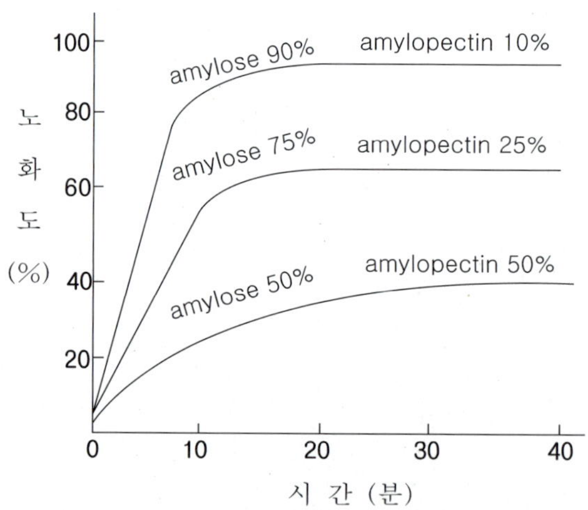

[그림 6-2] 전분의 종류에 따른 노화 속도

④ **전분의 호정화(dextrinization)**

전분을 160~170℃의 건열로써 가열하면 전분이 여러 단계의 가용성을 가지게 되고 이어서 덱스트린(dextrin)으로 분해된다. 또 전분에 묽은 질산을 약간 넣어서 가열하거나 효소로 분해해도 덱스트린을 얻을 수 있는데 전분의 색, 맛, 향기가 달라지고 용해성이 높아지며 점성이 낮아지는 등의 변화를 나타낸다.

전분의 호화는 물리적 변화만을 일으킨 것이나 호정화는 전분의 직쇄 구조가 짧게 되는 약간의 화학적 변화를 일으킨 것으로 호화전분보다 물에 잘 녹고 효소작용을 받기 쉬워 소화가 잘된다. 이를 이용한 식품으로 미숫가루, 뻥튀기, 팝콘, 토스트 등이 있다.

3) 전분의 점도에 영향을 주는 첨가물

전분은 첨가물의 성분에 따라 성상에 영향을 받는다. 조리 시에 자주 사용하는 소금, 설탕, 식초, 글루탐산소다 등의 첨가가 호화할 때 점도에 미치는 영향을 [표 6-7]에 나타내었다.

① **염류**

염류를 첨가하면 대부분은 점도, 팽윤도, 용해도의 저하를 가져오나 음이온에서는 SO_4^{2-} > $COOH^-$ > Cl^- > NO_3^- > ClO_3^- > Br^- > I^- > SCN^-의 순으로 팽윤이 촉진된다. 한편 양이온에서는 Al^{3+} > Mg^{2+} > Fe^{3+} > Ca^{2+} > NH^{4+} > Na^+ > K^+ > Ba^{2+} > Hg^{2+}의 순으로 점도가 점차 감소하게 된다. 소금첨가에 의한 감자전분의 점도저하, 밀전분의 점도상승은 호화의 억제와 촉진이 전분의 종류에 따라 다르다는 것을 나타내고 있다.

[표 6-7] 각종 조미료가 전분의 점도에 미치는 영향

조미료의 종류 및 양		전분의 종류	
조미료	첨가량	감자전분(3.8%)	밀전분(8.4%)
소금(%)	1, 2, 3	약 50% 저하	농도에 따라 서서히 증가
설탕(%)	3, 5, 10	농도와 같이 서서히 증가	농도와 함께 증가, 특히 5% 이상에서는 급격히 증가
식초(pH)	0.3, 0.5, 2.0	농도에 따라 감소, 특히 pH 3.5 이하에서 급속히 감소	감자전분과 같은 경향이나 일반적으로 영향이 적음
글루탐산소다(%)	0.1, 0.3, 0.5	농도와 같이 감소, 소량으로도 영향이 큼	변화하지 않음
설탕(%)과 식초(pH)	설탕 5 식초 3.0, 3.5, 2.0	pH 2.0에서는 거의 변화하지 않으나 pH 3.5 이하에서는 급격히 감소함	감자전분과 같은 경향이나 일반적으로 영향이 적음

② 설탕

설탕은 팽윤을 억제하나 첨가량이 적은 경우 호화하는 동안의 전분입자의 붕괴를 막아 결과적으로 최고점도를 나타낸다. 그러나 설탕 첨가가 50% 정도의 고농도로 되면 점도는 급격히 낮아지고 호화온도는 상승한다.

③ 식초

식초 등 산은 pH에 미치는 영향이 크며 pH 3.5 이하로 되면 가수분해로 인한 점도의 저하는 현저해 진다. 한편 pH가 높아지면 호화가 촉진된다. 이른바 알칼리 호화로서 전분에 3%의 수산화나트륨(NaOH)을 가하면 상온에서 호화한다.

④ 글루탐산소다

글루탐산소다는 소량으로도 점도를 현저히 저하시킨다. 설탕과 식초의 첨가에 있어서 pH 3.5 이하에서는 식초의 영향이 크다. 조리할 때 호화된 후에 조미료를 가하면 영향을 줄일 수 있다.

(3) 쌀의 조리특성

1) 전분농도와 조리

전분의 농도가 다르면 호화의 정도가 다르다. 전분농도가 높은 것이 낮은 것보다 최고점도가 현저하게 높아진다. 일반적으로 전분농도가 낮은 것이 높은 것보다 호화되기 어렵고 , 점도는 전분의 농도가 높을 때보다 낮은 온도에서 높은 점성을 나타내며, 농도가 낮을수록 더디게 고온이 되고 높은 온도에서 점성을 나타내게 된다.

[표 6-8]에서 보면 전분이 여러 농도로 조리되고 있음을 알 수 있는데 전분의 첨가는 국물의 점도를 높이고, 건더기를 안정시키며, 재료에 조미액이 묻게 하고, 국물이나 재료의 온도 강하를 지연시키며, 매끄러운 질감을 부여한다. 특히 농도를 높이면 겔화하므로 감촉

[표 6-8] 전분의 종류와 농도에 따른 조리

전분의 종류	전분의 농도(%)	조리의 종류
감자전분	1~1.5	묽은 국
	3~6	쿠즈앙(갈분을 물에 풀고 술, 간장으로 조미)
	5~8	갈분탕(갈분에 설탕을 넣고 뜨겁게 한 것, 환자식)
옥수수전분	8~10	와플

이 좋은 독특한 점탄성을 얻을 수 있다.

전분은 농도에 관계없이 종류에 따라 그 성질도 다르므로 투명도를 필요로 하는 엷은 국물에는 칡이나 감자전분을 쓰고, 씹는 감촉이 좋은 점탄성을 요하는 조리에는 옥수수전분을 쓰면 좋다.

2) 밥 짓기

① 쌀의 수세

쌀의 수세는 쌀에 붙어 있는 쌀겨의 제거 및 불순물, 먼지, 돌 등 비위생적인 물질들을 없애는 데 필수적인 조작이다. 쌀겨에는 비타민 B_1이 함유되어 있어 영양면에서는 좋지만 쌀겨가 남아 있으면 밥맛이 없을 뿐 아니라 미생물이 번식하여 빨리 부패한다. 쌀을 씻는 동안 수용성 비타민은 상당히 손실되는데 쌀을 가볍게 씻었을 때 약 23%의 비타민 B_1이 손실되고 강하게 여러 번 씻으면 약 54%의 손실이 생긴다. 쌀을 씻을 때의 흡수량은 10~15% 정도이다.

요즘은 가볍게 씻어도 되는 청결미가 나와 수용성 영양물질의 손실을 줄일 수 있으며 또한 미리 수세되어진 쌀이 소포장 단위로 판매되어 시간과 물을 절약할 수 있고 레저용으로 사용하면 편리하다.

[표 6-9] 백미의 수세 중 영양소의 손실

영양소	1회 씻을 때 손실량(g/200g)	손실률(%)	8회 씻을 때 손실량(g/200g)	손실률(%)
열 량	4(kcal)	1.13	8(kcal)	2.26
단백질	0.20	3.16	0.42	6.64
지 질	0.22	22.00	0.40	40.00
탄수화물	0.26	0.33	0.70	0.90
섬 유	0.08	32.00	0.08	32.00
회 분	0.09	18.75	0.23	47.90

② 쌀의 흡수

쌀은 그 자체가 가지고 있는 수분함량이 적고 또 조직이 단단하기 때문에 쌀 내부에까지 물과 열이 침투하려면 상당히 시간이 걸린다. 그러므로 미리 물에 일정 시간 담가두면 쌀

조직이 물을 흡수해서 벌어지므로 가열 시 열 전도를 도와줄 뿐 아니라 전분의 호화에 크게 도움이 된다. 쌀 전분의 완전 호화는 밥맛을 좌우하는 요소이므로 침투 과정이 중요하며 쌀을 씻어서 곧 밥을 짓는 것보다는 미리 씻어서 물에 불린 다음 밥을 지으면 맛이 더 좋다.

쌀을 물에 담그면 처음에는 물을 급격히 흡수하고(약 20분 동안) 어느 정도 시간이 지나면 더 이상 물을 흡수하지 않는데 최대 흡수량은 물의 온도에 따라 달라 여름(25~30℃)에는 30분, 겨울(<20℃)에는 90분 정도의 시간이 필요하다. 연구에 의하면 24℃에서의 물 흡수량은 30분-28%, 60분-30%, 120분-30%로 나타나 쌀을 씻은 후 30분 동안 흡수시켜 밥을 짓는 것이 적당하다.

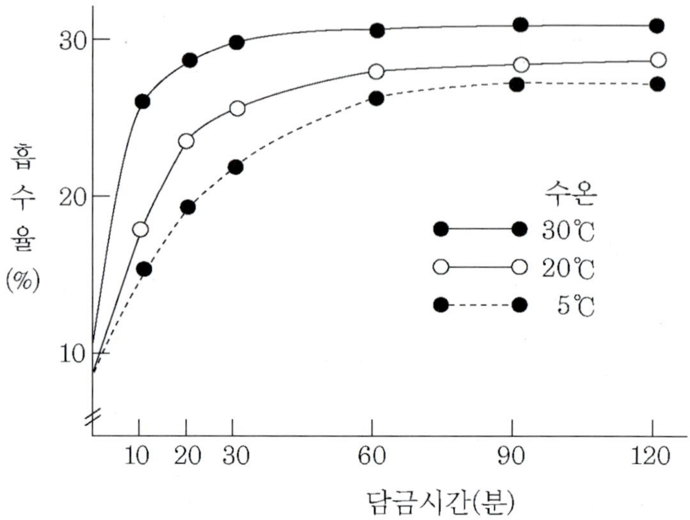

[그림 6-3] 쌀의 담금 시간과 흡수량

[표 6-10] 쌀의 도정과 수세 중 비타민 B_1의 손실

도정률	도정 시 감소		3회 씻음		10회 씻음	
	μg%	감소율(%)	μg%	감소율(%)	μg%	감소율(%)
100(현미)	453	0.0	430	5.1	417	7.9
99(1분 도미)	417	7.9	383	8.2	376	9.8
98	373	17.7	340	8.8	321	11.3
97	323	28.7	283	12.4	253	21.7
96(5분 도미)	300	33.8	245	18.3	209	30.3
95	302	33.3	247	18.2	206	31.8
94(7분 도미)	271	40.2	218	19.6	160	41.0
93	200	55.8	164	18.0	97	51.5
92(백미)	142	68.1	109	23.2	65	54.2

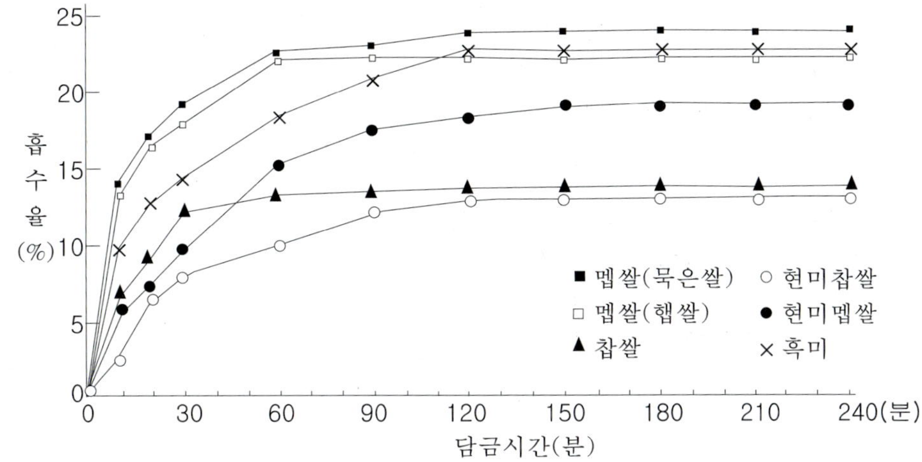

[그림 6-4] **쌀의 종류와 흡수율(수온 20±2℃)**

③ 물의 양

밥 짓기에 필요한 물의 첨가량은 쌀의 종류, 건조 상태에 따라 차이가 있지만 보통 밥짓는 동안의 물의 증발량을 고려하여 쌀 체적의 1.2배로 하고, 쌀 중량으로는 1.4~1.5배를 가한다. 햅쌀은 1.0~1.2배로 가한다.

④ 가열

밥 짓기에 필요한 가열시간은 쌀의 양, 가열온도, 열원의 종류 그리고 밥 짓는 용기의 종류 등에 따라 다르다. 쌀의 α화는 60~65℃에서 시작하지만 그 속도는 느리다. 80℃ 이상에서는 빠르게 일어나며 98℃에서 20~30분으로 α화가 완성된다. 실제 밥 짓기에 있어서는 물이 끓을 때까지 흡수가 계속되고 완전히 물이 없어질 때까지 α화가 진행된다. 그러나 쌀 입자의 α화는 느리기 때문에 불을 약하게 하거나 끈 후 10~15분 동안 뜸을 들여야 한다. 화력은 물이 끓을 때까지는 강화로써 행하지만 그 후는 물이 계속 끓을 정도로 불을 약하게 해서 5분 정도 가열하고 계속 약화로써 15분 더 가열하면 호화가 잘된 밥을 얻을 수 있다.

밥 짓기를 단계별로 구분하면 다음과 같다.

- **1단계(온도상승기)** – 솥 내의 물이 끓을 때까지로 수온의 상승과 함께 수분의 흡수가 많아져 쌀이 팽창하여 미립자(micell) 결합이 허술해진다. 60~65℃에 이르면 배유 표면의 전분부터 호화하기 시작한다. 이 시간이 길면 호화된 전분이 물에 녹아 쌀이 죽 같은 상태가 되므로 빨리 비등점에 달하는 것이 좋다. 강한 화력에서 10~15분 정도 가열하는 것이 좋다.

- **2단계(끓이기)** – 수분 흡수로 쌀알의 팽윤이 계속되면서 호화가 진행되어 미립에 끈기가 생겨 점착하기 시작하므로 쌀은 점차 움직이지 않게 된다. 남은 수분은 쌀알 사이를 통과하면서 끓게 된다. 이때 내부 온도가 100℃를 유지하도록 화력을 중간 정도로 하여 5분 정도 가열한다.
- **3단계(쪄지는 시기)** – 쌀알이 호화되어 서로 점착한 이 시기는 수분이 점차 적어진다. 쌀알 사이를 통과하던 물은 수증기가 되어 쌀의 전분은 증기로 쪄지는 상태이다. 쌀 입자 내부가 완전히 호화, 팽윤하도록 화력을 약하게 조절하여 98~100℃를 유지한다. 유리된 물이 거의 없어졌을 때 불을 끈다. 이 때의 시간은 15분 정도가 적당하다.
- **4단계(뜸들이기)** – 불을 끈 상태에서 고온이 유지되는 일정 시간 내에 쌀 입자 중심부의 호화가 행해진다. 동시에 쌀 입자 주위에 부착되어 있던 약간의 수분도 완전히 쌀에 흡수되어 부드러운 밥이 된다. 고온에서 약 10분 정도 온도를 유지하며 뜸을 들이면 전분의 호화를 촉진시키므로 맛있는 밥이 만들어진다.

밥 맛에 관계하는 것은 쌀의 형태, 색, 촉촉한 정도, 응집성, 부착성, 경도 등 관능적 특성이며 쌀밥의 맛 성분인 아미노산 중 글루탐산, 아스파르트산 및 아르기닌이 많을수록 밥맛이 좋다. 또한 같은 종류의 쌀이라 하더라도 밥 짓는 조건에 따라 맛이 달라질 수 있는데 밥을 짓는 물의 pH가 7~8일 때 밥의 외관이나 맛이 좋고 또, 0.03%의 소금을 넣으면 맛이 좋아진다.

밥 맛은 건조도와 밀접한 관계가 있는데 지나치게 건조된 쌀은 갑자기 수분을 흡수하므로 불균등한 팽창을 하고 조직이 파괴되며 공간이 생겨서 질감이 나빠진다. 그러므로 수확 후 오래된 쌀은 밥맛이 좋지 않다.

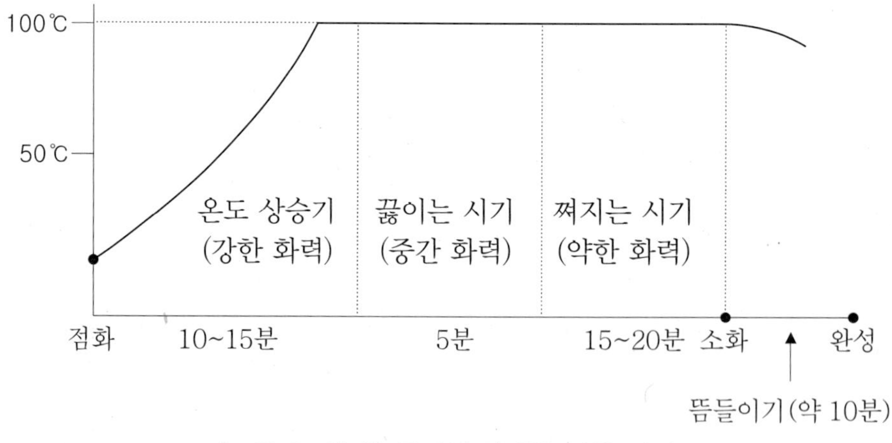

[그림 6-5] **밥 짓기의 단계별 진행 과정**

3) 죽 만들기

죽은 입상의 곡물에 물을 많이 붓고 오랫동안 끓여서 완전히 호화되어 흐를 정도의 점성을 지닌 유동성의 음식으로 소화가 매우 용이하여 노인식, 유아식, 병인식으로 많이 쓰여 왔다. 주재료로 쌀을 많이 이용하고 그 외 고기, 어패류, 채소류, 견과류 등 영양이 많은 식품을 넣어 만든다.

[표 6-11] 죽의 종류별 특성

죽의 종류	죽의 특성
죽	• 쌀 부피의 5~6배의 물을 사용 – 옹근죽: 쌀알을 그대로 쑤는 것 – 원미죽: 쌀알을 굵게 갈아서 쑤는 것 – 무리죽: 쌀알을 완전히 곱게 갈아서 쑤는 죽
암죽	• 곡식을 말려 가루로 만들어 물을 넣고 끓인 죽 – 떡암죽, 쌀암죽, 밤암죽 등이 있음
미음	• 곡물 분량의 10배 가량의 물을 붓고 끓인 후 체에 받친 것 – 쌀, 차조, 메조 등이 쓰임
응이	• 죽보다 더 묽은 상태로 전분을 물에 풀어 끓인 것 – 율무, 녹두, 수수, 칡, 연근 등의 전분을 사용함
즙	• 소의 양 부위나 고기를 다져 중탕하여 익힌 다음 짜낸 것

4) 떡 만들기

떡은 쌀가루로 만드는 음식으로서 의례 등 대소사에 필수적으로 사용된다. 떡을 만들 때 넣는 소금의 양은 메떡인 경우는 쌀가루 중량의 0.8%, 찰떡인 경우에는 쌀가루 중량의 1.5%가 적당하다.

[표 6-12] 떡의 종류별 특성

떡의 종류	떡의 특성
찐 떡	• 곱게 빻은 쌀가루를 증기가 잘 통하도록 시루에 안쳐 쪄내는 것 – 백시루떡, 팥시루떡, 석탄병, 두텁떡, 쑥편 등
친 떡	• 찹쌀 또는 쌀가루를 찐 후 결이 고와질 때까지 쳐서 모양을 내는 것 – 인절미, 절편, 골무떡 등
삶은떡	• 찹쌀가루를 익반죽하여 둥글게 빚어 삶은 후 식혀 고물을 묻힌 것 – 삼색경단, 수수경단 등
지진떡	• 찹쌀가루를 익반죽하여 모양을 만들고 기름에 지진 것 – 화전, 주악, 부꾸미 등
단 자	• 찹쌀가루를 익반죽하여 둥글게 빚어 삶은 후 식혀 견과류 등 채친 것을 골고루 묻힌 것 – 석이단자, 대추단자, 밤단자, 쑥구리단자, 은행단자 등
기 타	• 약식, 증편 등

2. 쌀의 실험조리

실험1

쌀의 수분 흡수율 및 온도와의 관계

멥쌀과 찹쌀의 수침시간에 따른 수분 흡수율과 온도의 영향을 알아본다.

● **재료 및 분량**

멥쌀 120g, 찹쌀 120g

● **기구 및 기기**

비커(100mℓ) 12개, 온도계, 저울, 거즈

● **실험 방법**

① 멥쌀과 찹쌀을 깨끗한 것을 골라 정확하게 10g씩 무게를 잰다.

② 비커 12개에 담고 물의 온도는 상온(18~20℃)과 더운물(30~40℃) 2가지로 하여 물을 60mℓ씩 넣는다.

③ 수침 후 매 10분마다 꺼내어 짧은 시간에 물기 없는 거즈로 살살 누르면서 물기를 빼고 무게를 잰다.

④ 무게를 잰 멥쌀과 찹쌀을 다시 물 온도를 유지한 비커에 담고 60분 동안 매 10분마다 수분 흡수의 정도를 측정한다.

[표 6-13] 쌀의 수분 흡수율과 온도의 영향

물의 온도	종류	흡수량과 흡수율											
		10분		20분		30분		40분		50분		60분	
		g	%	g	%	g	%	g	%	g	%	g	%
상온의 물 (18~20℃)	멥쌀												
	찹쌀												
더운물 (30~40℃)	멥쌀												
	찹쌀												

● **결과 및 고찰**

- 쌀의 수분 흡수율을 그래프로 그려 최대 흡수율이 되는 시간을 관찰한다.
- 침수시키는 물의 온도를 변화시켜 실험해 본다.
- 취반 시 쌀의 종류와 침수시키는 정도에 따른 가수량을 비교해본다.

결과

실험2

쌀의 중량과 부피와의 관계

멥쌀 및 찹쌀의 침수에 따른 중량과 부피와의 관계를 알아본다.

● **재료 및 분량**

멥쌀 100g, 찹쌀 100g

● **기구 및 기기**

메스실린더(250mℓ) 2개, 저울

● **실험 방법**

① 멥쌀 100g을 실린더에 붓고 윗면을 평평하게 한 후 부피를 읽는다(A).

② 쌀을 담은 실린더의 밑을 계속 두드려서 부피가 가장 작아졌을 때의 눈금을 읽는다(B).

③ 쌀을 실린더에서 꺼내고 물 100mℓ를 부은 후에 다시 쌀을 넣고 액면의 눈금을 읽는다(C). 이때 A는 마른 쌀 100g의 부피이며 C−100mℓ는 마른 쌀 100g의 진 부피이다.

④ 실린더 안의 쌀을 꺼내어 여러 번 씻어 물을 맑게 해서 C와 같은 눈금까지 물을 붓고 그때의 쌀의 윗면 눈금을 읽는다(D).

⑤ 60분 후(가끔 쌀을 뒤섞는다) 쌀의 중량을 잰다(E).

⑥ 60분 침수시킨 후 쌀의 윗면 눈금을 읽고 그때의 부피를 기록한다(F).

⑦ 60분 침수시킨 후 쌀의 진 부피를 산출한다(G).

⑧ 찹쌀 100g도 멥쌀과 같이 실험하여 그 결과를 기록한다.

[표 6-14] 쌀의 중량과 부피와의 관계

측정항목		멥쌀	찹쌀
마른 쌀의 중량(g)		100	100
마른 쌀의 부피(㎖): A			
쌀을 두드린 후 부피(㎖): B			
A/B × 100(%)			
마른 쌀의 진 부피(C−100㎖): D			
60분 수침 후	중 량 (g): E		
	부 피(㎖): F		
	진부피(㎖): G		
중량에 의한 흡수율(%): (E−100/100)×100			
부피에 의한 흡수율(%): (F−A/A)×100			
진 부피에 의한 흡수율(%): (G−D/D)×100			

- **결과 및 고찰**

 – 호화와 노화이론 및 조건을 정리해 본다.

결과

실험3

밥 짓기와 쌀 종류 및 가수량의 관계

멥쌀과 찹쌀로 밥을 지을 때 60분간 수침 후 가장 적당한 가수량을 알아본다.

● 재료 및 분량

멥쌀 600g, 찹쌀 600g, 0.1% 소금용액

● 기구 및 기기

저울, 온도계(100℃) 6개, 비커(1,000㎖) 6개

● 실험 방법

① 쌀 200g씩 계량(A)하고 (3개 준비) 씻은 후 60분 동안 물에 담가 불린다.

② 불린 쌀을 체에 밭쳐 5분간 물을 뺀 후 쌀의 중량과 용량(B)을 잰다.

③ 쌀을 무게를 알고 있는 3개의 비커에 각각 넣고 비커 위를 알루미늄 호일로 마개를 하고 온도계를 끼워 밥 중심에 닿도록 고정시킨다.

④ 물을 용량의 0.8배, 1.0배, 1.2배가 되도록 각각 붓고 불에 올려놓는다.

⑤ 불을 켜서 최고 온도에 도달할 때까지는 강한 화력으로 끓인 후 물이 끓어오르면(이때 시간을 기록한다.) 물이 넘치지 않도록 중간 불에서 5분간 더 끓도록 유지시킨다.

⑥ 10분간 약한 불로 뜸을 들이면서 3분 간격으로 온도를 측정한다.

⑦ 불을 완전히 끄고 5분간 방치한 후 밥의 중량과 용량을 측정하고 관능검사를 한다.

⑧ 찹쌀은 멥쌀과 같은 방법으로 하되 가수율은 찹쌀 용량의 0.6배, 0.8배, 1.0배로 하고 이때 물은 소금용액을 사용한다.

[표 6-15] 수침 및 취반에 따른 쌀의 변화량

구 분		마른쌀(A)	불린쌀(B)	흡수율 (B-A/A)×100	밥(C)	밥의 증가율 (C-A/A)×100
멥쌀	중량(g)					
	용량(㎖)					
찹쌀	중량(g)					
	용량(㎖)					

[표 6-16] 취반 중의 온도(℃)의 변화

시간(분)	0	3	6	9	12	15	18	21	24
멥쌀									
찹쌀									

[표 6-17] 밥맛의 순위

가수율	0.6배	0.8배	1.0배	1.2배
멥쌀				
찹쌀				

● **결과 및 고찰**

- 불린 쌀을 계량하여 밥을 지으면 어떤 점이 이로운지 알아본다.
- 지은 밥의 중량과 용량은 쌀의 몇 배로 늘었는지 측정해 본다.
- 찹쌀과 멥쌀의 가수율의 차이는 얼마인지 알아본다.
- 불리지 않은 마른 쌀로 밥을 지을 경우의 가수율과 가열방법을 실험해본다.

결과

실험4

쌀가루의 반죽방법에 미치는 영향

쌀가루를 반죽할 때 사용하는 물의 온도와 가수량 및 첨가물에 따른 반죽의 질감과 맛 등을 비교한다.

● **재료 및 분량**

쌀가루 400g, 소금 2.8g, 설탕 약간

● **기구 및 기기**

온도계(100℃) 1개, 저울, 찜통

● **실험 방법**

① 쌀가루 100g, 소금 0.7g을 넣고 잘 섞는다.

② 끓는 물 15g(쌀가루의 15%)을 넣고 처음에는 젓가락으로 뭉치게 하여 손으로 둥글게 빚고 중심부에 온도계를 꽂아 온도를 읽는다. 반죽이 되도록 사용하는 물의 양을 가감하고 사용한 양을 기록한다(A).

③ A와 같이 하되 물의 온도를 상온으로 하고 반죽 내부의 온도를 잰다. 반죽이 만들어지도록 물을 가감한 후 사용한 물을 측정하고 A의 물의 양과 비교한다(B).

④ B와 같이 하되 물의 양을 A와 동량으로 하여 반죽의 정도를 A와 비교하여 관찰한다(C).

⑤ B와 같이 하되 설탕을 반죽 무게의 10%로 넣어 반죽한다(D).

⑥ 찜통에 물을 넣고 불에 올려 끓으면 찜판 위에 젖은 행주를 펴서 반죽 A, B, C, D를 각각 나누어 15분간 찐다.

⑦ 쪄낸 다음 4개의 시료에 대하여 각 측정 조항에 대하여 좋은 것을 1로 하여 순위를 매긴다.

[표 6-18] 쌀가루 반죽의 물의 온도, 가수량 및 첨가물 영향

시 료	순위				
	반죽의 단단한 정도	맛	색	자른면의 조밀도	입속의 촉감
A: 가루 100g 온수 ( )g					
B: 가루 100g 냉수 ( )g					
C: 가루 100g A와 동량의 냉수 ( )g					
D: 가루 100g B와 동량의 냉수 ( )g 설탕 ( )g					

● **결과 및 고찰**

– 쌀가루를 뜨거운 물로 반죽(익반죽)하는 이유는 무엇인지 알아본다.

– 사용한 물의 양에 따라 떡의 경도에 차이가 있으면 어느 정도인지 알아본다.

결과

3. 밀의 성분과 특성

맥류의 한 종류인 밀은 동아시아를 제외한 세계 여러 나라에서 주식으로 삼고 있는 식품이다. 밀의 입자는 배유부 80~58%, 배아부 2~3%, 그 외 과피, 종피, 외배유가 13~18%로 구성되어 있다. 밀의 입자는 골이 깊어서 정백은 곤란하나 가루로 만들기는 쉽다. 가루로 만들면 소화율도 98%인 백미와 거의 비슷해지므로 밀은 대부분 밀가루로 만들어 조리하여 섭취한다.

(1) 밀의 성분

밀은 탄수화물이 주성분(70%)이며 12% 내외의 단백질과 수분(14%)을 함유하고 배아에는 지질과 비타민도 많이 들어있다. 그러나 제분하는 동안 거의 손실되므로 FDA에서는 정제된 밀가루에 비타민 B_1, B_2, 나이아신(niacin), Fe 등을 보충하여 강화밀가루를 제조하도록 규정하고 있다.

1) 탄수화물

밀의 성분은 탄수화물이 주성분으로 70% 정도 차지하고, 그 대부분이 전분으로 구성되어 있으며 그 외 덱스트린, 펜토산 등도 약간 들어있다. 전분은 주로 아밀로오스로서 배유에 들어 있으며 단맛이 강하고 조리 시 밀가루의 호화온도는 65~68℃이다.

2) 단백질

밀 단백질은 밀의 종류, 재배법(기후, 토질 등)에 따라 10~16% 정도 차이가 나기도 하지만 보통 12% 내외의 함량을 나타낸다. 밀 단백질은 대부분 배유에 들어 있는 글루텐으로 글리아딘과 글루테닌으로 이루어진다. 보통 글루텐은 밀가루 단백의 약 80%를 차지하고 있고 밀 입자의 배유부에서 글루텐 함량은 중심부에서 외측으로 나옴에 따라 많아진다.

① 글리아딘(gliadin)

프롤라민(prolamin)의 일종으로 75% 내외의 알코올에 녹으나 물에는 녹지 않는다. 이 구형의 단백질은 물을 흡수하면 점착력을 나타내고 풀처럼 길게 늘어나지만 마르면 부스러져 가루가 되기 쉽다. 소량의 소금이 있을 때 신장성이 증가하므로 국수류를 만들 때는 소금을 넣는다.

② 글루테닌(glutenin)

글루테린(glutelin)의 일종으로 탄성을 띠며 물로 반죽했을 때 잘 늘어나지 않고 형태를 유지하는 힘을 가진다.

③ 푸로티오닌(purothionin)

특수한 결정 단백질로 시스틴이 16% 있고 아르기닌도 많으며 염기성 단백질이다.

④ 알부민, 글로불린, 프로테오스(albumin, globulin, proteose)

소량 존재하며 주로 배아나 겨층에 있다.

⑤ 아미노산(amino acid)

밀 단백질 중 글루테닌은 완전하나 글리아딘이 열등하기 때문에 아미노산 조성은 영양적으로 완전하지 않다. 표준 단백에 비하여 리신과 메티오닌이 가장 적고 다음은 트립토판, 트레오닌의 순으로 밀가루의 단백가는 47이다.

3) 지질

전체 밀의 종자 내에는 1.7~2% 정도 포함되어 있는데 과피와 호분층에 30%, 배유에 50%, 씨눈에 20% 들어있으며 밀가루에는 1% 내외가 들어있다. 지방산 조성은 올레익산이 45% 내외, 리놀레익산이 40% 내외이고 고체 지방산과 저급 지방산 및 고도 불포화지방산 등도 들어있으나 극히 적다.

배아유 내에는 비타민 E와 스테롤이 있고 레시틴도 함유된 것이 특징이며 배아 지방산에는 포화지방산이 16%, 불포화지방산이 84% 들어있다.

4) 무기질

밀에는 무기질이 약 2% 정도 들어있으며 이 중 50%는 인산이고 나머지는 대부분 칼륨이며 칼슘은 0.5%에 불과하다. 그리고 미량 성분으로서는 요오드가 밀가루 1kg당 0.32mg이 들어있고 이 밖에 비소, 불소 등이 있다.

인이 많은 이유는 레시틴, 피틴, 핵산 등의 유기체인 화합물이 존재하기 때문이다.

5) 비타민

밀 내의 비타민은 거의 배아에만 있기 때문에 밀가루 내에는 비타민류가 거의 없다. 그리고 양질의 밀가루일수록 함유량이 적으므로 외국에서는 비타민 B_1, B_2, 나이아신(Niacin)을 첨가한 강화밀가루(enriched flour)를 사용하고 있다. 그러나 배아 내에는 비타민 B류 외에 특히 다량의 비타민 E가 함유되어 있다.

6) 효소

밀에는 여러 가지 효소가 있는데 밀가루의 변질은 보통 이 효소에 의하여 일어난다. 또 효소작용에 의하여 산도, 아미노산, 지방산이 증가한다.

① 프로테아제(protease)

글루텐을 가수분해하며 밀가루나 배아 내에 들어있는 글루타치온(glutathione)은 프로테아제의 작용을 돕는다.

② 아밀라아제(amylase)

전분을 가수분해하며 특히 발아 소맥에 많다. 최적 조건은 49~58℃, pH 4.6이다.

③ 말타아제, 페록시다아제, 카탈라아제(maltase, peroxydase, catalase)

배아부에 많으며 미숙한 것이나 발아 중에 특히 많다. 그리고 이와 같은 효소력이 많은 가루는 품질이 나쁘다.

④ 티로시나아제(tyrosinase)

티로신(tyrosine)을 산화하여 밀가루의 빛깔을 나쁘게 한다.

7) 색소

밀가루의 색소는 주로 카로틴(carotene)으로 영양은 있으나 상품으로서의 가치가 저하되므로 제분공장에서는 표백하는 경우가 있다. 또 밀가루에는 수용성 플라본(flavone)계의 트리틴(tritin)이 들어있고 배아에도 카로티노이드(carotenoid) 색소와 수용성 색소가 들어있다.

(2) 밀가루의 특성

밀가루는 제분과정, 정제정도에 따라 품질이 다른 제품을 얻을 수 있으며 부풀릴 수 있는 특성을 갖고 있어 보기에도 좋고 소화가 잘되는 음식을 만들 수 있다. 즉 글루텐이 많고 점성이 강하므로 빵이나 국수 제조에 적당하다.

1) 밀의 종류

① 제분율에 의한 종류

가. 전립 밀가루(whole wheat flour)

제분과정에서 생긴 밀가루를 모두 섞어서 만든 것으로 껍질과 배아가 함께 섞여 있어서 밀이 가지고 있는 영양소를 고루 가지고 있다.

나. 98% 밀가루

껍질만 제거한 것으로 영양가는 전 밀가루와 거의 비슷하다.

다. 85% 밀가루

밀에 있는 거의 대부분이 배유(85%)로 된 가루로서 약간의 껍질 부분이 섞여 있으나 무기질이나 비타민의 함량은 적다.

라. 72% 밀가루

제분 시에 생기는 처음 밀가루로부터 72%까지의 가루를 섞은 것이다. 제분율이 높을수록 품질이 낮다.

② 글루텐 함량에 의한 종류

질을 판단하는 데 중요한 것은 강도, 수분 흡수율, 색 등이다. 강도가 큰 것은 단백질 함량이 높으며 가스 보유율이 크고 흡수율도 높다. 색은 탈색을 하기 때문에 흰색이지만 글루텐 함량이 높은 것은 크림색이 난다.

가. 강력분(hard wheat flour, bread flour)

단백질 함량이 12~16%로서 글루텐의 함량이 높을 뿐 아니라 탄력성과 점성이 강하고 수분 흡착력도 강하다. 이 밀가루로 만든 반죽은 크게 부풀고 식빵, 마카로니의 제조에 쓰인다.

나. 중력분(family flour, all purpose flour)

단백질 함량이 10~13%로서 강력분과 박력분의 글루텐 함량과 성질의 중간정도이기 때문에 이들을 대신해서 다목적으로 사용될 수 있다. 우리나라에서 판매되는 것의 대부분을 차지하며 국수를 만드는데 적합하다.

다. 박력분(soft wheat flour, cake flour)

단백질 함량이 8~11%로서 글루텐의 성질은 강력성과 점성이 약하고 흡착력도 약하므로 섬세한 질을 가진 과자류, 튀김옷 등을 만드는 데 사용된다.

③ 사용목적에 따른 종류

가. 전립 밀가루(whole wheat flour)

밀의 외피를 포함하여 낟알이 전부 포함되도록 하여 제분한 것으로 배아 부분의 지질성분이 그대로 함유되어 있기 때문에 저장 중에 산패될 수 있으나 외피를 포함하므로 식이섬유 함량이 높다.

나. 제빵용 밀가루(bread flour)

단백질 함량이 높아서 강한 점탄성을 지니며 이스트빵을 만들기에 적합한 것이다.

다. 페스트리와 케이크용 밀가루(pastry & cake flour)

연질 밀로 만드는데 페스트리, 쿠키, 케이크를 만들기에 적합하다.

라. 인스턴트 밀가루(instantized flour)

뭉쳐지지 않고 찬 액체에도 잘 섞이도록 만든 것이다. 일반적으로 밀가루보다 입자가 더 크고 균일하며 습기를 더 천천히 흡수한다. 계량하기 전에 체에 칠 필요가 없어 계량이 손쉽다.

마. 팽창제 함유 밀가루(self-raising flour)

보통 연질 밀로 만드는데 소금과 베이킹 파우더가 케이크류를 만들기에 적당한 비율로 첨가된 것이다. 구입하여 액체를 넣고 반죽하기만 하면 된다.

바. 글루텐 밀가루(gluten flour)

글루텐의 함량을 41% 수준까지 높여 점탄성을 증가시킨 것으로 제빵에 적합하다.

사. 강화 밀가루(enriched flour)

비타민과 무기질 등을 첨가하여 영양을 강화한 것이다.

2) 글루텐의 형성

밀가루는 물을 가하고 반죽했을 때 망상을 형성하는 글루텐(gluten)을 함유하고 있다. 이 글루텐 그물눈 사이사이에 전분, 지방 입자가 끼어 벽을 형성하며 벽 사이에 많은 공기와 가스를 보유하고 이러한 상태로 응고할 때까지 팽창할 수 있다.

밀가루에 50~60%의 물을 가하여 반죽하면 밀가루에 존재하는 글리아딘과 글루테닌이 물과 결합하여 3차원 망상구조의 글루텐이 형성되며 반죽을 오래 하면 오래 할수록 밀가루는 질기고 점성이 강해진다. 글리아딘과 글루테닌은 모두 타원형으로 생겼는데 좀 더 긴 실 모양을 한 글루테닌이 여기저기 겹쳐서 헐거운 실 모양을 하고 약간 둥글둥글한 모양을 가진 글리아딘이 몇 개씩 모인 사이사이에 끼어서 만들어진다고 한다. 즉, 단백질의 역학적 변성이 일어난다.

반죽에서 글리아딘은 신장성을, 글루테닌은 강도를 강하게 한다. 반죽을 적당한 온도로 오븐에서 구웠을 때 팽화율은 글루텐 함량이 많은 것일수록 크다. 그리고 첨가물의 첨가방법에 따른 글루텐의 형성 정도를 보면 먼저 설탕 첨가량이 밀가루의 30%인 것은 글루텐 형성이 잘되지 않았고 50%인 것은 글루텐의 형상을 잘 나타내지 못하였다. 또 밀가루에 유지를 고루 섞은 후 물로 반죽한 것은 밀가루를 물로 먼저 반죽한 후에 유지를 넣고 반죽한 것에 비하여 글루텐 양이 감소되었다.

[그림 6-6] 글루텐의 형성

(3) 밀가루의 조리특성

1) 조리 시 영양성분의 변화

밀가루는 쌀처럼 조리 전에 수세할 필요가 없으므로 이에 의한 비타민이나 무기질의 손실은 없으나 반죽, 발효 및 가열의 과정에서 영양성분의 손실이 일어난다. 이 중 가열에 의한 변화가 크므로 빵, 비스킷 등을 구울 때나 국수 등을 삶을 때는 주의해야 한다.

이때 전분은 소화효소에 의해 분해되기 쉬운 형태로 되나 비타민 등은 열에 의해 분해되며 국수류는 삶는 물 속에서 녹아서 나간다.

비타민 B_1의 손실은 효모를 이용한 빵의 경우 대개 20% 정도이며 오븐에서 굽는 시간이 길수록 손실이 크다. 또한 비타민 B_1은 알칼리성에 불안정하므로 팽창제로서 중조를 넣어 반죽하면 비타민 B_1의 분해가 심하게 촉진된다. 비타민 B_2는 비타민 B_1에 비해 열에 강하므로 빵을 구울 때에 감소는 문제되지 않지만 오히려 광선에 약해서 빵을 썰어서 두면 직사광선에 쪼이지 않더라도 비타민 B_2가 급속히 분해된다.

2) 조리 시 첨가물의 영향

① 팽창제

가. 발효법(fermentation)

생물학적 방법으로서 반죽 중의 당을 효모(*Saccharomyces cerevisiae*)가 분해해서 가스를 생성시켜 팽창하게 되는 것이다. 제빵 시 밀가루 반죽에 효모(yeast)를 넣으면 당을 분해해서 이산화탄소와 알코올을 생성한다. 이산화탄소는 팽창제(leavening agent)의 역할을 하고, 알코올은 독특한 냄새를 내게 된다.

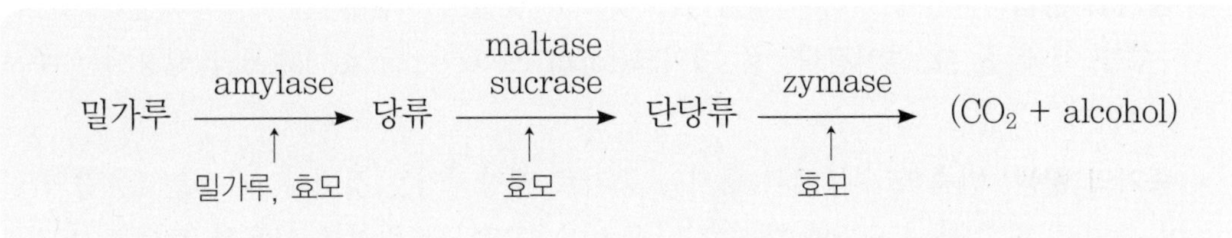

a. 효모의 종류

- **압착효모**: 촉촉한 상태의 생효모를 소량의 옥수수 전분과 함께 압착하여 만든 것인데 72%의 수분을 함유하고 있어 상온에 방치하면 악취가 날 우려가 있으므로 반드시 냉장보관해야 한다.
- **활성건조효모**: 생효모를 그대로 과립상태로 건조시킨 것으로 수분함량은 8% 정도이다. 수분함량이 적어 압착효모에 비해 오래 보관할 수 있는데, 실온에서는 밀봉상태로 6개월, 냉장온도에서는 2년 이상 저장이 가능하다. 그러나 개봉한 것은 반드시 냉장보관해야 하고, 단시일 내에 사용해야 한다.
- **스타아터**: 효모를 넣어 발효시켜서 만든 반죽을 조금 남겨 두었다가 1주일에 한 번 내지 두 번 사용할 때 쓰인다.

b. 영향인자

- **pH**: 발효의 최적 pH는 4~6이다.
- **온도**: 24~38℃에서 촉진되고 최적 온도는 30℃이다.
- **효모 사용량**: 분량이 많을수록 일정 시간에 생성되는 CO_2의 양이 많아져 효모 작용이 촉진되나 너무 많으면 반죽 속의 다른 필요한 변화가 일어나기 전에 팽창하게 될 뿐만 아니라 제품에 효모 냄새를 남길 수도 있다. 또 분량이 너무 적으면 발효에 요하는 시

간이 길어지므로 밀가루의 1~3% 정도가 적당하다.

- **영양원**: 효모의 주된 영양원은 첨가된 설탕으로 효모가 분비하는 수크라아제에 의해 포도당과 과당으로 분해되어 이용된다. 적당량의 설탕은 발효를 잘 일으키지만, 밀가루 중량의 10%를 초과하면 발효시간이 오래 걸린다.

나. 비발효법(nonfermentation)

물리적 및 화학적 방법으로 반죽을 팽창하게 하는 것이다.

a. 비발효법의 종류

- **공기의 혼입**: 공기에 의하여 팽창되는 것으로 달걀에 거품을 낼 때, 반죽을 저을 때, 가루를 체에 칠 때 들어간다. 폼 케이크(form cake, sponge cake)의 팽창제는 주로 공기이다.
- **증기의 발생**: 반죽의 수분에서 생기는 증기로 팽창시키는 것이다. 이것은 1용량의 물이 증기로 변할 때 1,600배 이상으로 용적이 증가하는 원리를 이용한 것으로 막대한 팽창력을 갖는다. 증기가 팽창제로 이용될 때는 빠른 시간 내에 고온이 유지되어야 하며 증편, 팝오버(popover), 크림 퍼프(cream puffs) 등이 거의 증기에 의해 팽창된 식품이다.
- **화학작용에 의한 가스 형성**: 산과 중조(중탄산나트륨)가 결합되어 나타나는 반응으로 이산화탄소를 생성하는 방법인데 베이킹파우더의 원리이다.

$$\underset{\text{주석산}}{H_2C_4H_4O_6} + \underset{\text{중조}}{2NaHCO_3} \rightarrow \underset{\text{주석산소다}}{Na_2C_4H_4O_6} + \underset{\text{탄산가스}}{2CO_2} + \underset{\text{물}}{2H_2O}$$

이때는 반드시 산이 있어야 하며, 중조와 결합해서 가스를 형성할 수 있는 식품들은 꿀, 콘 시럽, 메이플 시럽, 초콜렛, 사워 밀크 등이다.

- **가열에 의한 가스 형성**: 산을 첨가하지 않고 중조만을 넣고 가열함으로써 탄산가스를 생성시키는 것이다.

$$\underset{\text{중조}}{2NaHCO_3} \xrightarrow{\text{가열}} \underset{\text{탄산소다}}{Na_2CO_3} + \underset{\text{탄산가스}}{CO_2} + \underset{\text{물}}{2H_2O}$$

중조가 밀가루 속에 골고루 퍼지지 못했을 때는 갈색 반점이 나타나며 맛도 나쁘다.

- **휘발성 물질**: 향료나 알코올성 음료 등의 휘발성 물질은 휘발할 때 약간 부풀리는 작용을 한다.

b. 베이킹파우더(baking powder)의 특성

베이킹파우더는 중조의 결합을 보완한 것으로 산이나 산을 형성할 수 있는 재료, 전분 등을 포함한 물질이다. 즉 CO_2 가스를 발생하고 알칼리와 반응하여 중화시킬 수 있는 충분한 산을 첨가하여 만든 것으로 이를 사용한 제품은 색이 희고 쓴맛도 없다. 전분을 섞는 이유는 습기가 있는 곳에 방치할 경우 습기를 흡수하여 산과 알칼리가 쉽게 반응을 할 수 있기 때문에 이를 방지하기 위한 것이다. 또한 과량의 CO_2 가스를 생성하지 않고 12% 정도의 CO_2 가스를 생성하기 위하여 이를 조절하는 역할도 한다. 베이킹파우더는 사용하는 산성 물질의 종류에 따라 나눌 수 있는데 이에는 주석산(tartaric acid), 주석영(cream of tartar), 인산(phosphoric acid), 인산염, 알루미늄화합물 등이 있다.

② 지방

유지를 밀가루 반죽에 넣는 것은 제품을 부드럽게 하며, 유지가 글루텐 망을 둘러쌈으로써 글루텐이 서로 연결되어 길고 질긴 상태를 형성하지 못하게 하는 연화작용 효과를 주기 위해서다.

유지의 연화작용은 각종 지방이 갖는 형성성과 관계가 깊으며 버터, 마가린, 라드, 쇼트닝 등이 있다. 이러한 고형지방은 반죽 혼합 시 온도에 따라서 형성성이 달라지며 버터의 형성성은 22~28℃에서 가장 크고 18℃에서는 작아진다. 또 지방을 잘 저어주면(creaming 과정) 공기가 들어가서 다공성으로 되기 때문에 가루와 더 잘 섞이고 연화작용이 커지며 제품의 부피도 증가된다. 이 연화작용은 포화지방산보다 불포화지방산에서 더 크게 일어난다. 지방이 가지는 또 다른 작용으로 케이크나 식빵의 결을 더 곱게 만들고, 밀가루 제품의 표면을 갈변시키는 작용(browning effect)이 있다.

③ 설탕

설탕의 작용은 제품에 단맛을 주는 것 외에 제품의 결을 곱게 하고 열을 가하였을 때는 캐러멜화하여 보기 좋은 갈색을 만들며 특유의 향기를 내게도 한다. 그러나 이러한 작용 외에 중요한 것은 글루텐을 분해하는 단백 연화작용(peptizing action)이다. 즉 글루텐의 망을 보다 가늘고 덜 질기게 함으로써 제품의 질감을 연하고 부드럽게 한다.

설탕을 너무 많이 넣으면 글루텐이 형성되지 못하여 반죽이 질어지고, 오븐에서 구우면 가스의 팽창에 따른 압력의 증가로 부풀지 못하고 터지게 된다. 따라서 케이크는 결이 더 거칠고

깔깔한 상태가 된다. 케이크를 만들 때 알맞은 설탕량은 밀가루의 50% 정도이면 적정하다.

④ 액체

사용되는 액체로는 물, 우유, 과일즙, 달걀에 포함된 수분 등인데 이의 기능은 글루텐을 형성하는데 결정적 역할을 하는 것과 베이킹파우더나 소다의 반응을 일으키게 하여 CO_2 가스의 형성을 촉진하게 하는 것이 가장 중요하다. 그 밖에 효모나 지방 등을 분산시키고 소금이나 설탕을 용해시키며 가열 시 증기를 형성함으로써 팽창제로서의 역할도 한다.

⑤ 달걀

기포를 형성하는 성질로 인해 반죽 내에 공기를 포함시켜 제품에 적당한 용적을 주며 달걀 단백질이 열에 의해 응고됨으로써 글루텐을 돕는 작용을 한다. 또 난황이 가진 유화성은 포함된 지방을 유화해 고루 분산시키는 작용을 함으로써 조직이나 질감을 좋게 한다. 또한 맛, 색도 향상시켜 제품의 질을 좋게 한다.

⑥ 소금

적당량을 사용하면 맛을 향상시키고 글루텐의 강도를 높여주나 지나치면 글루텐의 점착성이 저하되어 품질이 나빠지기도 한다. 또 효모(yeast)와 같이 사용할 경우 발효작용을 조절해 준다.

3) 밀가루를 이용한 조리

① 빵류

빵의 반죽(dough)에는 점탄성이 있는 밀가루가 좋으므로 강력분이 사용된다.

글루텐은 소금물에 녹는 성질이 있기 때문에 반죽을 부드럽게 하기 위하여 소금물이 사용된다. 밀가루 1에 대한 소금물의 비율은 0.3~0.6 정도이며 온도는 40℃ 전후가 좋은데 이것은 밀가루에 함유되어 있는 산소를 작용시켜 반죽을 부드럽게 하기 위해서이다. 즉 온수로 반죽한 후 30분간 그대로 두면 밀가루에 있는 아밀라아제가 글루텐의 덩어리를 느슨하게 하므로 빵의 반죽은 소금의 영향을 받아서 부드럽게 된다.

빵의 스폰지성은 효모의 발효에 의한 경우와 베이킹파우더의 첨가에 의한 가스 발생의 경우 등이 있다. 효모를 이용한 방법을 보면 효모는 밀가루의 2~3%로 하고 설탕 1% 및 소금 0.5%를 물(60℃)에 녹인 것을 가하여 잘 반죽한 다음 30~40℃에서 30분간 발효시킨다. 효모는 설탕을 이용하여 탄산가스를 발생하며 반죽은 원래 크기의 2배 이상으로 부풀게 된다. 이것을 적당한 빵의 형태로 만들어 20분간 2차 발효시키면 미세한 탄산가스의 거품이 반죽에 가득 차게 된다. 효모는 60℃ 정도까지 증식하여 탄산가스를 내기 때문에 오븐에 넣은 다음에도 체적이 부풀게 된다.

60℃ 이상이 되면 효모의 증식은 정지되고 70℃에서는 사멸한다. 그리고 이 온도에서 전분의 α화와 단백질의 열 응고가 일어난다. 100℃가 되면 빵의 외피가 형성되어 내부 수분의 증발을 막게 된다. 외피의 갈색은 전분의 캐러멜화 반응과 단백질 및 전분에서 유래되는 마이야르 반응에 의한 것이다.

② 케이크류

케이크류의 반죽(batter)에는 박력분을 사용하며 굽는 동안 팽화되어 스폰지성을 주는 베이킹파우더를 가한다. 케이크 반죽에는 적당한 유동성이 있어야 하는데 밀가루에 대한 물의 양은 환수치로 구할 수 있으며 그 예를 [표 6-19]에 나타내었다. 환수치는 물 이외에 사용되는 설탕, 달걀, 우유, 버터 등이 물에 녹았을 때 물의 양을 증감시키는 값이다.

케이크류는 190~200℃에서 35~40분 동안 굽는데 이때에 전분의 α화와 단백질의 변성이 일어나 기포를 함유한 상태로 응고하여 스폰지성을 가진다. 최근에는 케이크류의 스폰지성을 좋게 하기 위하여 여러 가지 유화제가 사용되고 있다.

[표 6-19] 케이크 반죽의 배합과 환수치

재료	도넛	핫 케이크	스펀지 케이크
밀가루(g)	150	200	100
물 혹은 우유(㎖)	20	40	30
달걀(개)	1	1	3
버터(g)	20	20	–
설탕(g)	50	30	50
베이킹파우더(tsp)	1	2	–
환수치(밀가루: 물)	1: 0.5~0.6	1: 1.5~1.8	1: 2.0~2.5

③ 쿠키류

케이크와 유사하며 버터, 마가린, 쇼트닝 등 지방과 달걀 사용량이 많다. 중력분과 박력분을 사용하고 대체로 된 반죽을 하므로 거의 팽창제를 사용하지 않는 편이다. 쿠키는 부드럽기보다는 바삭거리는 질감을 낸다.

케이크보다 약간 높은 온도에서 굽는데, 설탕의 함량이 많은 쿠키는 낮은 온도에서 굽도록 한다.

종류에는 묽게 반죽하여 스푼으로 떠놓아서 굽는 드롭(drop) 쿠키와 반죽한 것을 팬에 쏟아 부어 구운 후 적당한 크기로 써는 쉬트(sheet) 쿠키, 반죽하여 차게 두었다가 얇게 밀어서 여러 가지 모양의 칼로 잘라서 굽는 롤(rolled) 쿠키, 냉동(frozen) 쿠키 등이 있다.

④ 면류

면류는 밀가루 글루텐의 점탄성을 이용한 것으로 밀의 종류나 글루텐 함량, 건조유무, 성형방법 등에 따라 다양한 종류가 있다. 면류 제조 시 부재료인 소금은 글루텐을 강화시키고 반죽에 탄력을 주어 면의 균열을 막아주는데 과량 사용하면 오히려 반죽의 결합력이 떨어진다. 이때 산을 소금과 함께 첨가하면 건조시간은 거의 반으로 단축되면서 품질에는 별 영향이 없다. 또, 식용유는 면이 달라붙거나 건조되는 것을 막아준다.

즉석면인 라면은 밀가루에 소금과 물을 넣어 반죽하고 면을 만들어 95℃ 증기로 2분 정도 쪄서 전분을 호화시킨 다음 1인분씩 성형하여 150~160℃ 기름에서 튀긴 것이다. 스파게티, 마카로니와 같은 파스타는 조금 굵게 제분한 세몰리나와 소금, 물, 달걀, 올리브유 등으로 반죽한 다음 압출시킨 것으로 크기와 모양이 다양하다.

4) 밀가루 전분의 호조성을 이용한 조리

① 전분을 식품 재료의 접착제로서 이용한 것으로 여기에는 햄버거, 생선묵 등이 있다. 또한 튀김 반죽은 식품 재료를 접착하는 역할과 식품 재료에서 나오는 수분을 흡수하는 역할을 한다. 감자전분은 두부의 광택을 내는 데 사용되기도 한다.

② 전분은 수프 등에서 농도를 짙게 하여 혀에 닿는 감촉을 좋게 하고 보온의 역할을 가지게 한다. 예를 들어 1~1.5%의 갈분을 달걀 수프에 가한다. 카레나 스튜의 농도를 짙게 하는 것으로는 밀가루로 만든 소스 등이 있다. 혀에 부드러운 감촉을 주기 위해서는 오랫동안 방치하여도 변화하지 않는 것이 좋으므로 옥수수전분이 좋다. 전분들의 매끄러움과 농도의 농담은 액체의 점성과 유동성이 관계하며 점도로써 측정한다. 점성이 있는 것은 점도가 크고 끈적끈적한 감을 느끼게 한다. 한편 식초(pH3~4)를 가하면 점도는 감소하지만 약간 산뜻한 느낌을 준다.

③ 루(roux)에는 전분량이 많은 박력분이 사용된다. 화이트 루는 버터와 밀가루를 1.1~1.5 비율로 섞어 120~130℃에서 루로서의 적당한 유동성이 생길 때까지 약한 불로 7~10분간 볶는다. 이 루에 토마토 퓨레, 생크림, 치즈 간 것, 고기와 채소 국물(soup stock) 등을 가하여 묽게 하면 여러 가지 소스가 된다. 또 밀가루를 그대로 물과 섞어(2~5%) 사용하는 경우도 있다.

4. 밀의 실험조리

실험1

밀가루 반죽 상태와 조리성

밀가루에 여러 가지 분량의 물을 넣고 반죽하여 이에 따른 상태와 적당한 조리법을 조사한다. 그러나 실제는 밀가루를 물만으로 반죽하는 일은 거의 없고 소금, 설탕, 달걀, 버터, 우유 등을 가하는 것이 보통이므로 이들 부재료의 종류나 양에 따라서 물의 양은 가감하여야 한다.

● **재료 및 분량**

중력분 5C

● **기구 및 기기**

저울, 계량컵

● **실험 방법**

① 밀가루를 체로 쳐서 1/8C, 1/4C, 1/2C, 3/4C, 1C, $1\frac{1}{4}$C씩 계량하여 각각 6개의 그릇에 담고 물을 1/4C씩 넣어 반죽한다.

② 각 반죽의 상태를 비교하고 어떠한 조리에 적당한지 보기를 참고하여 알아본다.

보기: 튀김옷, 머핀, 핫케이크, 도넛, 수제비, 만두피, 패스트리, 쿠키

[표 6-20] **밀가루와 수분의 배합비 비교**

재료 및 평가	a	b	c	d	e	f
물	1/4C	1/4C	1/4C	1/4C	1/4C	1/4C
밀가루	1/8C	1/4C	1/2C	3/4C	1C	$1\frac{1}{4}$C
물에 대한 밀가루 비율	1/2배	1배	2배	3배	4배	5배
반죽의 상태						
적당한 조리						

● 결과 및 고찰

결과

실험2

밀가루의 종류에 따른 글루텐 형성 비교

단백질 함량에 따른 세 종류의 밀가루를 반죽하여 글루텐 형성의 차이를 비교 실험한다.

● **재료 및 분량**

박력분, 중력분, 강력분 각 1C

● **기구 및 기기**

계량컵, 오븐

● **실험 방법**

① 여러 종류의 밀가루를 손가락 끝으로 비벼 입자 상태를 살펴본다. 또한 밀가루를 한줌 쥐었다 펴서 손바닥 위에 올려놓고 뭉쳐있는 상태와 색깔을 관찰한다.

② 각종 밀가루 1C씩을 재서 그릇에 담고 약 1/4 정도의 물을 가하여 된 반죽을 만든다. 그릇 주위에 묻은 밀가루를 긁어내리면서 약 15분 정도 반죽하여 글루텐을 형성시킨다.

③ 그릇에 찬물을 채우고 그 속에서 반죽을 이기어 전분 등 수용성 성분을 씻어 낸다. 계속 물을 바꾸어 주면서 반죽을 씻어 내는데 이때 고운체를 사용하여 글루텐이 유실되지 않도록 한다. 반죽으로부터 빠져 나오는 물이 맑으면 글루텐만 남은 것으로 보고 부피와 질감을 측정한다.

④ 이를 둥글게 만들어 204℃에서 15분 동안, 그리고 149℃에서 40분간 더 굽고 부피를 측정한 다음 잘라서 구워진 글루텐의 내부 구조를 관찰한다.

[표 6-21] 밀가루의 종류에 따른 글루텐 형성 비교

밀가루의 종류	가루의 특성			글루텐			
				굽기 전		구운 후	
	입자 상태	뭉쳐진 상태	색깔	질감	부피	내부구조	부피(㎖)
박력분							
중력분							
강력분							

● **결과 및 고찰**

- 밀가루 단백질의 종류에 대하여 알아본다.
- 글루텐 형성의 메커니즘에 대하여 알아본다.

결과

실험3

첨가물이 글루텐 형성에 미치는 영향

빵 제조 시 사용되는 몇종류의 첨가물이 밀가루로 반죽할 때 글루텐 형성에 각각 어떠한 영향을 미치는지 살펴본다.

● **재료 및 분량**

중력분 5C, 달걀 2tsp, 설탕 1tsp, 베이킹파우더 1/2tsp, 버터 2tsp, 소금1/2tsp

● **기구 및 기기**

계량컵, 계량스푼, 오븐

● **실험 방법**

① 중력분 1C에 물 1/4C을 넣어 반죽을 할 때 [표 6-22]에 제시된 양의 첨가물을 각각 가하여 글루텐을 형성시킨 다음 전분 등 수용성 성분을 제거하고 글루텐만 남게 한다.

② 형성된 글루텐의 부피와 질감을 측정하고 204℃에서 15분 동안, 그리고 149℃에서 40분간 더 구운 후 부피를 재고 내부구조를 관찰한다.

[표 6-22] 첨가물이 글루텐 형성에 미치는 영향

첨가물의 종류 및 양 (tsp)	굽기 전		굽기 후	
	질감	부피(㎖)	내부구조	부피(㎖)
달걀 2				
설탕 1				
베이킹 파우더 1/2				
버터 2				
소금 1/2				

● **결과 및 고찰**

– 밀가루 반죽에 쓰이는 재료가 글루텐 형성에 미치는 영향을 알아본다.

결과

실험4

효모의 수화 및 발효온도가 CO_2 발생에 미치는 영향

효모의 발효에 미치는 온도의 영향을 실험한다.

● 재료 및 분량

드라이 이스트, 설탕, 밀가루

● 기구 및 기기

계량컵, 비커, 온도계

● 실험 방법

① 250mℓ 용량의 눈금있는 비커에 드라이 이스트와 설탕 1/2tsp을 넣고 100℃, 40℃, 얼음물 등 온도가 다른 물 2Tbsp와 함께 섞는다.

② 1/3C의 밀가루를 넣어 충분히 저은 다음, 고무 주걱으로 용기 주위에 묻은 것을 긁어내리고 위를 평평하게 하여 부피를 잰다.

③ 실온 및 냉장온도에서 1시간 반 동안 발효시킨 후 다시 부피를 재고 부피 증가율을 산출하여 발효 정도를 나타내는 지표로 사용한다.

$$\text{부피 증가율(\%)} \quad \frac{\text{최종부피} - \text{처음부피}}{\text{처음부피}} \times 100$$

[표 6-23] 수화 및 발효온도가 이스트에 의한 CO_2 생성에 미치는 영향

온도(℃)		부피(mℓ)		부피증가율(%)
물의 온도	발효온도	처음부피	최종부피	
끓는물 (100℃)	실 온			
미지근한 물(40℃)	실 온			
얼 음 물	실 온			
얼 음 물	냉장온도			

Chapter 06 곡류의 영양 및 조리특성

● **결과 및 고찰**

– 어떤 온도에서 반죽한 것이 가장 적당하게 부풀었는지 알아본다.

결과

실험5

쿠키의 연화에 대한 지방의 효과

과자 제조 시 지방을 전혀 첨가하지 않았을 때와 지방을 충분히 첨가하였을 때의 품질 차이를 알기 위해 지방의 배합비와 제품의 텍스처 관계를 측정한다.

● **재료 및 분량**

박력분 400g, 베이킹파우더 12g, 버터 150g, 설탕 40g

● **기구 및 기기**

저울, 오븐

● **실험 방법**

① 밀가루 100g에 베이킹파우더 3g, 설탕 10g을 넣어 체에 내린다.

② 이를 4개의 볼에 각각 담고 볼 a에는 버터를 첨가하지 않고, b에는 30g(밀가루 중량의 30%), c에는 50g(밀가루 중량의 50%), d에는 70g(밀가루 중량의 70%)의 버터를 첨가하여 밀가루와 골고루 섞는다.

③ 200㎖ 실린더에 물을 붓고 그 눈금을 확인한 다음 볼 a, b, c, d에 각각 물을 부어 적당히 반죽을 한다. 이때 들어간 물의 양을 [표 6-24]에 기입하고 a, b, c, d의 반죽정도와 치대는 횟수를 같이하여 같은 조건하에서 서로 비교한다.

④ 이상 4종류의 패스트리를 각각 밀 방망이로 밀어 0.3cm 두께로 하고 커터로 찍어낸다.

⑤ 찍어낸 쿠키를 팬에 놓고 230℃의 오븐에서 8~10분간 구워낸다.

[표 6-24] 쌀가루 반죽의 물의 온도, 가수량 및 첨가물 영향

재료의 평가	a	b	c	d
밀가루의 중량(g)	a	b	c	d
베이킹파우더의 분량(g)	100	100	100	100
설탕의 분량(g)	3	3	3	3
버터의 첨가량(g)	10	10	10	10
물의 첨가량(㎖)	0	30	50	70
구워진 색의 순위				
맛의 순위				
경도의 순위				

* 색과 맛의 순위는 가장 좋은 것을 1로 한다.
* 경도는 기계적 측정 또는 입안에서 부스러지는 정도가 가장 심한 것을 1로 한다.

● **결과 및 고찰**

결과

5. 기타 곡류의 종류 및 특성

(1) 보리(barley)

보리는 쌀, 밀, 옥수수 다음으로 많이 생산되는 곡류로 석기시대에 이미 재배되었을 정도로 그 식용의 역사가 오래된 곡류이다. 보리는 성숙 후에도 껍질이 종실에 밀착하여 분리되지 않는 겉보리(barley)와 성숙 후 껍질이 종실에서 잘 분리되는 쌀보리(naked barley)로 나눌 수 있다.

겉보리는 배유부분보다 껍질부분이 많으므로 대개 볶아서 보리차용으로 사용하거나 발아시켜 엿기름으로 만든다. 그리고 보리쌀을 고열 증기로 쪼여서 부드럽게 한 다음 기계로 눌러 만든 것을 압맥, 보리의 중심부를 기계적으로 2등분한 것을 할맥이라 한다. 이들은 수분 흡수가 빠르고 소화가 잘 된다.

보리쌀의 단백질, 지질함량은 밀과 큰 차이가 없으나 탄수화물은 75% 정도로 밀보다 적고 섬유소가 특히 많다. 맥주보리는 75% 이상으로 전분 함량이 많고 단백질 함량은 약 10% 정도로 적다. 보리의 단백질은 프롤라민(prolamın) 또는 호르데인(hordein)이라 한다. 비타민류는 배유의 내부에도 분포되어 있으므로 도정하더라도 손실은 비교적 적다.

보리는 단백질이 적고 글루텐이 형성되지 않으므로 빵을 만들어도 부풀지 않는다. 맥아(엿기름)의 β-아밀라아제(amylase)는 당화효소로서 식혜, 엿, 고추장 등을 만들 때 이용된다.

보리는 밥을 지을 때 잡곡으로 첨가하는 것 외에 맥주, 차, 음료, 국수, 플레이크 제조 등 다양한 용도로 이용한다.

(2) 호밀(rye)

호밀의 재배 역사는 2,000년쯤 되며 유럽에서 많이 재배되어 빵을 만드는 데 이용하였다. 밀보다 품질이 못하나 내한성이 강하고 한랭, 불모지에서도 적응력이 높아 잘 자란다.

호밀의 성분은 탄수화물이 주성분으로 70% 정도 차지하고 단백질 11%, 지질 2%, 섬유소 2% 정도이며 비타민 B군도 풍부하다. 밀의 단백질과는 달리 호밀의 단백질은 글루텐을 형성하지 못하므로 빵이 덜 부풀고 색도 진하나 기능성 제빵에 많이 이용된다.

(3) 메밀(buckwheat)

메밀은 중앙 또는 동북아시아가 원산지로 보이며 서늘하고 습하고 건조한 토양에서 잘 자란다. 메밀가루에는 단백질이 많고 곡물에 부족하기 쉬운 트립토판, 리신 등의 필수아미노산의 함량이 많으며 혈관의 저항을 강하게 하는 루틴(rutin)을 함유하고 있다.

비교적 소화, 흡수도 좋으나 점성 단백질인 프롤라민의 함량이 적으므로 물과 반죽하여도 밀가루 반죽처럼 점성이 생기지 않는다. 가루는 메밀국수나 묵을 만드는데 쓰인다.

(4) 수수(millet, African)

원산지는 열대 아프리카이고 찰 수수와 메 수수가 있다. 주성분은 전분이고 단백질이 8% 내외 함유되어 있으나 트립토판과 함유황 아미노산은 부족하다.

밥에 섞어 먹기도 하고 제분하여 떡, 과자, 주정원료, 엿 등을 제조하는데 이용된다.

(5) 귀리(oats)

귀리는 밀이나 보리보다는 재배역사가 길지 않다. 러시아, 폴란드를 포함한 유럽과 미국 등에서 많이 생산하고 있다. 우리나라에서는 식량으로 재배되는 것은 거의 없는 실정이다.

(6) 조(millet, Italian)

조는 아시아지역이 원산지이며, 인도, 아프리카, 중국, 러시아 등 건조한 지대의 주식이 되고 있다. 우리나라에서도 중요한 곡물로 여겨왔으며 토양이 척박하고 온도가 높은 지역에서 잘 자라 제주도에서 많이 재배하고 있다.

좁쌀의 성분으로는 섬유소, 무기질, 칼슘, 비타민 B_1, B_2가 많다. 단백질 중 프롤라민이 많고 소화율이 좋다. 아밀로펙틴의 함량에 따라 차조와 메조로 구분되며 차조는 메조보다 단백질과 지질함량이 높다. 밥, 떡, 죽, 엿 등에 이용한다.

(7) 옥수수(corn)

옥수수의 원산지는 멕시코 또는 혼듀라스이며, 현재는 세계 3대 곡류에 들어간다. 재배가 용이하고 생산량이 많기 때문에 사료로 많이 사용되며 옥수수 기름, 전분, 포도당, 물엿, 콘 플레이크 등을 만드는데 쓰인다.

옥수수의 주요 단백질은 제인(zein)으로 필수아미노산이 거의 없고 나이아신도 적어서 옥수수를 주식으로 하는 열대 주민에게는 피부병의 일종인 펠라그라가 많으나 한편 비타민 E를 많이 함유한 좋은 기름이 들어 있다.

옥수수는 사료용, 전분제조용, 생식용, 통조림용, 팝콘용, 찰옥수수 등으로 그 종류가 많다.

6. 곡류의 가공식품

(1) 쌀의 영양강화 및 가공

외피와 배아가 제거됨으로써 비타민, 무기질 함량의 손실이 많은 정백한 곡류의 영양가를 개선하기 위하여 영양소를 강화하고 있다. 필수 강화영양소로 비타민 B_1, B_2, 나이아신, 철을, 선택적 영양소로 비타민 D와 칼슘을 강화하고 있다.

1) 영양강화 쌀

① 파보일드 쌀(parboiled rice)

인도나 미얀마 등에서 실시하고 있는 쌀의 강화법으로 벼를 물에 담가 불린 다음 독에 넣고 가열한 후 말려서 도정하는 방법이다. 이런 작업 중에 배아나 미강층의 비타민 B_1의 대부분이 배유로 이동해서 B_1의 함량이 높은 쌀이 된다.

② 컨빌티드 쌀(converted rice)

비타민 B_1, B_2, 아미노산 등을 강화한 것으로 비타민 B_1 등을 녹인 묽은 초산용액에 담가 침지시킨 후 가열로 표면을 호화시켜 만든다.

③ 피복 쌀(premixed rice)

백미에 비타민 B_1, B_2, 무기질을 함유하는 용액을 뿌려서 말린 것이다. 이때의 피막은 냉수에는 녹지 않고 70℃ 이상의 더운물에만 녹을 수 있도록 처리한 것이므로, 씻을 때 비타민의 용출을 방지하고 쌀이 가열되면 쌀의 내부로 비타민이 이동하도록 되어 있다.

2) 가공 쌀

① 알파 미(alpha rice)

쌀밥이 뜨거울 때 급격히 건조시켜 수분함량을 10% 정도로 한 것이다. 쌀밥을 말려서 수분을 18% 정도로 만든 것과는 전분의 구조가 근본적으로 다르다. 이것은 호화상태의 전분으로 여기에 동량의 물 또는 끓는 물을 부으면 물을 흡수해서 팽창하여 원래의 밥과 같아지므로 즉석미라고도 한다.

쌀밥을 호화해서 가루로 만들어 놓으면 물만 부어서 젓기만 하여도 떡이 된다. 이유식에도 이런 종류의 곡분을 많이 사용하고 있으며, 또한 인스턴트 식품으로 가공되어 등산, 여행용의 휴대식으로 활용된다.

② 팽화 쌀(puffed rice)

쌀을 고압으로 가열해서 급히 압출한 것으로서, 팽화 과정에서 쌀 전분이 상당량 호정화되므로 소화가 잘된다.

③ 인조 쌀(synthetic rice)

과거 국내의 쌀 부족과 외래 쌀에 대한 불만 및 잉여 전분의 활용이라는 이유에서 생겨난 것이 인조 쌀이다. 이것은 쌀의 형태에 중점을 두고 고구마 전분, 밀가루, 외래 쌀 등을 5:4:1의 비율로 혼합해서 만든 배합 쌀로서 비타민 B_2와 칼슘, 지질 등이 모두 부족하고 특히 단백질은 쌀의 반밖에 되지 않는다.

인조 쌀은 보통 단독적으로 쓰지 않고 쌀에다 10~30% 정도 섞어서 사용한다. 10% 이내로 섞으면 질감이 보통 쌀밥과 다름이 없으나 양이 많아지면 국수냄새가 나고 질감에도 이상이 느껴진다.

3) 기타 곡류 가공식품

곡류의 질적 개선, 식미 증진 및 조리시간 단축을 위하여 발달하였다.

① 시리얼(cereal)

아침식사로 이용되는 시리얼은 통곡류들의 입자를 변형시켜 제분(milling), 할분(shredding), 얇은 조각(flaking), 신장(extruding), 압착(rolling) 등으로 처리하여 조리 시 수분 흡수가 쉽게 되어 전분 호화가 빠르므로 단시간의 조리로 끝낼 수 있다.

또한 단백질 분해효소와 소금, 인산나트륨 등이 첨가되기도 하며 조리 이전 전분을 젤라틴화 하기도 한다.

② 파스타(pasta)

밀 중 글루텐 함량이 높은 듀럼 밀(durum wheat)을 이용하여 만든 것으로 밀가루를 묽은 농도의 소금물로 반죽하여 여러 가지 모양으로 제조한다.

주재료는 밀가루, 소금, 물 등으로 되어 있으나 달걀이나 기타 다른 성분을 첨가하며 또한 당근, 시금치 등 채소류와 멜라닌 색소 등을 첨가하여 다양한 색상의 파스타로 가공한다.

Chapter 07

수육류의 영양 및 조리특성

우리의 식단에서 성장과 건강을 도모하기 위해 필요한 주요 영양원은 단백질로 크게 동물성 단백질과 식물성 단백질로 나눌 수 있다. 특히 수육류의 섭취에 의한 동물성 단백질은 필수아미노산을 많이 함유하여 영양적으로 우수하므로 양질의 단백질이라 불린다. 동물성 단백질을 많이 함유한 식품으로는 수조육류, 어패류, 달걀, 우유 등이 있으며 식물성 단백질은 대두에 가장 많이 함유되어 있다.

1. 수육류의 성분과 특성

수육류라 함은 포유 동물의 가식부를 말하여 우리나라에서 주로 식용하는 수육류는 쇠고기, 돼지고기, 염소고기 등이다. 육류는 넓은 의미로는 모든 식용동물의 근육을 말할 수 있으나 좁은 의미로는 가축의 근육만으로 한정할 수도 있다. 가축의 가식부에는 염통, 간, 췌장, 콩팥 등 내장도 고기에 속한다. 이들을 내장육이라 하여 고기와 구별하기도 한다. 육류의 품질은 가축의 품종, 성별, 연령, 영양상태 등에 의하여 크게 달라지며 조리 중에도 많은 변화가 일어나므로 육류의 조리적 특성을 잘 이해하는 것이 중요하다.

(1) 수육의 구조 및 성분

1) 수육의 구조

동물의 종류를 막론하고 식용으로 하고 있는 고기는 근육조직, 결합조직, 지방조직, 골격, 혈관과 신경조직, 내장으로 구성되어 있다.

① 근육조직(muscle tissue)

근육을 구성하는 가장 기본 단위인 근섬유(muscle fiber)를 전자 현미경으로 보면 직경이 1~3마이크론(μ) 정도의 가느다란 근원섬유(myofibrils)로 구성되어 있다. 근원섬유는 미오필라멘트(myofilament)로 구성되어 있는데 현미경으로 보면 어둡고 밝은 횡문이 나타난다. 이를 횡문근이라 하고 이는 다시 골격근과 심근으로 구분되는데 우리가 식육으로 이용하는 것은 골격근으로 생체량의 약 30~40%를 차지한다.

근섬유는 근초에 싸여 있고 이 속에는 점도가 높은 액체가 들어 있으며 이를 근장이라 부르는데 여기에는 무기질, 비타민류, 효소, 색소 및 단백질이 용해되어 있다. 근섬유가 모여 근속을 이루고 이들이 다발을 이루어 근육조직의 특성을 나타내는 근육(muscle)을 만들며 건(힘줄)에 의해 뼈에 부착되어 있다.

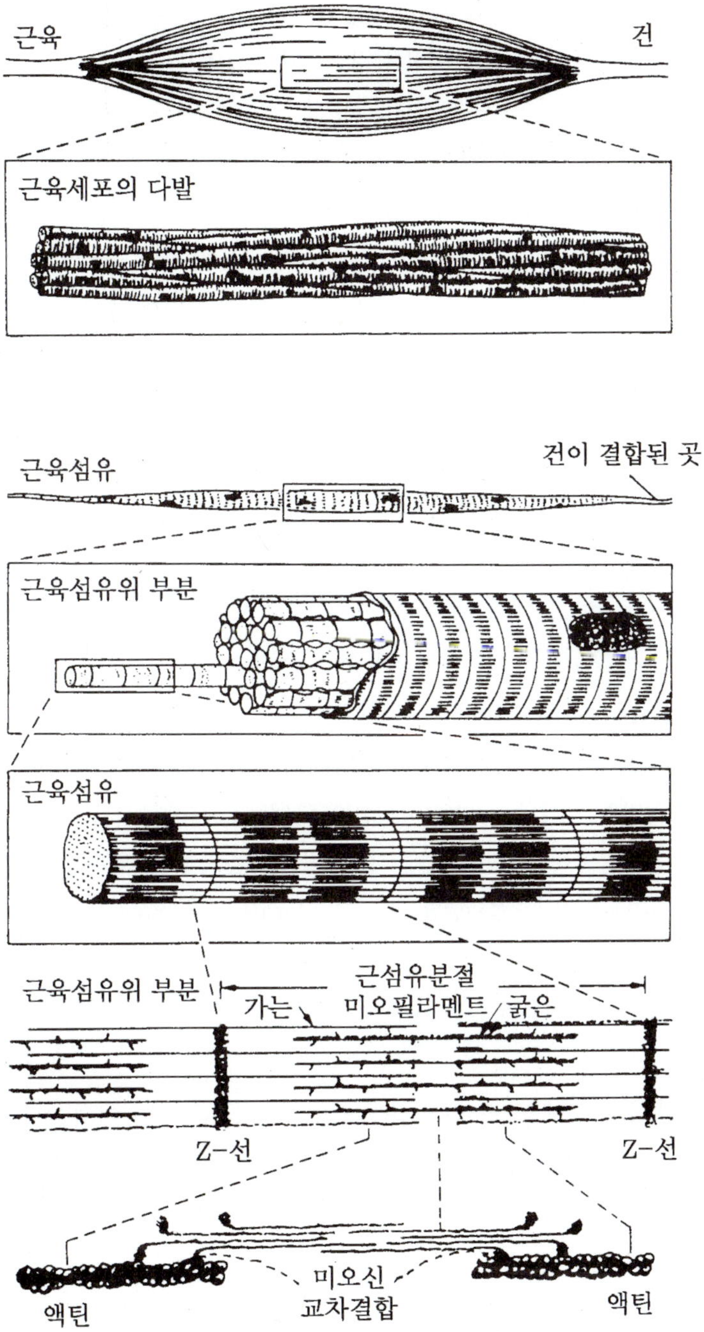
근육
건
근육세포의 다발
근육섬유
건이 결합된 곳
근육섬유위 부분
근육섬유
근육섬유위 부분
근섬유분절
가는
미오필라멘트
굵은
Z-선
Z-선
미오신
교차결합
액틴
액틴

[그림 7-1] 근육의 구조

근원섬유를 구성하는 단백질에는 액틴(actin)과 미오신(myosin)이 있으며 근육이 수축할 때는 액틴이 당겨져 근육의 길이가 짧아지고 이완 시에는 반대의 작용이 되풀이되어 지속적인 활동(운동)이 수행되어 진다. 이 과정에서 액토미오신(actomyosin)이라는 새로운 단백질이 형성된다.

근육섬유의 길이와 결합조직의 양은 동물의 연령, 종류, 성별, 노동의 양 및 사료의 종류에 따라 다르다. 예를 들면 어린 소와 암소의 고기가 황소의 고기보다 더 연하고, 고기 내에서는 운동이 심한 부분보다 등, 허리 및 몸의 중심부와 같이 운동이 비교적 적은 부분의 고기가 연하다.

② 결합조직(connective tissue)

결합조직은 근섬유나 지방조직을 둘러싸고, 근육이나 장기를 다른 조직과 연결시키고 있다. 결합조직에는 다량의 콜라겐(collagen)과 소량의 엘라스틴(elastin), 레티큘린(reticulin), 기질물질 등이 있으며 결합조직이 많을수록, 나이가 많아질수록 조직이 질겨진다. 콜라겐은 백색이며 습열로 장시간 가열하면 수용성의 젤라틴(gelatin)으로 변한다. 엘라스틴은 고무와 같은 탄력이 있는 황색 조직이며 보통의 조리온도에는 영향을 받지 않을 뿐만 아니라 대부분의 산, 알칼리에 의해서도 분해되지 않고 물을 넣고 가열하여도 젤라틴화 되지 않는다.

③ 지방조직(adipose tissue)

지방조직은 근육 및 결합조직 사이에 흩어져 있는 상태로 존재하며 지방이 근육 내에 작은 백색 반점같이 산재되어 있는 것을 마블링(marbling)이라고 한다.

마블링이 잘된 육질일수록 연한 고기를 형성할 뿐만 아니라 입에 닿는 촉감, 풍미 등이 우수하며 조리할 때는 불고기, 전골, 로스구이, 스테이크 등의 건열법을 적용한다. 지방조직은 또한 피하, 내장기관의 주위 등에 다량 침착하여 지방층을 형성하기도 한다. 지방의 축적량은 유전, 성장도, 영양상태, 운동, 호르몬, 성별의 영향을 받는다.

④ 골격(bone)

뼈의 상태는 동물의 연령에 따라 다르다. 어린 동물의 등뼈는 연하고 분홍빛을 나타내는 반면 성숙한 동물의 뼈는 단단하고 백색이다.

2) 수육의 성분

① 단백질

육류의 주성분으로서 세포 내 단백질의 육장과 세포 외 단백질의 육기질로 나뉘는데 육장에는 물에 녹는 구상 단백질과 소금같은 염용액에 녹는 섬유상 단백질이 있다. 그리고 육류 내의 단백질 함량은 근섬유의 양에 달려있으며 일반적으로 약 20% 정도 함유되어 있다.

- **근장 단백질(구상 단백질)**

근원섬유 간의 육장 내에 용해되어 있는 단백질로 미오겐, 미오알부민, 미오글로빈, 헤모글로빈 등 50~100종의 단백질과 각종 해당계 효소 등을 함유하고 있으며 물에 녹는다.

- **근원섬유 단백질(섬유상 단백질)**

근원섬유에 존재하는 단백질로 전체 단백질의 약 50%를 차지하는데 미오신(50%), 액틴(20~25%) 그리고 트로포미오신(10~12%)을 함유하고 있다. 주로 근육의 수축, 사후경직, 보수성, 결착성과 깊은 관계가 있으며 염용액에 녹는다.

- **결합조직 단백질**

육기질에 있는 단백질로 콜라겐, 엘라스틴, 그리고 레티쿨린 등이 있으며 이들 단백질은 건, 인대 등 결합조직을 구성하고 있다.

② 지질

지질함량은 영양성분 중 가장 변동이 많은 부분으로 조직지방과 축적지방의 두 가지 형태가 있다. 조직지방은 주로 근육세포의 막 부위를 구성하는 것으로 수성분은 인시질, 당지질 및 스테롤 등이며 이런 종류의 지질함량은 동물의 영양상태 등의 외적 인자에 의해서는 별로 영향을 받지 않는다.

축적지방의 대부분은 중성지질로 동물의 연령, 영양상태 또는 사육조건 등에 따라 변화가 있으며 고기부위에 따라 함량의 차이가 있다. 이 축적지방은 주로 동물의 피하나 내장주위의 결합조직에 축적되며 근육 사이에 지방층인 마블링을 형성한다. 적당히 산재되어 있는 마블링은 육류의 품질을 향상시킨다. 육류의 지질은 주로 올레익산(oleic acid), 팔미틱산(palmitic acid), 스테아릭산(stearic acid) 및 리놀레익산(linoleic acid)로 구성되어 있다.

동물의 종류와 부위에 따라 구성 지방산이 다른데 일반적으로 돼지의 지방이나 닭의 지방에는 불포화지방산의 함량이 높으며 따라서 요오드가가 높고 반면에 융점은 낮다. 우지와 양지에는 고급 포화지방산이 많으며 요오드가는 낮으나 융점은 높다. 그러므로 쇠고기, 양고기 등의 음식의 온도가 낮아지면 지방이 고체화되어 음식의 맛이 나빠진다.

③ 탄수화물

고기에는 포도당, 과당, 젖당, 리보오스 등의 당이 함유되어 있으며 포도당은 혈액 내에 유리상태로 존재한다. 포도당의 중합체인 글리코겐도 간이나 근육에 존재하며 이의 함량도 동물의 종류, 부위, 도살 전의 동물의 상태, 사후 경과시간 등에 따라 다르다. 글리코겐은 젖산(lactic acid) 생성과 직접적으로 관련된 성분이며 근육의 pH 변화, 사후경직과도 밀접한 관계가 있다. 즉 도살 직후에는 해당 작용을 일으켜 짧은 시간 내에 어느 정도 감소한다.

④ 무기질

식육 내에 존재하는 주된 무기질은 인과 황이며 그 양이 비교적 많아서 산성식품이다. 그 외에도 칼륨, 나트륨, 마그네슘, 칼슘, 아연, 염소 등이 존재한다. 칼륨은 근섬유에, 나트륨은 근장에 주로 존재하며 칼슘, 마그네슘, 아연 등의 2가 금속이온은 고기의 보수성과 밀접한 관계가 있다.

⑤ 비타민

고기에는 주로 비타민 B군이 많이 함유되어 있다. 특히 리보플라빈(B_2), 티아민(B_1), 나이아신 등의 좋은 급원이다. 티아민 함량은 고기의 부위에 따라 함량에는 별 차이가 없으나 동물의 종류에 따라서는 차가 크다. 특히 돼지고기는 티아민을 1mg% 가량 함유하고 있어 다른 육류의 몇 배를 함유하고 있다. 일반적으로 내장기관에는 비타민이 많이 함유되어 있는데 특히 간에는 비타민 B 복합체 외에 비타민 A와 비타민 C 및 E도 함유되어 있다.

⑥ 색소

식육의 붉은색은 미오글로빈과 헤모글로빈에서 기인한다. 근육의 붉은색의 농도는 동물의 종류, 연령, 그리고 부위에 따라 차이가 있다. 헤모글로빈은 혈액 내에서 산소를 각 조직에 운반하는 역할을 하므로 산소운반체라 하고 미오글로빈은 산소를 근육 내에 보유하여 근육의 수축, 이완 작용을 가능하게 하므로 산소저장체라고 하는데 나이가 어리고 운동량이 적을수록 미오글로빈의 함량이 적다.

신선한 고기는 암적색인데 공기 중에 방치하면 선명한 적색을 나타낸다. 이것은 미오글로빈이 산화되어 옥시미오글로빈으로 변하기 때문이며, 더 오랫동안 방치하면 갈색으로 변하는데 이것은 옥시미오글로빈이 산화하여 메트미오글로빈이 되기 때문이다. 이때 미오글로빈의 구조 내에 존재하는 제1철(ferrous iron)이 화학반응에 의해 제2철(ferric iron)로 산화된다. 이러한 색소의 변화는 조리 후 고기의 맛에는 크게 영향을 주지 않는다.

한편, 질산칼륨이나 아질산나트륨이 작용하면 니트로소미오글로빈(nitrosomyoglobin)이나 니트로소헤모글로빈(nitrosohemoglobin)으로 되어 분홍색을 유지하게 되는데 이것을 사용하는 이유는 육색의 고정뿐만 아니라 미생물의 번식을 억제하는 작용이 있기 때문이다.

myoglobin →(산화) oxymyoglobin →(산화) metmyoglobin →(산화) heme →(산화) heme
(암적색) (적색) (갈색) (갈색)가열(갈색)

↓ 아질산염

nitric oxide myoglobin →(가열 변성) nitric oxide denatured myoglobin
(분홍색) (분홍색)

⑦ 효소

근육의 연함과 관계가 깊으며, 사후경직과 숙성과정은 효소의 작용에 전적으로 의존하고 있다.

⑧ 고기의 추출물

주성분은 비단백질 질소화합물로 크레아틴, 크레아티닌, 퓨린 등이며 이 밖에도 젖산이 들어 있다. 이 추출물(meat extractives)은 동물의 나이가 많고 운동량이 많을수록 풍부하게 들어 있으며, 영양적 가치는 없으나 조리 시 음식의 풍미에 관계한다.

(2) 수육의 경직과 숙성

1) 사후경직(rigor mortis)

동물이 도살된 후에는 효소의 작용, 이화적인 요인, 미생물의 작용에 의하여 육질이 변화한다. 즉 살아있는 동물이나 도살 직후의 근육은 연하지만 사후 시간이 경과함에 따라 근육이 신장성을 잃고 굳어지게 되는데 이를 경직(rigor mortis)이라고 한다. 경직의 기전을 보면 도살 직후 근육의 pH는 감소되고 글리코겐은 유산 생성량에 따라 감소된다. 근육의 pH가 6.5 이하로 떨어지면 아데노신 트리포스페이트(adenosine triphosphate, ATP)는 분해되고 ATP와 결합하고 있던 미오신은 ATP가 분해하자 또 다른 단백질인 액틴과 결합해서 복합 단백질인 액토미오신을 생성하기 때문에 근육의 수축이 일어나게 된다.

경직의 진행 속도는 동물의 품종, 연령, 도살 전의 운동량, 온도 등의 요인에 따라 달라진다. 소는 도살 후 9시간 이내에 경직이 시작되고 12~24시간 경과하면 완전히 경직된다. 그에 비하여 토끼는 2시간 이내에 경직이 시작되고 12시간 내에 풀린다. 돼지는 경직을 일으키는 시간이 모두 달라서 도살 직후에 일어나기도 한다. 정상적인 시간은 보통 4~6시간으로 잡고 있다. 경직한 고기는 가열조리를 해도 질기므로 고기를 이용하려면 고기를 숙성시켜야 한다.

2) 숙성(aging)

숙성은 근육 자체 내의 단백 분해효소에 의한 단백질의 자가분해(autolysis)에 의한 것이다. 동물이 죽으면 세포 내의 pH가 약간 산성으로 기울어져 세포 내의 효소작용에 적당한 상태가 되므로 세포 내에 있는 카텝신(cathepsin)이라는 단백질 효소의 작용이 활발해져서 단백질은 펩타이드와 아미노산으로 분해된다. 이와 같이 숙성 중에 저분자의 펩타이드 및 유리 아미노산이나 이노신산이 생겨나므로 숙성한 고기는 연하고 맛도 좋다.

고기의 보수성과 고기의 연화 정도와는 밀접한 관계가 있는데 고기가 숙성해서 연화되면 보수성이 커진다. 즉 최대 경직을 일으킨 시기에 해당하는 도살 후 24시간이 되면 유리액의 양이 가장 많고 보수력은 가장 낮은 수치를 나타내며 pH도 이때 가장 최저치를 나타낸다.

숙성은 쇠고기 중에서도 다 자란 소의 고기에 한해서 하도록 한다. 송아지 고기는 숙성기간동안 지나치게 건조하므로 흔히 숙성시키지 않고 돼지고기는 기름 함량이 높아 숙성기간 중에 지방이 산화되어 오히려 나쁜 맛을 내므로 숙성시키지 않는다. 한편 쇠고기 숙성의 최적 기간은 온도에 따라 다른데 0℃에서는 10일, 10℃에서는 4일, 17℃에서는 3일간이다.

(3) 수육의 연화(tenderness)

수육의 연한 정도는 고기 품질의 중요한 인자가 된다. 고기는 주로 근섬유와 결합조직으로 구성되어 있는데 고기의 질긴 정도는 이 둘의 관계에서 비롯된다. 즉 근섬유 또는 결합조직 내에서 일어나는 물리적, 화학적 및 효소적 변화가 고기의 연도와 관계가 있다.

1) 고기 연도와의 관련 인자

수육의 연도에는 지방 함량, 결합조직, 근섬유, 동물의 연령, 숙성 등의 여러 가지 인자가 영향을 준다. 이 밖에도 조리를 위한 가열과 조리방법들도 연도에 영향을 미친다.

① 근섬유

근육의 두께가 굵을수록 고기는 질기고, 섬유의 수가 많을수록 조직은 가늘고 연하다.

② 지방

일반적으로 근육 내에 지방이 축적되면 경도가 낮아지고 따라서 지방 함량이 높은 고기는 연하다고 알려져 있으며, 특히 근육 내 마블링이 잘 형성된 것은 연한 고기의 상징처럼 되어있다. 그러나 몇몇 고기의 연도와 지방 함량간의 관계 연구에서 지방 함량과 고기의 연한 정도의 사이에는 유의적인 상관관계가 없는 것으로 나타나 동물의 비만도가 고기의 연도에 현저하게 영향을 준다는 것은 고려되어야 한다.

③ 결합조직

결합조직을 많이 함유하는 근육은 적은 근육에 비해 질긴데 결합조직은 주로 콜라겐이나 엘라스틴과 같은 단백질로 되어 있다. 근육 내에서 엘라스틴의 함유량은 콜라겐의 함유량보다 적기 때문에 콜라겐이 엘라스틴보다 고기의 연도에 미치는 영향이 크다. 고기의 연도는 결합조직의 함량에 의해서만 좌우되는 것이 아니고 콜라겐의 용해성에도 크게 관계된다. 어떤 동물의 체내 콜라겐은 보다 쉽게 분해될 뿐만 아니라 보다 낮은 온도에서 히드록시프롤린(hydroxyproline)이 분해된다.

④ 연령

대체로 어린 동물의 근육은 늙은 동물의 근육보다 더 연한데 고기의 연도는 근섬유의 직경이 크면 클수록 감소하며 늙은 동물의 근육에는 결합조직이 어린 동물에 비해 많이 들어 있기 때문이다.

⑤ 고기의 부위

고기가 동물체의 어느 부위의 것이냐에 따라 연한 정도도 많은 차이가 있다. 동물의 신체 중 운동량이 가장 적은 등심, 안심, 갈비 부분은 운동량이 많은 목, 다리 부분에 비해 고기가 연하다.

2) 고기의 연화법

① 숙성

숙성은 고기를 연하게 하는 가장 중요한 방법 중 하나이다.

② 기계적 방법

근섬유와 결합조직의 길이를 횡으로 자르거나 다지고 두들겨 주는 방법을 써서 근육섬유를 서로 밀착시키고 있는 결합조직을 끊어지게 한다.

③ 효소에 의한 방법

고기를 연화하기 위해서 파파인을 비롯하여 여러 가지 단백 효소를 사용하는데 단백 분해효소로서 고기를 연화하는 것은 효소에 의해서 고기 단백질이 가수분해를 받기 때문이다. 단백 분해효소의 종류를 정리하면 [표 7-1]과 같다.

효소의 작용은 숙성육이 경직육보다 작용하기 쉽고, 해동육이 보통육보다 더 침투가 잘 된다. 또 조리 시 파파인의 첨가량은 고기 중량의 0.05%가 가장 효과적이며 효소가 작용하는 데는 시간이 소요되므로 반응시간을 충분히 주어야 한다. 또한 파파인은 상온에서는 거의 효과가 없으며 55℃에서 활성이 급증하여 80℃까지 작용은 계속되나 85℃에서는 불활성화되어 작용이 정지된다.

이러한 단백질 분해효소를 염과 같이 혼합하여 분말상태로 제조한 것을 고기 연화제(meat tenderizer)로서 상품화하고 있는데 이를 사용할 때는 얇게 저민 고기에 뿌리거나 두꺼운 고기 표면에 뿌린 후 포크 같은 것으로 고기 표면을 전체적으로 찔러서 연육제가 용이하게 침투, 작용할 수 있도록 하여야 한다.

[표 7-1] 단백 분해효소의 종류

분 류	소 재 지	효 소 명
식물성	파파야 파인애플 무화과 키위	papain bromelin ficin actinidin
동물성	동물의 위 동물의 췌장	pepsin trypsin
미생물	곰팡이	rhozyme p-11 protease

④ pH의 변화

보통 고기의 pH는 5~6의 범위에 있는데 이것이 가장 고기가 질긴 범위이다. 따라서 이보다 pH가 높거나 낮으면 고기는 연화한다. 이 결과는 일정한 시간, 일정한 온도에서 가열한 경우에 콜라겐이 젤라틴으로 되는 변화가 가장 일어나기 어려운 때의 pH가 5.0에서 6.0 사이인 것과 관계가 있다.

⑤ 조미료의 첨가

가. 소금

소금이 육류연화에 미치는 영향은 농도에 따라서 다르다. 고기에 대한 소금의 농도는 5%까지는 고기의 보수력(단백질의 수화: hydration)을 증가시키지만 지나치게 첨가하면 탈수를 일으켜 오히려 고기가 더 질기고 맛도 없어진다. 쇠고기를 1.5%의 소금용액으로 조리하면 연하고 맛도 좋다.

나. 설탕

설탕은 단백 연화작용을 하므로 이것을 조미료로 첨가해서 조리하면 연화력이 증대된다. 불고기를 재워서 즉시 조리하는 것보다 몇시간 후에 조리하면 보다 더 연화 되는 것은 이 때문이다.

다. 산

산을 고기에 첨가하면 고기 표면의 pH는 4.2, 내부의 pH는 4.7이 되어 부드럽게 된다. 그러므로 고기에 초, 레몬즙, 포도주 등을 뿌려서 재워두면 좋다.

⑥ 가열

고기는 부위에 따라 적절한 조리를 함으로써 연하게 만들 수 있다. 보통 연한 부분의 고기는 날것이 가열한 것보다 연하다. 즉 고기 등심 부위는 날것이 살짝 구운 것보다 연하며 많이 구울수록 질겨진다.

그러나 질긴 부분의 고기는 오래 끓임으로써 현저하게 연화시킬 수 있는데 이 경우 가열의 효과는 콜라겐을 연하게 하는 정도와 근육섬유가 굳어지는 정도의 비율에 따라서 정해진다. 가열온도가 높으면 높을수록 그리고 가열시간이 길면 길수록 근육섬유는 더 많이 수축하고 수분이 많이 유출되어 고기의 액즙함량은 감소한다.

[그림 7-2]와 같이 액즙의 함량은 온도의 상승에 따라 단계적으로 감소해 가고 육류의 연한 정도도 감소해 가는데 50℃ 이상에서는 급격한 저하를 나타낸다.

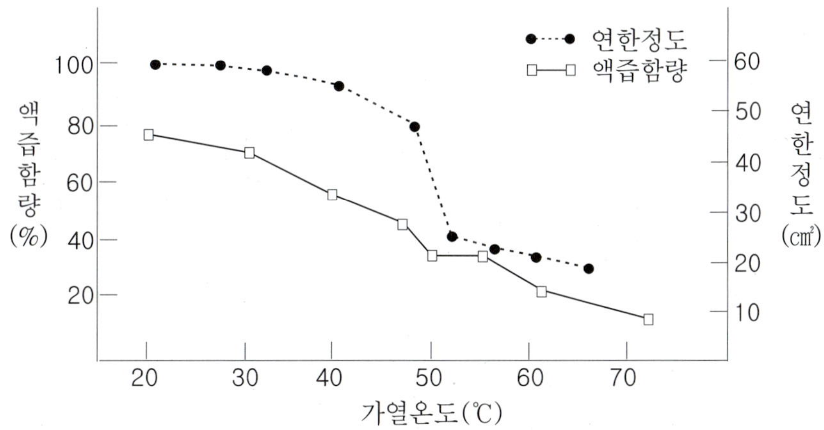

[그림 7-2] 가열에 의한 육류의 보수성과 연도 변화

(4) 수육의 조리특성

육류를 조리하는 목적은 고기의 맛을 향상시키고 근육을 연하게 하여 소화를 돕고 색을 변화시키며, 고기에 오염되어 있는 세균 및 기생충을 사멸시킴으로써 안전하게 식용으로 할 수 있도록 하는 데 있다.

육류의 조리법은 건열법과 습열법의 두 가지가 있으며 고기의 부위에 따라 적절한 조리법을 선택하여야 한다. 즉 연한 부위의 고기는 조리하는 동안 부드러운 상태가 유지되도록 하여야 하며 질긴 부위의 고기는 조리하는 동안 연화되도록 하여야 한다. 조리가 진행됨에 따라 근섬유의 단백질은 응고되어 경도가 높아지나 동시에 콜라겐은 가수분해되어 연해진다. 열의 전달은 표면에서 내부로 전도된다. 육류가 가열, 조리되는 과정에서 여러 가지 물리 화학적 변화가 일어나며 또 이러한 변화는 조리온도와 시간에 따라 각기 다르게 나타난다.

1) 조리 중의 성분 변화

① 영양소의 손실

수세에 의해 수용성 물질의 많은 손실이 있으므로 특히 조각 낸 고기를 물에 씻거나 담가 놓지 않도록 해야 한다. 그러나 열에 의해서 육단백질의 함량은 크게 영향을 받지 않으며 비타민 B 복합체도 비교적 변화가 적다. 그러나 티아민은 열에 가장 예민하므로 낮은 온도에서 조리하여야 변화가 적다. 또 조리의 형태에서 보면 다른 조리 조건은 동일하고 시간만 달리할 경우 오랫동안 가열할수록 손실이 많고, 표면적이 적고 조밀한 고기보다 표면적이 크고 불규칙한 형태의 고기가 가열에 의한 손실이 크다. 그리고 고기를 물이나 수증기를 이용한 습열법으로 조리하면 수용성 비타민이 국물에 많이 용출되지만 건열법인 튀김은 고온에서 단시간에 조리되므로 영양가의 손실이 비교적 적다.

② 지방조직의 변화

지방세포는 주로 콜라겐질 막으로 싸여 있으며 조리에 의하여 콜라겐막이 젤라틴으로 변함과 동시에 막이 터지고 그 속의 지방이 세포에서 유리되어 녹아 나오게 된다.

③ 단백질의 변화

육단백질은 함께 결합되거나 공유하고 있는 지방, 당, 염류의 영향을 받으므로 단백질의 응고점보다 약간 높은 65℃ 부근에서 응고한다. 같은 단백질이라도 미오신은 응고에 따라 수축하고 미오겐은 졸의 형태로 들어 있으므로 두부와 같이 굳어진다.

결합조직의 대부분을 구성하고 있는 콜라겐은 60~65℃에서 가열하면 보통 길이의 1/3~1/4로 수축하고 물과 함께 가열하면 65℃에서는 서서히, 80℃에서는 신속하게 분해하여 젤라틴화 한다.

④ 중량의 손실

고기를 가열하면 고기의 중량은 20~40% 감소된다. 이것은 대부분 육즙과 지방의 용출로서 고기의 열변성에 의해 육단백질의 보수성이 감소되기 때문에 일어나는 것이며 조리온도가 높을수록 신속하게 나타난다.

⑤ 용적의 수축

고기를 60℃이상으로 가열하면 응고가 시작되고 수축되어 용적이 감소된다. 어느 정도까지 가열하면 길이와 너비는 수축하나 두께는 오히려 증가하며 길이, 너비, 두께를 모두 수축시키려면 극단적으로 고온 가열하여야 한다.

고기 내부의 온도가 높을수록 또 오래 가열할수록 수축이 심하게 나타나는데 고온으로 고기를 건열처리할 때 40~60%가 수축하는 데 비해서 저온으로 처리할 때는 15~20%만이 수축한다고 한다.

⑥ 질감의 변화

일반적으로 질긴 부위의 고기에 물을 가하고 약한 불에서 장시간 끓여 주면 콜라겐이 가수분해되어 젤라틴화함으로써 고기는 연하고 부드러운 질감을 갖게 되나 근원섬유 단백질이 변성, 응고하면 질겨지는 경향이 있다. 이러한 변화는 조리온도와 시간에 좌우된다. 그러므로 고기를 조리하여 적절한 연도를 얻기 위해서는 콜라겐의 연화와 근원섬유의 경도가 높아지는 한계가 중요하며 고기를 57~60℃의 낮은 온도에서 오랫동안 서서히 익히면 근원섬유 단백질은 견고하게 변성하지 않는 반면에 결합조직은 가수분해되어 연화될 수 있다. 그러므로 결합조직이 많은 질긴 고기는 저온에서 장시간 조리하는 것이 좋다.

⑦ 색의 변화

근육의 색소인 미오글로빈에 열이 가해지면 색이 변화되는데 고기의 색소는 주로 옥시미오글로빈보다 적자색인 미오글로빈의 상태로 되어 있어 붉은색을 띠나 가열되면 고기의 내부에 옥시미오글로빈의 양이 감소되어 점차 갈색으로 변한다. 고기의 가열정도가 불충분할 때에는 고기의 내부에 옥시미오글로빈이 많으므로 붉은색을 띠게 된다.

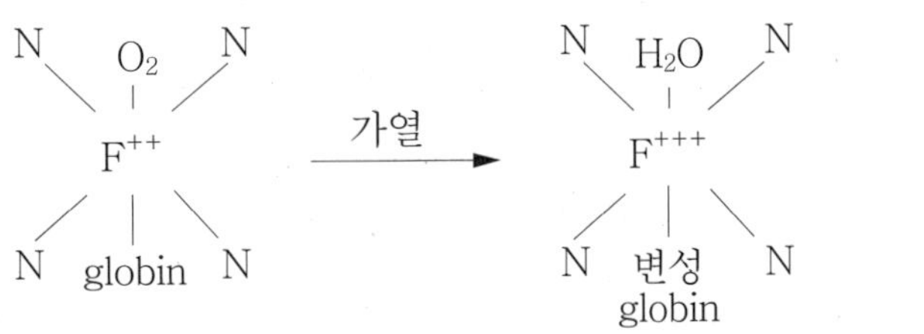

oxymyoglobin (선명한 적색) denatured globin hemichrome (회갈색)

고기의 내부 온도가 상승하면 옥시미오글로빈의 양은 더 많이 감소되며 고기가 충분히 익으면 단백질이 변성되면서 변성 글로빈인 헤미크롬(hemichrome)으로 되어 갈색 또는 회색의 독특한 색으로 변한다. 미오글로빈 중앙에 자리 잡고 있는 철은 산화되어 제2철의 상태가 된다.

가열 정도에 따라 색의 변화가 단계적으로 나타나므로 고기의 색은 조리 진행 과정의 지표가 되기도 한다. 또 로스트 비프나 스테이크 등에서는 고기의 내부 온도를 조리정도의 척도로 삼고 있으며 이는 고기의 색 변화과정과 일치한다.

[표 7-2]는 고기의 조리정도에 따른 온도와 고기 내부의 색 정도를 표시한 것이다.

색의 변화는 쇠고기가 돼지고기보다 더 영향을 많이 받으며 특히 편육을 냉장고에 2~3일 보관하면 산패취가 나는데 이것은 변성 글로빈인 헤미크롬이 원인이며 산화형인 제2철은 지방의 산패(rancidity)를 촉진한다고 본다.

[표 7-2] 조리된 고기의 내부 온도와 색

가열 정도	온도(℃)	색
rare	55~65	선명한 적색
medium	65~70	연한 적색
welldone	70~80	갈색

⑧ 향미의 변화

근육 조직에서 추출한 육류의 맛 성분은 유리 아미노산과 아미노화합물, 리보오스, 글루코오스와 같은 단당류, 탄소수를 2~8개 가진 디카보닐알데하이드(dicarbonylaldehyde), 유리지방산, 암모니아, 황화수소, 이노신, 크레아티닌, 하이포산틴, 글루코오스를 함유한 당단백질 등이다. 또 근육 내에 산재하여 있는 지방구(marbling)의 양과 지방의 종류도 맛에 영향을 준다.

고기를 가열하면 근원섬유 내에 함유되어 있는 맛 성분의 전구체가 분해하여 독특한 풍미를 형성하는데 가열온도에 의해 고기의 내부에 존재하는 휘발성 물질의 상실, 당의 캐러멜화, 지방의 용해 및 분해 그리고 단백질의 분해 및 변성 등을 일으켜 고기의 풍미에 변화를 준다. 질긴 고기를 압력솥에서 조리하면 보다 짧은 시간에 연하게 익힐 수는 있으나 장시간 낮은 온도에서 연화시킨 것보다는 맛 성분이 덜 형성되었다는 보고가 있다.

2) 육류의 조리방법

육류의 조리방법을 크게 건열조리법과 습열조리법으로 나눌 수 있다. 연한 고기의 가열은 건열법으로, 비교적 질긴 고기는 습열법으로 조리한다. 일반적으로 연한 고기란 갈비, 등심, 안심, 쐬악지, 채끝살 등을 말하며 스테이크, 로스트, 구이에 쓰이고 질긴 고기는 사태육, 양지육, 장정육, 업진육 등으로 육수, 찜, 탕, 장조림, 편육, 스튜 등에 쓰인다.

① 건열조리

수분이나 액체를 가하지 않고 건열이나 직화로 익히는 방법을 말하며 이 방법에 사용되는 고기의 부위는 운동량이 많지 않은 연한 부위를 택해야 한다. 결합조직인 콜라겐은 건열에는 영향을 받지 않으므로 결합조직이 거의 없고 마블링이 잘 분포된 고기가 건열조리에 적합하다.

가. 그릴링(grilling)

그릴링(구이)은 석쇠 등을 이용하여 불에 직접 굽는 직화법과 철판이나 은박지 위에서 굽는 간접법으로 나눌 수 있다. 육류 단백질은 40℃를 전후하여 응고되기 시작하며 고기의 맛은 이 단백질 응고점 전후가 가장 좋으므로 너무 센 불에서 굽지 않도록 한다.

구이를 하면 표면의 단백질이 응고되어서 내부의 단백질 유실을 막기 때문에 맛이 진하며 또한 마이야르 반응이 일어나 맛과 향기가 독특해진다.

스테이크 등과 같이 두꺼운 고기를 구울 때에 주의할 점은 먼저 고기를 잘 두들겨 양념하고 석쇠를 따뜻하게 데운 후 고기를 구워야 한다는 것이다. 이것은 고기가 석쇠에 붙지 않도록 하기 위해서이다. 뜨거운 석쇠에 고기를 놓으면 단백질은 곧 열 응고하지만 차가운 석쇠에 고기를 놓고 가열하면 고기의 육즙이 배어 나와 고기가 석쇠에 달라붙는다.

또한 육즙이 밖으로 나오면 지미성분을 잃어버리게 되므로 맛이 덜하게 된다. 그러므로 석쇠를 충분히 가열한 다음 고기를 놓고 강화에서 뒤집어 가면서 30초 동안 양면을 균일하게 굽는다. 이 조작으로 표면의 단백질은 열 응고하여 막을 만들어 고기 속의 맛 성분이 배어 나오는 것을 줄일 수 있다. 갈색이 되면 중화로써 먹기에 적당하도록 가열한다.

불고기 구이를 할 경우에는 먼저 고기에다 배즙 및 설탕을 넣어 버무려서 재워두면 효소작용과 설탕의 단백 연화작용이 활발해져서 고기가 연해진다. 그리고 나서 참기름을 제외한 양념을 먼저 넣고 그 다음에 참기름을 넣어 재워두면 고기가 연해진다. 석쇠는 스테이크에서와 같이 불에 달군 후에 사용하면 고기가 석쇠에 붙지 않는다. 잘 조리된 구이는 반들반들하고 갈색의 윤기가 나는데 이것은 굽는 과정 중 불고기 양념으로 넣은 설탕과 기름의 캐러멜화 현상 때문에 고기 자체가 지니고 있는 지방과 소량의 당에 의해서도 나타난다.

나. 로스팅(roasting)

가장 간단한 육류조리 중 하나로 큰 고기 덩어리를 오븐 속에서 굽는 것이다. 육류 온도계를 이용할 경우 뼈나 지방에 닿지 않도록 하며 근육의 가장 두꺼운 부분에 꽂는다. 육류 온도계는 고기의 내부온도와 익은 상태를 알도록 한다. 아주 작은 조각이 아니라면 오븐의 온도는 163℃(325℉)일 때가 적당하다. 로스팅의 마지막 단계에서 오븐의 온도를 잠깐만 높이면 더욱 갈색으로 될 수 있다. 육류의 지방 함량은 로스팅 시간에 영향을 주므로 지방 함량이 적은 근육은 조리시간이 길다.

고기의 내부 온도에 따라 고기의 익은 정도가 달라지며 고기의 내부 온도가 너무 높거나 오븐온도가 높으면 조리 손실률이 증가한다.

다. 브로일링, 팬 브로일링(pan broiling)

브로일링은 복사열을 이용하는 반면 팬 브로일링은 팬에 고기가 놓여져 전도에 의해 가열되는 것이다. 이 방법일 때는 고기의 지방이 흘러나오는데 양이 많으면 버려야 한다. 그렇지 않으면 튀김과 같이 된다.

이 두 방법에서는 고기의 내부가 지나치게 익지 않으면서도 표면이 갈색화되도록 가열하여야 한다. 부드러운 부위나 작은 조각으로 조리하기 때문에 조금 높은 온도라도 고기가 질겨지지 않는다. 덜 부드러운 부위일 때는 고기를 조금 두드려 주거나 연육소를 사용하고 온도를 조금 낮춘다.

라. 튀김(frying)

튀김을 이용한 고기 조리는 우리나라보다 주로 중국, 일본 음식에 많은데 기름을 적게 쓰는 튀김(pan frying)과 많은 기름을 이용하는 튀김(deep fat frying)이 있다. 튀김은 건열조리에 있어서 비타민 B의 손실이 가장 적고 고기의 누린 냄새를 없애기 때문에 널리 이용된다. 고기를 밀가루, 달걀, 빵가루의 순서로 묻혀서 기름에 튀기는 커틀릿 등의 조리와 달걀과 밀가루로 만든 반죽을 씌워서 튀긴 탕수육, 고기 튀김 등의 조리가 있다. 고기의 크기나 분량에 따라서 약간의 차이가 있으나 튀기는 기름의 온도는 180℃ 전후가 좋다.

② 습열조리

고기를 물 또는 액체에 넣어서 가열하거나 수증기로 찌는 방법을 말하며 결합조직 속의 콜라겐이 젤라틴화되어 수용성이 되므로 근육섬유가 뭉그러지기 쉬워져 고기가 연해진다. 그러므로 결합조직이 많은 장정육, 양지육, 사태육, 업진육 등이 습열조리에 사용된다.

가. 국, 탕

국이나 탕을 끓일 때는 고기에 많은 물을 가하여 약한 불로 장시간 끓여서 용해성 성분을 충분히 용출시켜 국물의 맛을 낸다. 국물을 만들 때는 일반적으로 고기를 냉수에 넣고 끓이기 시작하는 것이 좋다. 끓는 물에서부터 시작하면 고기의 표면이 먼저 응고하므로 내부 성분의 용출이 더디게 된다.

또 국물을 내기 시작할 때 처음부터 소량의 소금을 넣어 냉수로 약한 불에서 3~4시간 끓이면 희석된 염수가 단백질의 용해를 도우므로 국물의 맛을 향상시킬 수 있다. 그리고 후반부에는 고기의 누린내 감소와 향미의 증가를 위해 파, 양파, 마늘 등 방향 채소와 향신료를 넣어 끓여 준다. 끓이는 과정에서 생기는 거품은 맛과 외관을 상하게 하므로 걷어내면서 끓이는 것이 좋다.

국을 끓이는 동안에 국물에 용출된 맛 성분은 수용성 단백질, 지방, 무기질, 젤라틴, 추출물(extractives) 등이다. 추출물은 비교적 물에 용해되기 쉬운 저분자 물질의 총칭으로 유리 아미노산, 펩타이드, 핵산, 함질소화합물, 유기산, 당 등이다.

또 국물을 낼 때 고기의 내부에 섞여있는 지방층과 사골 뼈를 가하여 고기와 같이 끓이면 지방 속에 함유되어 있던 맛 성분이 용출되어 풍미를 향상시킨다. 곰탕이나 설렁탕을 끓일 때 뼈를 많이 사용하면 국물이 뽀얗게 되는데 이는 뼈에서 우러난 인지질이 일종의 유화작용을 하기 때문이다.

나. 편육

편육 조리에는 쇠고기 또는 돼지고기가 사용된다. 쇠고기 편육으로는 지방과 결합조직, 굳은 살코기가 층으로 겹쳐 있는 양지육, 사태육이나 우설이 가장 많이 쓰이며 돼지고기는 삼겹살, 돼지머리, 족 등이 적합하다.

편육은 먼저 고기의 맛 성분 유출을 방지하기 위해 끓는 물에다 고기를 덩어리채 넣어 약한 불에서 약 3시간 정도 충분히 삶는다. 만약 가열시간이 부족하면 콜라겐의 젤라틴화가 완전히 되지 못하여 편육이 질겨진다. 특히 돼지고기를 삶을 때는 냄새를 제거하기 위해 생강을 넣는데 방취작용은 단백질의 응고 후가 효과적이므로 생강은 고기가 거의 익은 다음에 넣는 것이 좋다. 삶은 후 젓가락으로 찔러 보아 잘 들어가고 붉은 피가 나오지 않으면 건져내어 고기 높이를 맞추어 삼베 보자기에 꼭 싸서 무거운 것으로 7~8시간 눌러 놓는다.

높이가 고르지 못하면 압력이 균등하게 작용하지 못해 편육의 조직이 치밀해지지 않는다. 완성된 편육은 근육섬유의 길이 방향과 직각이 되도록 얇게 썰어야 연하다. 편육은 물 속에서 장시간 끓이기 때문에 근육 속의 지방분이 물에 용해되어 특수 환자의 지방 제한 식사나 무지방 식사에 편리하게 이용된다.

다. 장조림

홍두깨살, 대접살, 우둔살, 사태육 등의 지방과 결합조직이 적은 고기를 적당한 크기로 썰어 물만 붓고 먼저 끓인 후 나중에 간장과 설탕을 넣어 조린다. 처음부터 간장을 넣고 끓이면 아무리 장시간 끓여도 연해지지 않고 조림은 더욱 굳어진다. 이것은 간장 속의 염분이 가열시간이 길어짐에 따라 더욱 농축되므로 삼투압이 높아져서 고기 속의 수분이 빠져나가 단단해지기 때문이다. 그와 동시에 고기 속 단백질의 응고는 더욱 증가하고 고기는 수축된다. 장조림은 가장 쉬운 가정용 고기 저장법의 하나이며 보존성이 높다.

라. 찜

찜은 주로 쇠갈비, 사태, 돼지갈비 등을 사용하여 소량의 물을 넣어 일단 익힌 다음 양념과 여러 가지 고명을 넣고 다시 끓여 맛을 낸다. 고기를 삶기 전에 양념을 하면 장조림과 같이 간장의 염분이 삼투압에 의해 고기의 세포 속에 침투되어 탈수되면서 고기는 마르고 부드럽지 못하게 된다.

찜은 고기가 잘 무르게 익히는 음식이므로 약한 불에서 뚜껑을 덮고 오래 끓인다. 압력냄비를 이용하면 조리시간을 단축할 수 있다.

2. 수육류의 실험조리

실험1

육류의 각 부위 및 부위별 연도 조사

시중에서 판매되고 있는 육류의 부위 및 판매 형태에 대해 조사하고 유통과정에서 상인이 사용하는 명칭도 알아본다. 또한 고기가 절단된 부위를 관찰함으로써 연한 정도를 예측해 본다.

[표 7-3] 육류의 부위 및 형태 조사

육류 부위의 명칭	판매 가격/100g	근육조직의 모양	연한 정도의 예측

● 결과 및 고찰

결과

실험2

육수 제조 시 가열시간의 효과

육수를 만들 때 고기의 가열시간에 따른 맛을 비교하여 육수 제조에 가장 적합한 가열시간을 알아본다.

● **재료 및 분량**

양지육 또는 사태육 300g
소금, 간장, 마늘, 후추 약간

● **기구 및 기기**

시험관 5개, 온도계 1개

● **실험 방법**

① 살코기 200g을 섬유와 직각 방향으로 $2cm^3$의 크기로 썰고 높이가 깊은 냄비에 물 1.5ℓ를 넣어 불 위에 올린다.
② 고기는 한 조각만 남기고 나머지 고기 조각은 다 넣어 중간 불로 90~95℃를 유지하고 뚜껑은 약간 열어 놓는다.
③ 가열시간은 15분, 30분, 60분마다 고기 3조각씩과 국물 50㎖를 취하여 그중 10㎖는 시험관에 넣어 색과 탁한 정도를 비교하고 나머지 국물과 고기는 간을 하고 시식하여 색, 맛을 비교한다.

[표 7-4] 육수 제조 시 가열시간에 따른 풍미의 비교

가열시간 (분)	고 기			국 물		
	색	맛	근육의 풀린 정도	색	맛	국물의 탁한 정도
0						
15						
30						
60						

* 각 사항의 순위는 좋은 것을 1번으로 하여 순위대로 기입한다.

● **결과 및 고찰**

– 각 시료들의 국물의 색, 맛, 탁한 정도와 고기의 색, 맛, 탄력, 근육섬유의 풀린 정도 등을 비교한다.

결과

실험3

고기를 구울 때 가열방법의 영향

비프 스테이크를 만드는 경우 가열방법에 따른 고기의 연한 정도와 중량 감소율, 소요시간 및 즙액의 유무 등에 대하여 비교한다.

● **재료 및 분량**

등심 300g, 기름 1tsp, 소금, 후추

● **기구 및 기기**

저울, 조리기구

● **실험 방법**

① 고기를 150g씩 두 조각으로 내고 무게를 정확히 측정한 후 고기 무게의 1%의 소금, 후추를 뿌린다.

② 프라이팬에 기름을 1/2tsp 넣고 고기 1조각을 처음부터 프라이팬에 넣어 뚜껑을 덮고 약한 불로 양면이 똑같은 상태가 되도록 구워낸다(A).

③ 프라이팬에 기름을 1/2tsp 넣고 불에 올려놓아 연기가 날 정도로 팬이 뜨거워지면 고기를 넣어 먼저 표면을 익힌 후 뒤집어서 뒷면도 마저 익힌다(B).

[표 7-5] 비프 스테이크(beef steak)의 가열방법에 따른 비교

가열시간(분)	고기의 무게(g)		소요시간(분)	손실률(%)	색	즙의 유무	풍미*		
	조리 전	조리 후					맛	향	연한정도
A									
B									

$$\text{조리에 의한 손실률} = \frac{\text{조리 전의 무게} - \text{조리 후의 무게}}{\text{조리 전의 무게}} \times 100$$

* 관능평가를 하고 풍미가 가장 좋은 것을 1로 하여 순위대로 기입한다.

- **결과 및 고찰**
  - 뚜껑을 닫지 않고 고기 내부가 익을 때까지의 소요시간과 각 시료들의 중량 감소율, 색, 맛 등에 대한 결과를 고찰해 본다.
  - 고기의 표면을 먼저 익히는 것은 어떠한 장 · 단점이 있는지 알아본다.
  - 액즙은 어느 쪽의 유출량이 더 많은지 측정해 본다.
  - 총체적으로 볼 때 어느 쪽이 고기 맛을 더 증진시키는지 평가해 본다.

결과

실험4

연화방법에 따른 육류의 연화효과

육류의 연화효과를 알아보기 위해 효소, 배즙 및 산 첨가, 기계적 처리 등을 행하여 비교한다.

● **재료 및 분량**

양지머리 500g, 연육소 1tsp, 배즙 1Tbsp, 레몬즙 1Tbsp

● **기구 및 기기**

오븐, 칼

● **실험 방법**

① 양지머리를 100g씩 0.5~1㎝ 두께로 썬다.
② 고기에 [표 7-6]의 4가지 방법으로 각각 연화 처리한 후 30분간 방치한다.
③ 오븐에서 구워 조리에 의한 손실효과, 가열시간, 기호도를 조사한다.

[표 7-6] **연화 방법에 따른 육류의 연화효과 비교**

연화방법	무게(g)		손실률(%)	조리시간(분)	질감의 연한 정도*
	조리 전	조리 후			
처리하지 않은 것					
연육소 첨가(1tsp)					
배즙 첨가(1Tbsp)					
레몬즙 첨가(1Tbsp)					
두들기기					

* 관능평가를 하고 풍미가 가장 좋은 것을 1로 하여 순위대로 기입한다.

● **결과 및 고찰**

– 위 실험에서 연육소, 배즙, 레몬즙 등의 첨가물은 고기의 연화에 어떠한 영향을 미치는지 알아보고 영향이 있다면 어느 것이 가장 효과가 컸는지 평가해 본다.

결과

조리과학 이론 및 실험

Chapter 08

가금류의 영양 및 조리특성

가금류(poultry)는 사람의 식용을 위해 사육되는 조류로 닭, 칠면조, 오리, 메추리, 꿩 등이 있다. 우리나라는 닭고기를 가장 많이 식용하며 미국에서는 칠면조 고기, 중국에서는 오리 고기를 많이 쓴다.

특히 닭고기는 양질의 단백질과 비타민 B_1, B_2, 나이아신(niacin)의 좋은 공급원이 된다. 또 수육류보다 지방 함량이 낮고 불포화지방산이 많으며 육질이 연해 소비량이 증가하고 있다.

1. 가금류의 성분과 특성

(1) 가금류의 영양성분

가금류의 영양성분은 육류와 비슷하다. 단백질은 필수아미노산을 많이 함유하고 총 지질의 함량은 낮으나 불포화지방산은 많다. 지방은 어릴수록 적으며 껍질에 많이 분포되어 있고 근육에는 거의 없다.

무기질은 근육색소인 미오글로빈 함량이 낮으므로 Fe이 적으며 비타민은 B_1, B_2, 나이아신(niacin)이 많고 레티놀의 좋은 급원이 된다.

가슴살 등의 흰색 부위보다 다리살과 같은 붉은색 부분의 살에 헤모글로빈이나 미오글로빈이 더 많이 함유되어 있으며, 조리 중 카르보닐 화합물들의 생성량이 증가됨에 따라 특징적인 닭 냄새(chickeny flavor)가 나게 되는데, 이 냄새는 소량의 인지질을 가해줌으로써 제거할 수 있다고 알려져 있다.

[표 8-1] 가금류의 일반 성분

분 류	수분(%)	단백질(%)	지질(%)
일반 닭	72.8	21.0	5.0
어린 닭	72.1	24.9	1.7
닭 내장	65.4	17.6	15.6
닭 껍질	57.3	31.1	10.8
칠면조	62.1	32.9	3.9
오 리	64.2	23.5	11.2
거 위	57.2	29.0	12.7

(2) 가금류의 조리특성

가금류는 적당히 숙성되고 지방이 고루 분포되어 있는 것을 조리해야 맛이 있다. 가금류의 조리는 어리고 연한 부위는 브로일링, 프라잉, 로스팅 등 건열조리를 하고 질긴부위는 백숙, 찜 등 습열조리에 이용된다. 습열조리 시에는 센 불에서 끓이지 말고 약한 불에서 익혀야 살이 단단해지지 않는다.

[표 8-2] 가금류의 부위별 조리방법

부 위	특 색	조리법
통 째	살이 연하고 기름기가 적은 어린 영계를 이용한다.	백숙, 구이
다 리	색이 붉고 기름기가 많다.	튀김, 조림, 구이
가 슴 살	색이 희고 지방이 적어 질감이 퍽퍽 하지만 맛은 담백하다.	볶음, 튀김, 구이, 찜
날 개	살이 적고 지방과 콜라겐이 많다.	튀김, 구이
이 외 부위	살이 적으나 지미성분이 많다.	국물용

용어설명

• 뼈의 변색

냉동 가금류를 조리할 때 뼈의 색이 어두운 색깔로 변하는 경우가 있다. 이것은 냉동과 해동과정에서 뼈의 적혈구가 파괴되어 암적색으로 나타나기 때문인데 조리 중 적색은 갈색으로 바뀌게 된다. 이것이 향미에는 영향을 주지 않지만 변색을 줄이거나 방지하려면 해동하지 않고 냉동된 가금류를 직접 조리하거나 가열시간을 줄이면 된다.

2. 가금류의 실험조리

실험1 가금류의 판매 형태 조사

시판되는 가금류의 종류를 알아보고 각 종류마다 판매 단위, 판매 형태, 저장 상태(냉동, 냉장 등) 및 100g당 가격에 대하여 조사한다.

[표 8-3] 가금류의 종류 및 판매 상태

가금류의 종류			판매 단위	판매 형태	저장 상태	가격/100g
닭	통 째					
	부위별					
칠면조						
오 리						
거 위						

● 결과 및 고찰

결과

실험2

가금류의 종류에 따른 적절한 조리방법

건열법에 적당한 가금류를 택하여 여러 방법으로 조리한 후 조리시간과 맛을 평가한다(로스팅할 때에는 소금, 후추를 바르고 겉에 마가린을 발라서 굽는다).

● 재료 및 분량

닭(중간 크기) 또는 오리 4마리, 소금, 후추, 식용유

● 기구 및 기기

오븐, 팬, 튀김 솥, 칼

● 실험 방법

① 닭(오리)을 통째로 깨끗이 손질하여 물기를 제거하고 소금, 후추를 뿌린다.
② [표 8-4]의 4가지 방법으로 각각 조리한 후 조리시간과 맛을 비교한다.

[표 8-4] 여러 건열조리방법에 따른 가금류의 조리시간과 맛의 비교

조리방법	가금류의 종류	크 기	조리시간(분)	맛*
직화 구이 (broil)				
팬 구이 (pan fry)				
튀 김 (deep fat fry)				
오븐 구이 (bake or roast)				

* 관능검사를 하고 맛이 가장 좋은 것을 1로 하여 순위대로 기입한다.

● 결과 및 고찰

결과

Chapter 09

어패류의 영양 및 조리특성

곡류를 중심으로 하고 있는 우리나라의 식단에서는 어패류가 동물성 단백질의 중요한 급원이 된다. 이 어패류는 어류와 패류로 분류할 수 있다.

수조육류에 비하여 조직이 연하고 상하기 쉬우며, 세균의 오염으로 쉽게 부패하므로 유통과정에서 조심스럽게 다루어야 하는 동시에 소비자는 신선도를 잘 판정해서 구입할 수 있어야 한다. 특히 날것으로 식용하는 경우에는 위생적인 조리과정이 요구된다.

1. 어패류의 성분과 특성

(1) 어패류의 종류

1) 어류

어류는 서식하는 장소에 따라 해수어와 담수어로 구분된다.

해수어는 바다고기로 깊은 바다에는 흰살 생선이 많이 서식하고 바다 표면에서는 붉은살 생선이 많이 어획된다. 어류의 향미성분은 유지에 잘 녹기 때문에 흰살 생선보다 붉은살 생선이 더 많은 향미를 낸다.

담수어는 강, 호수, 저수지 등에서 사는 민물고기로 일반적으로 해수어가 담수어보다 지방 함량이 많고 맛이 좋다.

어류는 종류에 따라 지방 함량이 매우 다양하므로 지방 함량에 따라 저지방(5% 미만), 중지방(5~15%), 고지방(15~20%)으로 분류할 수 있다. 저지방 어류로는 농어, 도미, 대구, 넙치, 동태, 조기, 가자미 등이 있으며 중지방 어류에는 고등어, 연어, 빙어 등이 속하고 고지방 어류로는 은대구, 정어리 등이 있다.

2) 연체류

연체류는 뼈가 없고 몸이 부드러운 특징을 가졌으며 문어, 오징어, 낙지, 꼴뚜기, 해파리, 해삼 등이 있다.

3) 조개류

조개류는 딱딱한 껍질 속에 부드러운 조직의 근육이 서식하고 있는 것으로 조개, 굴, 전복, 소라, 홍합 등이 있다.

4) 갑각류

갑각류는 딱딱한 껍질을 가지고 마디로 분절되었으며 그 속에 부드러운 살을 가지고 있다. 게, 바닷가재, 새우 등이 있다.

(2) 어패류의 구조

생선의 동체를 길이로 절단해 보면 생선 표면은 표피라고 부르는 엷은 막으로 싸여 있고 그 아래 진피가 있으며 여기에 비늘이 묻혀 있다. 진피 아래는 색소 세포가 있어 각 생선 특유의 색을 나타내고 있다. 그 아래 지방층은 생선의 종류, 연령, 계절에 따라 두께가 많이 변동하며 지방층 아래는 근육층이 있다. 송어, 꽁치 등의 붉은살 생선에는 혈합육이 있는데 혈합육은 보통육에 비하여 헤모글로빈, 미오글로빈 등의 색소 단백질, Fe, K 등을 많이 포함하고 있다. 이 중 철은 시토크롬(cytochrome)에 들어있다.

근육조직의 구조는 수육의 구조와 유사하여 근섬유와 결합조직으로 형성되어 있으며 근섬유는 액틴, 미오신, 트로포미오신, 미오겐, 비오알부민 등의 육장 단백질로 구성되어 있다. 육류에 비하여 근섬유의 길이는 짧고 육기질 단백질의 양이 적은 반면 육장 단백질이 많아 연하다.

연체류 중 오징어의 근육은 횡문이 없는 평활근섬유로 구성되어 있으며 열을 가하면 강하게 수축하게 된다. 오징어를 다듬어서 안쪽으로 가로, 세로, 대각선 등 잔 칼집을 넣은 후 데치면 오그라들어 솔방울 무늬 등 여러 모양을 낼 수 있다.

(3) 어패류의 성분

어패류의 성분은 종류, 부위, 계절, 성장 정도 등에 따라 달라지며, 특히 지질함량의 차이가 크다. 조성은 수분 70~80%, 단백질 15~20%, 지질 1~20%, 탄수화물 0.5~1%, 무기질 1~2%, 추출물 1~2% 등으로 이루어져 있다.

1) 단백질

어패류의 근육 단백질은 용해성에 따라 구분된다. 단백질 함량은 생선의 종류와 나이에 따라 다르지만 대개 15~25%이며 문어, 오징어 등은 10%, 전복, 소라 등은 20~23% 정도이다.

① 근원섬유 단백질(섬유상 단백질)

어패류에 함유되어 있는 전체 단백질의 약 75%를 차지하며 물에 추출되지 않는 실 모양의 단백질로서 근육의 운동과 사후강직에 기본이 되는 단백질이다. 종류는 미오신(myosin),

액틴(actin), 트로포미오신(tropomyosin), 액토미오신(actomyosin)같은 단백질로서 2~6%의 진한 염 용액으로부터 추출되어 큰 입자의 액토미오신을 형성한다.

짜게 절인 생선을 물에 담가 소금기를 빼도 어육이 생것일 때와 같은 상태로 돌아가지 않는 것은 단백질이 불용성으로 되었기 때문이다. 액틴과 미오신은 변성이나 중합을 일으키기 쉬운 불안정한 단백질로서 어육의 겔(gel) 형성 능력에 관계하므로 연제품 제조상 그 성질이 중요시되고 있다.

② 근장 단백질(구상 단백질)

어패류에 함유되어 있는 전체 단백질의 약 16~22%를 차지하며 1% 이하의 희박한 염 용액에 의하여 용출된다. 종류는 미오겐(myogen), 미오알부민(myoalbumin), 글로불린(globulin) 등의 단백질과 글리코겐의 생성과 분해과정에 관여하는 효소 및 단백질 분해효소 등이 포함된다.

③ 결합조직 단백질

콜라겐(collagen)과 엘라스틴(elastin)의 두 종류가 있으며 콜라겐은 가열하면 크게 수축하고 장시간 가열하면 부분적으로 가수분해되어 젤라틴이 되는데 어육을 넣고 끓인 국물이 젤리상으로 되는 것은 이 때문이다.

엘라스틴은 물과 함께 가열해도 덜 수축하고 젤라틴화 되지 않는다. 어육의 엘라스틴 함량은 콜라겐에 비하여 적은 편이고 또 콜라겐 함량도 육류에 비해서는 적은 편이다. 어육을 회로 떠서 먹을 수 있는 것은 결합조직이 적기 때문이며, 가열하면 결합조직이 경직되어 뼈에서 살이 떨어져 분리된다.

2) 지질

어패류의 지질함량은 종류, 부위, 계절, 산란기에 따라 각각 다르다. 대체로 붉은살 생선이 흰살 생선에 비해, 또 큰 생선이 작은 생선에 비해 지질함량이 많다. 그리고 산란기 전에는 산란 준비로 지질이 많아지며 이때가 가장 맛이 좋은 시기이다.

어패류의 지질 중 지방산은 불포화지방산이 80%를 차지하며 산패되기 쉬워서 신선도 유지가 어렵고 수산가공제품을 만들 때도 문제가 된다. 그 이유는 불포화지방산이 산화하면 과산화물이 생성되는데 그 대부분이 히드로퍼록사이드(hydroperoxide) 형태이기 때문이다. 이 히드로퍼록사이드가 산화하기 시작하면 연쇄반응을 일으켜 분해되면서 급격하게 나쁜 맛이나 냄새가 나게 된다.

3) 탄수화물

탄수화물은 주로 글리코겐(glycogen)의 형태로 어류에 0.1~1.5%, 패류에 2.0~5.0% 정도 들어있고 특히 굴에 많이 포함되어 있다. 글리코겐은 어패류의 체내에서 포도당으로 가수분해되어 단맛을 낸다.

4) 무기질과 비타민

어류는 인, 황, 요오드의 함량이 많고 철분 함량은 낮으며, 패류는 칼슘, 구리, 철의 함량이 높다. 비타민 A와 D는 흰살 생선보다 붉은살 생선에 더 많으며 큰 생선일수록 또는 산란기에 가까울수록 더 풍부하고 어유와 간유에 많다. 통조림한 연어는 비타민 B_2와 나이아신의 좋은 급원이며 비타민 C는 지금까지 알려진 바에 의하면 거의 함유되어 있지 않다고 한다.

5) 추출물

어패류의 수용성 물질에서 단백질이나 지질, 색소 등을 제외하면 추출물이 남는데 이 속에는 아미노산, 유기산, 기타 성분이 들어있다. 이것을 총칭해서 추출물(extractives)이라고 하며 어류의 추출 물질은 2~5% 정도이나 연체동물, 갑각류 등은 5~6%에 달한다.

[표 9-1] 어패류의 추출물질과 소재

추출물질	소 재
creatine	어육 중에는 가장 흔히 들어 있지만 오징어, 문어, 새우, 게 등에는 별로 들어 있지 않음
phosphocreatine	creatine의 인산염
camosine	histidine과 alanine의 peptide, 붉은살 생선에 많음
anserine	methylhistidine과 alanine의 peptide
betaine	오징어, 문어, 새우 등에 함유되어 있는 감미 물질
taurine	어육의 혈합육에 많이 함유되어 있고 오징어, 문어의 근육과 내장에 많음
histidine	꽁치, 고등어, 전갱이 등의 붉은살에 많고 냉장 중에도 그 양은 증가함
inosinic acid	어육의 주된 맛 성분
arginine	오징어, 문어, 새우 등 무척추 동물에 많음
trimethylamineoxide	해수어에 많고 담수어에는 거의 없으며, 단맛을 가지고 환원되면 어취 성분의 하나인 TMA를 생성함
succinic acid	조개류에 많고 맛의 주성분으로서 생육 중 0.4~0.5% 함유

이 추출물은 어패류의 주된 맛 성분으로서 어류에는 글루탐산, 유리아미노산, 글루타치온, 이노신산 등이 있으며 오징어, 문어, 새우에는 타우린(taurine), 베타인(betaine) 등이 있고, 패류에는 주로 호박산(succinic acid)이 많다.

6) 색소

① 표피색

어육의 표피에 색소포가 들어 있는데 이것이 늘어나거나 오므라들어서 여러 가지 색을 나타낸다. 종류로는 갈색, 검정색(melanin), 붉은색(astaxantin), 노란색(lutein, zeaxanthin), 은백색(guanine) 등이 있다. 이들 색소체는 어류의 신선도가 떨어지면 산화 · 분해해서 퇴색한다. 퇴색의 속도는 어육의 종류에 따라 다르나 대체로 붉은 것일수록 퇴색이 빠르다.

② 어육색

어육의 색소는 혈색소인 헤모글로빈과 근육색소인 미오글로빈, 시토크롬 등 수용성 색소단백질과 지용성인 카로티노이드로 나눌 수 있다. 보통 어육에는 헤모글로빈보다 미오글로빈이 주를 이루며 카로티노이드는 연어, 송어 등에 많고 어육색이 연붉은색을 나타낸다. 새우나 게에 있는 아스타산틴(astaxanthin)은 가열하면 유리산화되어 적색의 아스타신(astacin)으로 분해되므로 껍질이 붉은색으로 변한다.

7) 냄새

어류의 조직이나 배설물 속에는 트리메틸아민옥사이드(trimethylamineoxide: TMAO)가 함유되어 있다. 특히 담수어보다는 해수어에 많이 함유되어 있다. 생선의 사후 시간이 경과하면 어육의 표피, 아가미, 내장 등에 있던 세균이 혈관을 통하여 근육의 내부까지 침입하고 어육의 각종 성분을 영양원으로 하여 증식한다. 이러한 세균의 효소에 의하여 트리메틸아민옥사이드는 환원되어 트리메틸아민(tyimethylamine: TMA)을 생성하는 동시에 불쾌한 냄새를 낸다.

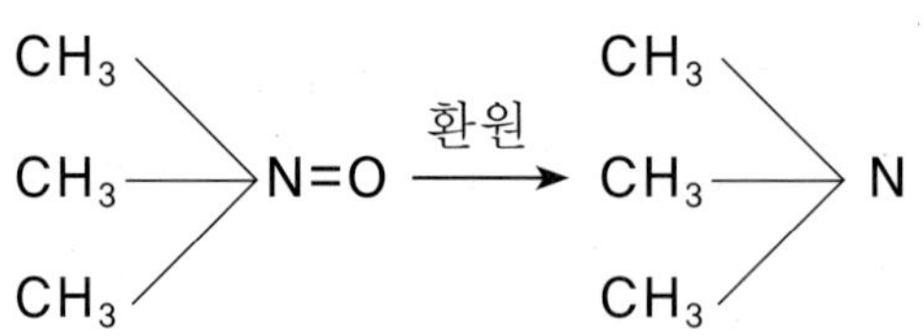

(TMAO) (TMA)

어육의 신선도가 저하되면 트리메틸아민의 양이 증가할 뿐만 아니라 암모니아도 생성되며 부패하면 인돌, 스카톨, 메틸메르캅탄, 황화수소에 의해서 악취가 난다.

(4) 어패류의 사후강직과 자가소화

1) 사후강직

어육도 수육과 같이 사후에 강직이 시작되며 일반적으로 사후 1~4시간 동안에 최대 강직현상을 나타낸다. 어육은 수육의 강직과정과 같이 어획되어 산소의 공급이 차단되면 근육내의 글리코겐이 효소의 작용으로 젖산으로 분해되고, 젖산의 증가로 근육 내의 산도는 pH 6.5 부근이 된다.

다음 단계로 ATP의 분해효소인 아데노신 트리포스파타아제(adenosine triphosphatase)가 활성화되어 ATP의 분해를 촉진한다. ATP의 양이 80% 이하가 되면 강직현상이 일어난다. ATP의 분해와 더불어 강직상태는 진전이 되나 pH 5.4가 되면 효소는 불활성화되며 강직은 최대가 된다.

이 상식현상은 붉은살 생선이 흰실 생신보다 빨리 시작히며 강직시간도 짧다. 수육의 강직과는 달리 어류는 강직기간 중에는 맛이 좋다.

2) 자가소화

사후강직이 어느 정도 지속된 후 어육은 연화하기 시작하는데 이는 단백질 분해효소의 작용에 의한 육단백질의 변화와 세포조직이 체내의 효소작용으로 붕괴되어 자체의 성분을 분해하는 자가소화 과정 때문이다.

수육의 경우에는 자가소화 과정에서 지미성분을 많이 분해하여 그 맛과 조직을 좋게 하나 어육에서는 대부분 조직이 연약하여 자가소화의 속도가 빨라 맛이 저하된다. 어육의 자가소화는 온도가 높을수록 신속히 진행되므로 냉동상태에서는 오래 지연시킬 수 있으나, 지방을 많이 함유하고 있는 어류는 냉동상태에서도 리파아제가 활발히 작용하므로 이것이 품질저하의 원인이 된다.

또한 어육에 미생물이 번식하면 악취를 발하면서 부패하게 되는데 맛을 내는 성분인 히스티딘(histidine)은 부패균에 의해 히스타민(histamine)이라는 유독물질을 생성하여 알레르기, 두드러기 등 이상증상을 유발한다. 부패의 속도와 상태는 어류의 종류 및 보관상태에 따라 다르며 담수어는 해수어보다 부패과정이 빠르고 부패취도 다르다.

(5) 어패류의 신선도 판정법

어패류의 신선도를 정확히 판정하는 것은 위생적인 음식의 섭취 면에서 대단히 중요한 일이다. 신선도 판정법은 관능적 판정법과 화학적 판정법의 두 가지로 크게 나눌 수 있는데 관능적 판정법은 감각기관을 사용하여 그 자리에서 신속하게 신선한 어패류를 선별하는 것이다. 그리고 화학적 판정법은 복잡한 실험과정을 거치므로 시간과 비용을 요하나 냉동육 등의 판정에는 비교적 실용성이 크다.

1) 관능적 신선도 판정법

① **눈**: 안구가 외부로 돌출되어 있고 투명하다.
② **아가미**: 아가미의 색이 선명한 적색이며 불쾌취가 없다. 선도가 저하되면 색이 회색에 가깝게 변하며 점액물질의 분비가 많아져 점착성이 증대하고 부패취가 농후해진다.
③ **피부**: 광택이 나고 특유한 색채가 있다.
④ **복부**: 탄력성이 있어 팽팽하다.
⑤ **근육**: 탄력성이 강하고 투명하며 살이 뼈에서 쉽게 떨어지지 않는다.

2) 화학적 신선도 판정법

화학적인 신선도 판정법으로 흔히 사용되는 방법은 암모니아, 트리메틸아민 또는 이들을 생성물로 하는 휘발성 염기질소를 측정하는 것이고 그 외에 인돌, 휘발성 유기산, 환원물질, 히스타민 등을 정량분석하는 방법도 있다. 히스타민을 제외한 모든 성분은 불쾌한 취기를 가진 휘발성 화합물이며 이 취기의 정도로 어패류의 신선도를 어느 정도 감지할 수 있다. 그러나 히스타민은 특유한 맛이나 냄새가 나지 않으므로 히스타민의 양이 많은 생선은 히스타민의 생성량이 높아지면 트리메틸아민의 생성량을 앞질러 그로 인한 중독을 일으키기 쉽다.

또한 세균수를 측정하여 신선도를 판정할 수 있는데 세균수가 1g당 10^5 이하면 신선하고 10^5~10^6이면 초기 부패상태이다.

[표 9-2] 부패산물의 정량에 의한 신선도 판정법

부패산물	초기 부패 시의 함량	비 고
휘발성 염기질소	30mg%	신뢰도가 높은 초기 부패 시의 정량이나, 보통 어육의 부패 속도는 대단히 빠르므로 지표가 되지 못함
트리메틸아민 (trimethylamine)	1~5mg%	대부분의 경우 신뢰도가 높으나 어육의 부위에 따라 함량 차이가 있음
인돌(indol)	3~6mg%	
휘발성 유기산	0.3~0.6meq/100g	초산: 30~40mg% 유출비: 89~90(수증기 증류에 의하여 속히 유출되는 산과 서서히 유출되는 산과의 비)
휘발성 환원 물질	0.2~0.6meq/100g	
히스타민(histamine)	50~100mg%	취기를 느끼지 못할 시에도 알레르기(allergy)를 일으킬 수 있는 함량

(6) 어패류의 조리특성

수육에 비하여 근육 내에 소량의 결합조직이 함유되어 있어 근육이 연하므로 약한 불에서 ① 맛과 향기가 적절히 형성되도록 하며 ② 단백질의 응고정도가 적당하도록 가열하고 ③ 결합조직이 적으므로 익으면 흐트러지기 쉬운 근육의 형태를 유지할 수 있도록 적절히 조리하도록 한다.

어패류의 조리에도 수육조리와 마찬가지로 건열법과 습열법을 적용시킬 수 있으며 조리방법으로는 구이, 튀김, 찜, 찌개 등이 있다. 또 어패류의 조리 시 소금, 산, 가열 등의 영향으로 품질에 많은 변화를 초래하므로 조리원리를 잘 이해하는 것이 중요하다.

1) 조리 중의 어육의 변화

① 소금의 영향

어육에 소금을 2~6% 첨가하면 어육은 투명도가 증가하고 점성이 나타나며 보수성이 증가한다. 이것은 근원섬유의 단백질인 액틴과 미오신이 염용성이어서 소금에 의하여 녹아나와 양자가 결합하여 생긴 액토미오신의 보수성이 좋기 때문이다. 이런 성질을 이용해서 3%

내외의 소금을 가하여 어묵을 제조할 수 있다. 소금농도가 아주 높아서 15% 가량이 되면 액토미오신(actomyosin)이 형성되기 어렵고 단백질은 변성되어 탈수 · 침전하게 된다.

어육에 소금을 뿌리는 정도는 조리방법, 어육의 종류, 신선도 등에 따라 다르다. 소금구이의 경우 보통 어육 중량의 2%를 뿌리면 탈수도 일어나지 않고 간도 맞는다고 한다. 고농도의 소금으로 염장한 어육이 단단한 것은 소금으로 인하여 어육에서 수분이 유리되어 탈수 · 응고하기 때문이다.

소금의 침투량은 어육의 수분, 지방의 함량, 어육의 조직, 소금 내에 들어있는 불순물의 양에 따라 달라지는데 일반적으로 소금량이 많고 염장시간이 길수록 침투량은 증가한다. 어육의 신선도가 떨어지면 같은 양의 소금을 뿌려도 살이 단단해지지 않는데 그것은 근육의 pH가 알칼리성이 되어 단백질의 팽윤성이 높아지기 때문으로 이럴 때는 소금의 분량을 높여야 한다.

② 산의 영향

어류를 조리할 때 식초 등 산을 사용하면 산미가 가해지는데 이는 맛을 돋우기도 하고 비린내를 감소시키기도 한다. 그러나 그보다도 중요한 기능은 어육 단백질을 응고시켜 질감을 단단하게 하는 것이다.

산을 넣어 살을 단단하게 하기 위해서는 먼저 소금을 넣어 수분을 제거하고 단백질을 용출하게 하여 겔화시킨 후 산을 넣어 단백질을 응고시키면 더 효과가 크다. 이때 외부에 부착되어 있던 세균에도 같은 영향을 주어 살균효과를 얻을 수 있다.

③ 가열의 영향

어육은 질감이 연해 날것도 소화가 잘 되지만 보통 구이, 찌개 등의 가열조리를 하여 먹는다. 가열조리는 모양, 감촉, 풍미 등을 변화시키는 동시에 위생적으로 안전하게 해준다. 또한 어육 중에 있는 효소가 변성해서 그 기능을 잃으므로 일단 가열조리되면 보존성이 높아지며, 콜라겐과 같은 결합조직 단백질을 연화시켜 젤라틴으로 만들어서 이용할 수도 있다.

가. 단백질의 응고

결합조직 단백질인 콜라겐은 물에 불용성인데 물속에서 가열하면 길이가 1/3~1/4로 수축하고 계속 가열하면 젤라틴으로 용해된다. 콜라겐은 낮은 온도(38~56℃)에서도 수축하므로 물과 함께 낮은 온도에서 단시간 가열해도 연해지고 국물이 식으면 용출된 다른 단백질과 함께 겔화되어 굳는다.

또한 근육단백질을 가열하면 응고하고 수축하여 살이 단단해지고 중량은 감소한다. 그리고 [표 9-3]에서와 같이 가열 시 단백질의 용출은 초기의 온도가 높을수록 적었으며

[표 9-3] 어육의 가열 시 탈수율과 단백질 손실률

초기온도 (℃)	탈수율 (%)	용출 단백질량 (전단백질에 대한 %)	초기온도 (℃)	탈수율 (%)	용출 단백질량 (전단백질에 대한 %)
20	23.4	3.4	55	18.4	1.1
25	18.5	1.2	60	21.0	0.4
30	18.8	2.1	65	20.3	0.5
35	18.8	2.3	70	23.9	0
40	21.4	3.9	75	23.1	0.2
45	24.0	2.9	80	20.8	1.0
50	25.7	1.0	90	24.8	0.4

70℃ 정도일 때 단백질 용출이 가장 안정적인 것으로 나타났다. 이것은 가열조리 시 낮은 온도에서 조리하는 것보다 어느 정도 높은 온도에서 어육을 조리하는 것이 단백질의 손실을 줄일 수 있다는 것을 말해 준다.

예를 들어 습열조리의 탕이나 찌개를 할 때도 끓는 물에 어류를 넣으면 단백질 용출량을 적게 해 국물이 탁하지 않도록 할 수 있으며 구이 등 건열조리 시에도 석쇠나 팬을 뜨겁게 달군 후 어류를 올리면 단백질 용출도 줄이고 살이 눌러붙는 것도 막을 수 있다.

나. 탈수와 체적 감소

단백질이 가열되면 응고하는 동시에 탈수되어 체적이 감소한다. 탈수율은 응고온도(50℃) 부근에서 높아지기 시작하는데 온도가 높고 가열시간이 길수록 탈수율은 높아진다. 어육의 크기 및 신선도도 중량 감소에 영향을 주는데 신선도가 높고 큰 어육은 감소율이 낮으며 보통 어육의 탈수율은 20~25% 정도이다.

다. 수용성 성분의 용출

어류를 물에 넣어 가열하면 수용성 단백질과 추출물이 녹아 나온다. 멸치국물의 맛을 내는 성분은 아미노산이나 5′-리보뉴클레오티드(ribonucleotide) 등의 핵산계 물질인데 이들의 상승효과로 좋은 맛이 난다. 가열시간과 맛의 관계 실험에서 보면 멸치국물은 20분 가열한 것이 가장 좋고 지나치면 오히려 맛이 떨어지며 조직이 가늘수록 침출률이 높다.

라. 열 응착성

어류를 구울 때 석쇠에 달라붙는 것, 찜통에 찔 때 밑바닥에 달라붙는 것 등 가열에 의하여 다른 물건에 달라붙는 성질을 말하며, 이 성질은 50℃ 부근에서부터 나타나기 시작해서 온도가 높아질수록 강해진다.

마. 껍질의 수축

어육을 가열하면 껍질은 수축되거나 터진다. 이것은 어육의 표피 내 콜라겐이 가열에 의하여 수축되기 때문이다. 오징어가 가열에 의하여 둥글게 수축되는 것은 콜라겐 섬유의 수축에 의한 것이다. 이 섬유소를 끊어주기 위해서는 오징어의 안쪽에서 사선으로 가로, 세로로 칼집을 넣어 주어야 한다.

바. 지방의 용출

어류의 피하에 지방층이 있는데 가열에 의하여 껍질이 수축되면 이 부분의 조직이 헝클어져 지방이 외부로 흘러나온다.

2) 어패류의 비린내 제거법

어패류는 독특한 취기와 맛을 가지고 있다. 어취는 주로 근육 내의 수분과 혈액에 존재하며 신선한 어육 특유의 냄새와 선도저하에 의한 불쾌취가 있다. 선도가 낮아짐에 따라서 불쾌한 어취가 농후하여지는 것은 어육의 사후기간이 경과함에 따라 어육 표면에 세균의 번식이 증가하여 부패되기 때문이며 이 어취는 트리메틸아민의 함량과 비례한다.

어취는 다음의 여러 가지 방법으로 억제하거나 제거할 수 있다.

① 수세

어취의 주성분인 트리메틸아민류는 수용성이고 또한 암모니아취도 물에 쉽게 용해되므로 씻으면 비린내가 감소된다.

② 방향 채소

파, 마늘 및 양파에는 강한 향미성분인 황화아릴류가 들어 있으며, 이 성분이 어취를 약화시킨다. 또 생강의 매운 성분은 진저롤(gingerol)과 쇼가올(shogaol)인데 이 성분은 혀의 미뢰 감각을 둔화시키고 어취물질을 변성시키기도 한다. 어류의 비린내를 효과적으로 제거하기 위해서는 생강을 거의 익은 후에 넣는다.

③ 산의 사용

어육의 아민류는 식초, 레몬 등 산과 결합하면 어취가 약화되고, 특히 암모니아취는 산과 결합하면 소멸된다. 또 산을 조림에 첨가하면 어류의 가시를 연하게 하는 효과도 있는데 이는 뼈의 칼슘이 산에 용해되는 성질이 있기 때문이다.

④ 술, 미림의 사용

알코올 음료에는 호박산이 함유되어 있는데, 이 산이 어취를 억제할 뿐만 아니라 어육의 맛도 향상시킨다. 또 알코올 성분이 어육 단백질에 작용하면 응고를 촉진시키는 경향이 있으므로 경우에 따라서는 처음부터 사용하는 것을 피해야 하지만, 구이나 조림을 할 때 첨가하면 어육 단백질과 알코올 간에 아미노카보닐(aminocarbonyl) 반응을 일으켜 적절한 갈색과 향미를 형성하여 어육의 풍미를 돕는다.

⑤ 고추냉이(와사비) 및 겨자의 사용

고추냉이나 겨자분말에 온수를 넣고 교반하면 자극성 물질이 형성된다. 이는 분말 속에 함유되어 있는 시니그린(sinigrin)이 효소 미로시나아제(myrosinase)의 작용으로 가수분해되어 생긴 자극성 향기성분으로 이를 아릴 이소티오시아네이트(allyl isothiocyanate, mustard oil)라 한다. 이 향기성분의 자극성은 미뢰를 둔하게 하며 어취를 약화시킨다. 그러므로 회나 초밥에 고추냉이나 겨자를 사용한다.

⑥ 고추 및 후추의 사용

고추의 캡사이신(capsaicin)과 후추의 차비신(chavicin)도 자극성 있는 매운 성분이므로 어취를 약화시키는 데 효과가 있다.

⑦ 무, 셀러리, 당근의 사용

강한 향기를 지닌 채소는 어류의 조리에 사용되는 양은 적으나 이들 채소 내의 함황물질로 인해 어취를 약화시키는 효과가 있다. 우리나라에서는 조림이나 회를 담을 때 무를 많이 사용하는데 무에는 메틸 메르캅탄(methyl mercaptan)과 머스터드 오일(mustard oil)이 들어있어서 어취 억제효과를 낸다.

⑧ 된장, 고추장, 간장의 사용

된장이나 고추장은 특유의 향미와 콜로이드의 강한 흡착성이 있어서 어취를 제거하는 효과가 있다. 또 간장의 염분은 단백질의 응고를 촉진하여 어육에 탄력성을 갖게 하는 성질이 있고 날어류를 간장에 무쳐 놓으면 단백질의 글로불린을 용출하는 동시에 취기성분을 인출하여 어취 제거의 작용을 한다.

⑨ 우유의 사용

어육을 조리하기 전에 우유에 담가두면 어취가 약화된다. 이는 우유의 콜로이드상 및 카제인 입자의 흡착력이 어취를 제거하고 유지방을 저온가열할 때 코코넛과 같은 냄새가 나는 델타-데카락톤(δ-decalactone)이 어취를 제거하는 효과를 내기 때문이다.

3) 조리방법

① 회

회에는 생회와 숙회가 있다. 생회는 살아있는 어류를 편으로 떠서 이용하고 숙회는 끓는 물에 살짝 데치거나 끓는 물을 어류에 끼얹어서 만든다. 특히 생회는 위생에 주의하여야 한다.

② 조림

조림할 때는 흰살 생선, 붉은살 생선 등 어육의 종류와 신선도를 고려하여 양념의 농도, 가열시간 등을 조절하여야 한다. 또 처음 가열할 때 수분간은 뚜껑을 약간 열어 두어 비린내 성분을 휘발시키는 것이 좋다. 조림 때 유의할 것은 모양을 그대로 유지하고 맛을 내는 성분이 밖으로 유출되지 않도록 하는 점이다. 따라서 물이나 양념간장이 끓을 때 어류를 넣으면 표면의 단백질이 응고해서 원형을 유지하고 내부 성분의 유출을 막을 수 있어서 맛있는 음식이 된다.

③ 구이

구이는 고온으로 가열하므로 맛난 성분이 급속하게 만들어지며 맛을 내는 성분이 표피내에 보존되고 용출되지 않기 때문에 찜, 조림, 탕으로 조리해서 먹는 것보다 맛있다.

굽기 전에 소금을 조금 뿌리면 삼투작용에 의하여 어육의 수분이 빠짐과 동시에 살이 단단해져서 굽기 쉬워지고 조미도 된다. 또 소금의 염소(Cl)가 어취성분과 결합하여 물속으로 끌어내는 성질이 있으므로 굽기 전에 소금물에 담갔다가 조리하면 어취가 감소한다.

④ 전

전에는 일반적으로 담백하고 어취가 적은 흰살 생선을 많이 사용한다. 어류를 세 장 뜨기로 전처리한 다음 얇은 편으로 떠서 소금으로 약간 간을 한 후 밀가루를 양편에 묻히고 잘 풀어놓은 달걀에 담갔다가 달구어진 철판에 기름을 두르고 지져낸다. 지지는 과정에서 어취가 증발되며 가열시간이 짧으므로 단백질이 적절히 응고되고 달걀이 포의 형태를 잘 유지시킨다.

⑤ 튀김

어류의 비린 냄새를 없애고 작은 가시까지 먹을 수 있게 하는 조리방법으로는 기름에 튀기는 것이 가장 효과적이다.

튀김방법에는 일반적으로 세 가지 방법이 있는데 첫째, 밀가루와 달걀을 섞은 튀김옷을 어류에 씌워 튀기는 프리터(fritter), 둘째, 밀가루를 친 다음 잘 풀은 달걀에 담갔다가 빵가루에 굴려서 기름에 튀기는 커틀릿(cutlet), 셋째, 그대로 튀기는 것 등이 있다. 어떤 방법이든 튀김하는 재료는 신선하고 속히 익을 수 있는 것을 선택해야 한다.

튀김용 옷을 위한 밀가루는 단백질 함량이 낮은 박력분이 적합하며 튀김 조건은 180℃ 내외의 온도에서 2~3분간 튀기는 것이 좋다. 튀기는 시간이 길어지면 수분의 증발이 심해지고 흡유량도 많아지는데 이와 같이 수분과 유분의 교체가 많으면 튀김의 맛이 떨어진다.

⑥ 젓갈

어패류를 통째로 또는 절단하거나 내장, 알 등에 소금(20~30%)을 첨가한 후 일정 시간 동안 숙성시키면 자체 효소에 의해서 자가소화와 숙성이 된다. 또한 미생물이 분비하는 효소작용으로 어패류의 성분이 분해되고 분해산물들이 구수한 맛을 낸다.

2. 어패류의 실험조리

실험1

어패류의 판매 형태 조사

시판되는 어패류의 종류를 알아보고 각 종류마다 판매 단위, 판매 형태, 저장 상태(냉동, 냉장 등) 및 100g당 가격에 대하여 조사한다.

[표 9-4] 어패류의 종류 및 판매 상태

어패류의 종류	판매 단위	판매 형태	저장 상태	가격/100g

● 결과 및 고찰

결과

실험2

조리방법에 따른 어류의 특성

건열법으로 조리하기에 적당한 어류를 택하여 로스팅(roasting), 그릴링(grilling), 팬 프라잉(pan frying), 딥 팻 프라잉(deep fat frying) 등의 4가지 건열법으로 조리하고, 완전히 익히는데 소요되는 조리시간과 가열에 의한 수축 정도를 측정하고 맛을 평가한다.

● 재료 및 분량

생선 4마리, 기름

● 기구 및 기기

오븐, 팬, 석쇠, 튀김기

● 실험 방법

신선한 생선을 구입하여 내장 등 불가식부를 완전히 제거하고 각 조리방법에 따라 익혀 낸다.

[표 9-5] 건열조리방법에 따른 어류의 조리시간, 수축률, 맛의 비교

조리방법	사용 어류	무게(g)		수축률 (%)	조리 시간(분)	맛*	모양*
		조리 전	조리 후				
roasting							
grilling							
pan frying							
deep fat frying							

* 관능평가를 하고 맛과 모양이 가장 좋은 것을 1로 하여 순위대로 기입한다.

● **결과 및 고찰**

- 각 시료의 조리시간, 생 재료와 조리 후의 중량, 조리 시 손실률, 연한 정도, 부스러지는 모양, 풍미 등을 고려하여 결과를 기록한다.
- 생선의 각 조리방법에 따른 조리된 생선의 품질에 대해 평가한다.

결과

Chapter 10

달걀의 영양 및 조리특성

달걀은 영양학적으로 보았을 때 양질의 단백질을 많이 함유하고 있을 뿐만 아니라 여러 종류의 무기질과 비타민의 함량도 높아 완전식품으로 불릴 정도로 질적으로 우수한 식품이다. 달걀은 또한 달걀만을 주재료로 하여 음식을 만들기도 하지만 조리면에 있어서 달걀이 가진 몇 가지 성질, 즉 유화성, 열에 의한 응고성, 기포성, 결착성 등에 의해 다양한 목적으로 조리에 이용되고 있다.

1. 달걀의 성분과 특성

(1) 달걀의 구조 및 성분

달걀의 구조는 외측에서부터 난각(10~11%), 난각막, 기실, 난백(55~60%), 알끈(chalaza), 난황막, 난황(30~33%) 등으로 이루어져 있다.

1) 달걀의 구조

① 난각

백색 또는 갈색인 두께 0.3mm의 많은 기공을 가진 껍질로 공기의 유통, 탄산가스와 수분증발이 가능하다. 산란 직후 난각을 덮은 산도의 분비물이 시간이 경과함에 따라 건조해져서 난각 큐티클이 된다.

신선한 달걀 표면의 촉감이 깔깔한 것은 난각 큐티클 때문이며 이는 산란 직후 잡균의 오염을 방지하는데 효과가 있는 요소이다. 자꾸 마찰하거나 물로 씻으면 큐티클층이 벗겨져 기공이 외기와 접하게 되므로 미생물이 내부에 들어올 염려가 있다. 또한 난각의 큐티클은 신선도를 육안으로 판정하는 수단이 된다. 난각을 구성하고 있는 물질은 주로 탄산칼슘, 인산칼슘, 탄산마그네슘, 인산마그네슘 및 기타 유기화합물 등이다.

② 난각막

난각의 내부에 밀착한 백색의 불투명한 막인데, 외층과 내층으로 나누어져 있다. 젤라틴으로 구성되어 있어 외부로부터의 미생물 침입과 내부에서의 수분 증발을 방지한다. 이 막은 단백질인 케라틴(keratin)과 뮤신(mucin)으로 되어 있어 소화가 어렵다.

③ 기실

달걀의 둥근 끝 부분에 있는 내외막이 벌어져서 공간이 만들어지는데 이는 수분의 증발로 인해 달걀 내용물이 수축함으로써 생겨난다. 이곳은 공기와 수분으로 채워지며 시간이 경과함에 따라 점점 커지므로 기실의 크기는 달걀의 신선도 판정에 이용된다.

④ 난백

난백은 pH 7.6의 약알칼리성을 띠고 달걀의 60%를 차지하며 점도가 적은 수상난백과 점도가 큰 농후난백으로 구성되어 있다. 점도가 높은 특수한 망상 구조로 형성되어 있는 농후난백은 미생물의 침입을 어렵게 하며 신선도가 떨어질수록 점점 묽어져 점도가 낮아진다.

난백의 일부에는 알끈(chalaza)이 있어 난황을 고정시켜주는 역할을 한다.

⑤ 난황

난황의 표면은 젤라틴질의 엷고 탄력있는 난황막에 의해 덮혀 보호되고 있다. 시일이 경과됨에 따라 이 난황막은 약화되고 터지기 쉽게 되어 pH 6.3 정도의 유탁액(emulsion)이 된다. 유정란인 경우에는 난황 표면의 중심부에 직경 2~3mm의 백색 원반상의 배반이 있으나 무정란인 경우에는 난자가 있던 곳에 백색 반점만 보인다. 그리고 난황은 난백보다 지질이나 단백질이 많고 인지질인 레시틴, 세팔린을 많이 함유하고 있다.

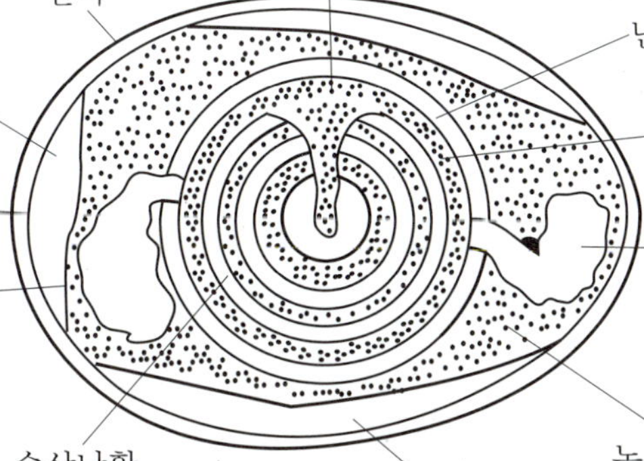

[그림 10-1] **달걀의 구조**

2) 달걀의 성분

달걀은 영양성분이 많고 일반적으로 기호성이 높은 식품으로 널리 사용되고 있다. 전란의 성분 조성 및 열량에 있어서는 닭의 품종에 따라 큰 차이는 볼 수 없고 일반적으로 달걀의 성분은 닭의 유전인자보다도 주로 환경조건, 즉 기온, 사료, 닭의 연령 등에 의해 영향을 받는다.

① **단백질**

달걀의 단백질 함량은 약 13%로 단백질의 성질 및 함량은 난백과 난황 간에 차이가 있다.

가. 난백 단백질

6종류가 존재하는데 모두 소량의 당과 결합해서 일종의 당단백질의 모양으로 존재한다.

a. 오브알부민(ovalbumin)

단백질의 약 60%를 차지하며 64~67℃의 열에 의해서 쉽게 응고된다.

b. 콘알부민(conalbumin)

13% 정도 함유되어 있으며 철이나 비타민 B_2와 잘 결합하여 55~60℃에서 응고된다.

c. 오보뮤코이드(ovomucoid)

전 단백질의 약 10% 이상을 차지하며 열에 의해 응고되지 않는다. 단백질 분해효소인 트립신과 결합하여 트립신의 활성을 감소시키는 트립신 저해물질이다.

d. 오보글로불린(ovoglobulin)

저으면 거품이 이는 성질이 있으며 65℃에서 응고한다. 라이소자임은 글로불린의 한 종류로서 열에 대하여 안정된 성질을 가지고 있고 특정한 세균을 용해시키기도 하며 여러 가지 단백질과 반응을 일으키기도 한다.

e. 오보뮤신(ovomucin)

물에 대한 용해도가 낮고 용액 중에서는 높은 점성을 보이며 라이소자임과 함께 농후단백을 형성한다. 그 뿐만 아니라 난백을 저어서 생긴 거품의 안정성에 기여한다.

f. 아비딘(avidin)

소량 존재하며 비타민 B 복합체의 일종인 비오틴과 결합하여 활성을 감소시킨다. 이 단백질은 열에 의해 쉽게 변성되므로 조리를 하게 되면 문제가 없으나 생으로 먹을 때는 비오틴 결핍증에 걸릴 수 있다.

나. 난황 단백질

난황의 50%는 수분이고 단백질 16%, 지질 33% 등이다. 난황 단백질의 대부분은 인단백질에 지질이 결합된 지단백질(lipoprotein) 형태로 존재하므로 난백 단백질에 비해 분리, 정제하기 어렵다.

a. 리포비텔린(lipovitellin)

난황 단백질 중 약 43%를 차지하며 이 중 17~18%의 지질을 함유하고 있다.

b. 리포비텔레닌(lipovitellenin)

난황 단백질 중 약 30%를 차지하며 이 중 36~41%의 지질을 함유하고 있다.

c. 포스비틴(phosvitin)

15% 가량 들어 있는 인단백질로 인을 10% 정도 가지고 있으며 가열해도 변화하지 않는다.

d. 리베틴(livetin)

10% 정도 들어 있는데 수용성 알부민으로 인이 0.1% 정도 포함되어 있다.

② 지질

달걀의 지질은 거의 난황에 들어 있는데 이 난황의 지질은 대부분이 단백질과 결합하고 있다. 난황의 약 33%가 지질이며 그 중 단순 지질이 약 20%이고 나머지는 인지질이다. 난황유를 구성하는 지방산 조성은 올레익산 40%, 팔미틱산 38%, 스테아릭산 15% 등으로 구성되어 있으며 약 1%의 콜레스테롤도 들어 있다.

달걀의 난황에는 인지질이 많은데 그 대부분이 레시틴과 리포프로테인으로 달걀의 유화작용에 관여한다.

③ 탄수화물

약 1%의 탄수화물을 함유하는데 포도당이 주이며 그 외 만노오스, 갈락토오스 등이 들어 있다.

④ 무기질

달걀에 있는 무기질 중 가장 풍부한 것은 칼슘이지만 이는 대부분이 난각에 존재하므로 효용 가치가 없다. 인은 난황에 함유되어 있는 대표적인 무기질이며 그 외에도 마그네슘, 염소, 칼륨, 나트륨, 황, 철 등이 들어 있다. 난황에 들어 있는 철분은 특히 생체 내에서 이용가치가 높은데, 이것은 황화수소와 결합해서 녹변을 일으킨다. 또 난황 속에 함유되어 있는 황은 은 용기와 접촉되면 황화은을 형성하여 은 기구의 색이 흑색으로 변한다.

⑤ 비타민

달걀 내에는 비타민 C를 제외하고 모든 비타민이 풍부하게 함유되어 있다. 난백에는 비타민 B군이 풍부하고 난황은 비타민 A와 비타민 D의 좋은 급원이며 이의 함량은 사료의 종류, 채광조건 등에 의해 영향을 받는다.

[표 10-1] 달걀의 일반 성분

종 류	열량 (kcal)	수분 (g)	단백질 (g)	지방 (g)	당질 (g)	회분 (g)	무기질(mg)				비타민(mg)				
							Ca	P	Fe	Na	A (RE)	B_1	B_2	niacin	C
전 란	158	74.9	12.5	10.7	0.9	1.0	39	240	2.0	130	159	0.06	0.42	0.1	0
난 황	353	51.4	15.3	29.8	1.8	1.7	139	530	5.4	43	463	0.22	0.44	0.1	0
난 백	49	87.7	9.8	0	1.8	0.7	3	13	0.3	285	0	0.02	0.44	0.6	0
건조란	606	4.1	47.0	41.2	4.1	3.6	187	800	8.7	427	1,288	0.33	1.20	0.2	0

⑥ 색소

신선한 난백은 유백색으로 리보플라빈(비타민 B2)에 의한다. 난황의 황색소는 주로 루테인과 지산틴이며 그 비율은 약 7:3이다. 이 황색소의 농도는 닭의 품종, 영양 또는 사료에 따라서 달라지는데 사료로 황색 옥수수, 녹초, 카로티노이드 등을 주면 난황의 색이 짙어진다.

⑦ 효소

효소는 달걀의 저장 및 가공과 밀접한 관계가 있다.

가. 단백 분해효소

난백에 트립신(trypsin), 난황에 에렙신(erepsin)이 있으며, 자가소화에 의해서 생란을 변질시킨다.

나. 지방 분해효소

저장 초기에 증가하는데 난백에 트리부틸라제(tributylase)가 많고 난황에는 모노부틸라제(monobutylase) 등이 있다.

다. 전분 당화효소

베타-아밀라아제(β-amylase)가 있는데 부화하면서 차츰 증가한다.

라. 기타

요산 분해효소, 옥시다아제(oxydase), 카탈라아제(catalase) 등이 있다.

(2) 달걀의 품질과 보존

1) 달걀의 품질

우리나라에서 시판되는 달걀의 품질등급은 외관검사, 투광검사, 할란검사 등을 통해 A, B, C, D(1+, 1, 2, 3)의 4등급으로 나눠져 있고, 미국은 AA, A, B의 3등급으로 나눠져 있다.

① 외관검사

가. 달걀의 중량과 크기

우리나라에서 시판되는 달걀은 중량과 크기에 따라 왕란(68g 이상), 특란(60g 이상~68g 미만), 대란(52g 이상~60g 미만), 중란(44g 이상~52g 미만), 소란(44g 미만)의 5가지로 나누며, 미국은 6가지로 나눈다.

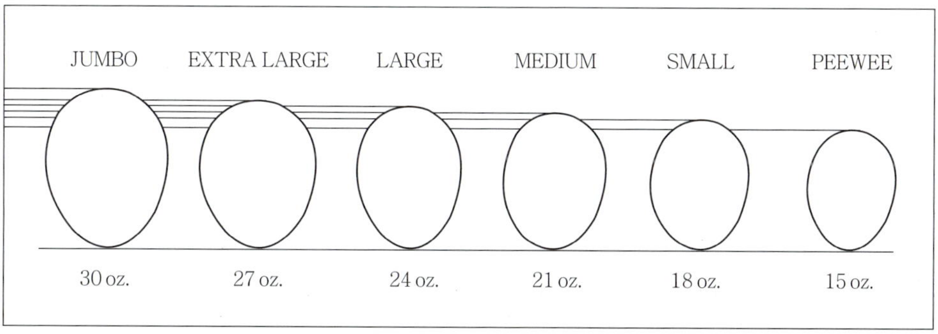

[그림 10-2] 달걀의 무게와 크기에 따른 분류

나. 달걀의 난각

난각이 까칠까칠하고 광택과 균열이 없어야 신선한 것이다.

② 투광검사

달걀을 광선에 비추어 기실의 형태, 난황의 위치나 모양, 난백의 맑은 정도, 이물 혼입, 기공의 크기 등을 평가한다.

③ 할란검사

가. 난백계수

달걀을 평평한 판 위에 깨뜨린 후 난백의 가장 높은 부분의 높이를 평균 직경으로 나눈 것이다. 신선한 백색란의 계수는 0.14~0.17이다.

$$\text{난백 계수} = \frac{\text{난백의 높이}}{\text{번진 난백의 평균 직경}}$$

나. 난황계수

평판 위에 난황을 갈라놓고 난황의 높이를 직경으로 나눈 값이다. 신선한 난황계수는 0.36~0.44이다.

37℃에서 3일간, 25℃에서 8일간 그리고 2℃에서 100일 이상 저장된 달걀의 난황계수는 0.3 이하가 된다. 난황계수가 0.25 이하인 달걀은 깨뜨렸을 때 난황이 쉽게 터진다.

$$\text{난황 계수} = \frac{\text{난황의 높이}}{\text{난황의 평균 직경}}$$

다. 호우(haugh) 단위

달걀 무게에 대한 난백의 높이 비율로, 난백의 높이를 H, 달걀의 중량을 W로 하였을 때 100log(H - 1.7W + 7.6)으로 계산된 값이다. A등급의 달걀은 72 이상이고, D등급은 40 미만으로 판정한다.

④ 달걀의 비중

신선란의 비중은 1.08~1.09인데 오래되면 수분의 증발로 비중이 가볍게 된다. 비중은 소금물(10%)에 담갔을 때 달걀의 떠오르는 상태, 경사 각도로써 신선도를 평가한다.

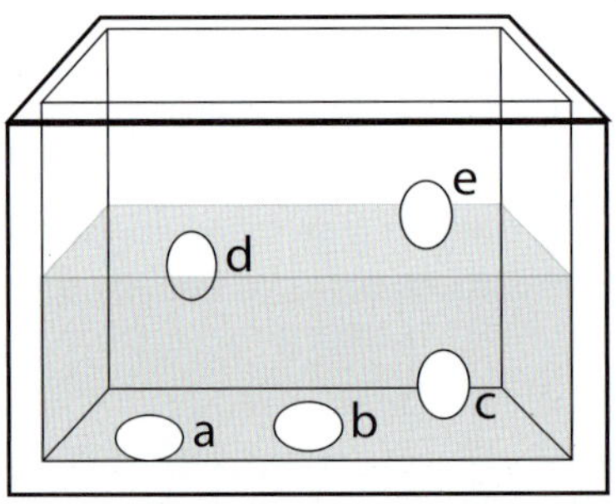

a. 산란 직후의 신선한 것
b. 일주일 경과한 것
c. 보통 상태
d. 오래된 것
e. 부패한 것

[그림 10-3] 비중에 의한 달걀의 신선도 평가

2) 달걀의 보존

달걀을 이상적인 방법으로 저장하면 달걀의 계절적인 가격 변동을 막을 수 있을 뿐만 아니라 오랫동안 신선도를 유지할 수 있는 이점이 있다.

① 냉장법

달걀은 −1.5℃에서 동결하므로 0℃ 전후의 온도, 70~95%의 습도에서 저장하면 약 1개월간은 안전하다. 공기 중에 이산화탄소 또는 오존을 넣어 주면 저장 효과를 더 높일 수 있다. 출고 후에는 부패가 빠르므로 곧 사용하거나 냉장온도에서 계속 저장해야 한다.

② 냉동법

산란한지 2~3시간 내에 회수한 달걀 중 깨끗한 것만 골라서 얼리는 방법이다. 이러한 동결란은 때때로 식중독을 일으킬 우려가 있기 때문에 식용으로 사용하기 전에 저온살균을 하는 것이 좋다. 즉 61.6℃에서 2분간 가열하면 99%가 살균되는데 가열로 인한 기능면의 변화는 거의 없다.

또한, 달걀 내용물만 용기에 넣어 얼리는 방법이 있는데, 이 방법은 전란을 그대로 하는 경우와 난백, 난황으로 나누어서 하는 경우 등이 있으며 수송, 저장이 편리하고 대량 조리 시 껍질을 벗기거나 껍질 처분의 번거로움이 없어서 식품가공에 널리 이용되고 있다. 난백의 동결은 −20~−30℃에서 하고 저장은 −15℃에서 하는데 난백의 기포형성력, 난황의 유화력에는 별다른 변화가 없다.

③ 건조법

건조법은 건조에 의한 용적의 감소와 운반에 편리한 이점이 있다. 건조방법으로는 전란을 건조하거나 각기 분리해서 건조하기도 하는데 달걀가루는 식용 외에 케이크 믹스의 제조, 튀김용 가루 등에 이용되고 있다. 건조된 달걀가루는 공기 중의 습기를 쉽게 흡입하여 변질되므로 밀봉하여 냉장고에 저장하는 것이 좋다. 재생법은 다음과 같다.

1전란 = 2 Tbsp 전란가루 + $2\frac{1}{2}$Tbsp 물
1난황 = $2\frac{1}{2}$Tbsp 난황가루 + 1 Tbsp 물
1난백 = 1 Tbsp 난백가루 + 2 Tbsp 물

위의 비율대로 하되 미지근한 물을 부어서 가루를 푼 다음 15분간 방치해 두었다가 쓰는 것이 좋다.

④ **표면 도포 냉장법**

난각의 기공에서 수분이 증발하고 또 세균이 침입하므로 이것을 막기 위해 유지, 바셀린, 파라핀, 합성수지, 젤라틴, 검, 덱스트린 등의 도포제를 발라서 0℃에서 80~85% 습도로 저장한다.

(3) 달걀의 조리원리

달걀은 식사에서 양질의 단백질을 공급하는 중요한 식품일 뿐만 아니라, 달걀이 지니고 있는 특수한 성질 즉, 색, 향기, 점성, 유화성, 응고성, 기포성 등은 달걀의 조리에 널리 이용되고 있다.

1) 달걀의 응고성(coagulation)

열에 의한 달걀 단백의 응고성은 광범위하게 이용되고 있다. 알찜이나 커스터드, 소스 등의 음식을 걸쭉하게 만들 때(농후제) 이용되며 전을 부치거나 커틀릿을 만들 때 결합제의 역할을 한다. 그리고 고기 국물에 넣어 끓임으로써 육즙의 청정제 작용을 하기도 하는데 이것은 난백이 수용성이고 가열하여 응고할 때 주변의 부유 물질을 흡착하므로 이것을 여과해 맑은 장국을 얻을 수 있는 것이다. 이러한 응고작용은 여러 요인에 의해서 영향을 받는다.

① **달걀의 부위와 농도**

난백과 난황은 열에 의한 응고 특성에 차이가 있다. 난백의 경우 약 60℃ 전후에서 응고가 시작되어 65℃에서 응고가 완료되며, 난황의 경우는 65℃에서 응고가 시작되어 70℃에서 응고가 완료된다.

또 알찜이나 커스터드 같은 음식을 만들 때는 달걀에 물 또는 우유를 섞어 희석한다. 이렇게 달걀을 희석하면 응고온도를 높여줘야 한다. 예를 들면 달걀 1개에 우유 1C을 타면 80℃ 정도에서 응고되며 응고속도와 정도는 가열되는 열의 상태에 따라서도 영향을 받게 된다.

② **가열시간과 온도**

응고속도는 온도가 높을수록 증가한다. 대체로 고온에서 가열할수록 보다 단단하고 질긴 응고물이 되며 응고에 요하는 시간은 짧은 반면 저온에서 가열하면 응고에 요하는 시간은 길지만 부드러운 응고물이 된다.

또 가열하는 온도에 따라서 응고 상태가 각각 다른 경우가 있다. 즉 달걀을 65℃의 물에 50분 이상 담가 놓으면 난황은 응고한 것처럼 좀 단단해지나 난백은 아직 반숙의 상태를 하고 있다. 이것이 소위 온천란인데 겔화한 난황이 난백보다 더 응고한 것처럼 보이는 것은 난백은 겔화가 60℃ 전후에서 일어남에도 불구하고 80℃이하에서는 그 응고물이 지극히 부드러운데, 이에 비해서 난황은 고형물질의 함량이 많으므로 난백보다 단단하게 느껴지기 때문이다.

반대로 단시간이지만 80℃ 이상을 유지하면 난백은 응고해도 중심부에 있는 난황은 시간이 짧아서 응고하지 않는다. 이것은 반숙란으로 끓는 물에서 3~4분간이면 된다. 달걀을 껍질째 완숙하려면 98~100℃에서 12분, 85~90℃에서 25~30분, 70℃에서 90분이 필요하다.

③ 첨가물질의 영향

가. 설탕

설탕을 넣으면 그 자체가 가진 단백 연화작용 때문에 응고하는 데 보다 높은 온도가 필요하다.

나. 우유

우유 속에 다량의 Ca이 들어 있어서 소금과 같은 작용을 하므로 달걀의 응고를 촉진한다.

다. pH

산이나 산성식품을 같이 넣었을 때에는 응고작용을 도와주는데 이것은 어떤 단백질이건 등전점에서 응고를 일으키기 쉽기 때문이다. 그러나 pH 4 이하나 강한 알칼리에서는 응고되지 않는다.

2) 달걀의 유화성(emulcification)

기름과 물은 혼합되지 않으나 난황을 넣으면 용액이 친화력을 갖게 되어서 혼합된다. 이것은 난황이 유화제로서 안정한 에멀전을 형성하는 데 큰 역할을 하기 때문이다. 그러므로 난황은 마요네즈나 스펀지케이크 등을 만들 때 반드시 필요하다. 난황의 레시틴은 O/W의 유화제로서, 콜레스테롤은 W/O의 유화제로서의 역할을 한다.

난황의 유화성은 주로 레시틴과 단백질이 결합한 레시토단백질(lecithoprotein)에 의한 것으로 이는 친수기와 친유기를 함께 보유하고 있어서 물과 기름의 표면장력을 저하시키고 유화과정에서 표면 변성을 일으켜 에멀전의 안정성을 유지시켜 준다. 난백도 유화성을 보유하나 난황의 1/4 정도이다. 난황이나 난백 모두 표면장력, 계면장력을 저하시키는 표면 활성물질, 계면 활성물질이다.

3) 달걀의 기포성(forming)

난백을 강하게 저어주면 기포가 형성되는데 이것은 여러 가지 식품을 팽창시키거나 또 음식의 질감을 가볍고 부드럽게 하는 데 널리 이용되고 있다. 예를 들면 스펀지케이크, 엔젤케이크, 머랭 등을 만들 때 이용된다.

일반적으로 단백질 용액의 등전점에서는 용해도와 점도가 가장 낮은 반면 기포성은 최대에 달한다. 난백의 기포형성에는 주로 글로불린이 관여하고 있다. 달걀의 기포성에 영향을 끼치는 인자를 보면 다음과 같다.

① 계절

봄, 가을에 낳은 달걀이 여름에 낳은 것보다 기포의 용적이 크다.

② 난백의 종류

묽은 난백이 농후 난백보다 기포의 용적이 크나 거품의 안정성은 낮다.

③ 온도

난백의 온도가 기포형성력에 영향을 준다. 즉 온도가 높으면 기포형성력은 크지만 안정성은 낮아진다. 따라서 기포형성력과 안정성을 고려할 때 난백은 30℃ 전후에서 거품을 내는 것이 가장 바람직하므로 냉장보관했던 달걀은 실온에서 찬기를 없앤 후 사용하는 것이 좋다.

④ 교반기의 종류

수동 교반과 전동 교반이 있는데 수동식에서는 칼날의 두께나 철사의 굵기가 얇고 가는 것일수록 좋고, 전동식은 회전속도가 빠를수록 기포형성 속도와 기포력이 크다.

⑤ 용기

달걀을 넣고 젓는 그릇의 모양은 밑이 좁고 둥근 바닥을 가진 그릇이 평평하게 벌어진 그릇보다 좋다.

⑥ 첨가물

난백으로 거품을 낼 때 우유, 지방 또는 난황이 들어가면 기포성이 저하된다. 면실유는 난액의 0.5% 이상 첨가할 경우 기포형성에 방해되고 소금 및 산의 첨가는 기포력을 약화시키지만 소금은 소량 사용할 경우 기포형성을 도와준다. 설탕은 기포막을 부드럽게 하는 동시에 기포를 섬세하게 만드므로 시간이 오래 걸린다. 그러므로 거품을 어느 정도 낸 후에 첨가하는 것이 거품을 단단하고 광택있게 하며 안정성도 좋다.

[표 10-2] 달걀의 조리성을 이용한 음식

조리성	음식의 종류
농후성	알찜, 커스터드, 소스
결착성	전, 커틀릿, 햄버거, 고기 완자
청정성	육수
희석성	밀크쉐이크, 에그 녹
응고성	삶은 달걀, 지진 달걀, 수란, 지단, 오믈렛, 스크램블드에그
기포성	엔젤케이크, 스펀지케이크, 머랭, 마시멜로우
유화성	파운드케이크, 치즈케이크, 마요네즈, 아이스크림
간섭성	셔벗, 캔디

4) 달걀의 녹변

달걀을 오래 가열하면 난백의 황 함유 단백질에서 분리된 황이 황화수소가 되어 저압의 달걀 중심부로 향해 들어가서 난황에 있는 철과 반응한 후 황화제일철(FeS)을 생성하여 난황 표면이 암녹색이 된다.

이러한 달걀의 변화는 가열온도가 높고 시간이 길수록(15분 이상) 증가한다. 황화제일철의 생성은 난황의 온도가 70℃에 달하기까지는 비교적 완만하여 70℃에서 1시간 가열해도 황화제일철이 생성되는 것은 극히 드물며 85℃에서 30~35분 가열해도 거의 나타나지 않는다.

달걀의 pH도 황화제일철의 생성에 영향을 주는데 즉 pH 4.5 이상에서 난황을 가열하면 pH 상승과 함께 암녹색이 짙어지나, pH 4.5 이하에서는 거의 변색되지 않는다. 즉 오래 저장된 달걀의 pH가 높으므로 쉽게 녹변이 일어난다.

그러나 달걀을 삶아서 곧바로 냉수에 넣어 식히면 난백 내에 생성된 황화수소가 난황 표면에 도달하기 전에 보다 온도가 낮아진 난각을 통해서 외부로 발산하기 때문에 변색되지 않는다. 그러므로 일반적으로 끓는 물에 15분간 가열하여 천천히 냉각시킨 난황의 표면색은 녹색으로 되지만 빨리 냉각시키면 녹색은 전혀 없거나 있어도 매우 엷다. 그러나 30분 이상 가열하면 어떠한 방법으로 냉각하든지 간에 아주 짙은 녹색을 나타내는데 그 이유는 이미 황화제일철이 생성되었기 때문이다. 반면 난황의 황화합물은 대단히 안정되어 있으므로 달걀을 7시간 정도 가열해도 난황 내부가 녹색으로 되지는 않는다.

(4) 달걀의 조리방법

달걀의 조리는 다른 음식에 비해서 간단해 보이나 그 조리온도와 속도를 잘 조절하지 않으면 조직이 균일하지 않거나 고무와 같이 질긴 질감의 음식이 될 수 있다. 그러므로 달걀의 조리적 성질을 각기 만들고자 하는 음식의 조리에 잘 적용시키는 것이 중요하다.

1) 완숙란

완숙란은 난황까지 완전히 응고한 상태로 되어야 하는데 난백의 응고된 질감은 연하면서 난황은 습기가 없이 건조된 상태이면 잘 된 것이다. 완숙란을 만드는데 소요되는 시간은 가열온도 및 끓이는 방법에 따라 달라지며 가열 후 곧 냉수에 5분간 침수시켜야 한다.

[표 10-3] 완숙란에 필요한 온도와 시간과의 관계

응고 온도	시 간
98~100℃	12분
85~90℃	12~35분
70℃	90분

2) 반숙란

반숙의 상태는 개인의 기호에 따라 다르나 난백과 난황의 익은 정도가 반고체화되어 있어야 한다. 조리방법으로는 달걀 1개당 물 500㎖ 정도를 끓인 후 불을 끄고 달걀을 넣은 다음 뚜껑을 덮고 4~6분간 방치하거나, 물의 온도가 85℃로 유지되도록 불을 조절하면서 4~6분간 삶는 방법이 있다.

3) 지짐란

팬에 약간의 기름을 넣어 난백이 서서히 응고하기 적당한 온도로 가열한다. 너무 온도가 높으면 난백의 질감이 딱딱해질 뿐만 아니라 팬에 깔린 기름이 분해된다. 달걀이 거의 익어갈 때 소량(약 1Tbsp)의 물을 뜨거운 팬에 붓고 뚜껑을 덮으면 수증기에 의해 완전히 익게 될 뿐만 아니라 난백의 주위가 기름의 높은 온도에 의해 딱딱하게 익는 것을 방지하여 준다. 난황은 기호에 따라 익는 정도를 달리 한다.

4) 수란

수란의 조리는 신선한 달걀을 깨어 뜨거운 물에 넣고 뚜껑을 덮은 다음 난백이 적당히 응고될 때까지 약 4~6분간 방치한다. 뜨거운 물에 찬 달걀을 넣으면 온도가 갑자기 내려가므로 물의 온도를 85℃로 유지하는 것이 좋으며 소량의 소금과 식초는 난백의 응고를 돕는다.

5) 달걀찜

달걀을 잘 풀어서 체나 거즈에 밭쳐 기포를 제거한 후 원하는 텍스처에 따라 물을 달걀 중량의 1배 또는 2배 정도로 가한다. 식성에 따라 소금이나 새우젓국을 넣어 용기에 담고 85~90℃의 온도에서 중탕한다. 잘된 달걀찜은 표면에 기공이 없이 매끈하고 부드러우며 연한 크림색을 나타낸다.

6) 커스터드

달걀에 우유와 설탕을 넣어 중탕으로 찌거나 오븐(180℃)에서 굽는다.

7) 스크램블드에그

먼저 달걀을 잘 풀고 우유를 달걀 1개당 1Tbsp 정도로 넣고 소금간을 한다. 팬에 버터를 녹이고 달걀물을 부어 저으면서 부드럽고 촉촉한 질감이 유지되도록 익힌다.

8) 오믈렛

달걀, 우유, 크림 등을 혼합한 것을 기름을 두른 팬에 익혀가며 성형한다. 모양을 낼 때 종류에 따라 안에 간 치즈나 익힌 채소를 넣는다.

9) 머랭

거품을 낸 난백에 설탕을 넣고 경도가 유지되도록 한 후 파이 위에 올려 오븐에서 연갈색이 되도록 구워낸다. 디저트에 많이 이용한다.

2. 달걀의 실험조리

실험1

시판 달걀의 신선도 검사

시중에서 무작위로 구입한 달걀의 신선한 정도를 신선도 판정법을 이용하여 측정하고 유통과정에 대한 관심을 일깨운다.

● **재료 및 분량**

달걀 4종류, 10% 소금물

● **기구 및 기기**

자, 투명상자

● **실험 방법**

달걀의 신선도를 외관상으로는 달걀의 크기, 껍질의 질감 및 소금 용액에서 달걀의 떠있는 상태를 관찰하고 내용물로는 난백계수 및 난황계수를 측정하여 평가한다.

[표 10-4] 달걀의 신선도 측정

종 류	외 관 상			내 용 물 상	
	크기(g)	껍질의 질감	부침의 상태	난백계수	난황계수
A					
B					
C					
D					

● **결과 및 고찰**

결과

실험2

가열시간과 냉각속도에 따른 응고 상태

신선도가 비슷한 달걀을 100℃의 물에서 가열시간을 달리하여 조리한 후 냉수와 온수에서 각각 식혀 난백과 난황의 응고 상태를 관찰하고 난황의 청변 형성 여부를 살핀다.

● **재료 및 분량**

달걀 8개

● **기구 및 기기**

온도계

● **실험 방법**

① 달걀 8개를 물에 넣고 100℃에서 가열하면서 5, 10, 15, 20분이 경과할 때마다 2개씩 꺼내어 냉수와 온수에 각각 담근다.

② 식은 후 껍질을 벗겨 세로로 잘라서 관찰한다.

[표 10-5] 달걀의 가열시간과 냉각속도에 따른 응고 상태

가열 시간	냉각 방법	응고 상태		난황의 위치	완숙과 반숙의 적합성	난황의 청변 여부
		난 백	난 항			
5분	냉수					
	온수					
10분	냉수					
	온수					
15분	냉수					
	온수					
20분	냉수					
	온수					

● **결과 및 고찰**

– 난황의 위치를 그림으로 그려본다.
– 난황의 청변이 생기기 시작하는 가열시간은 언제부터인지 알아본다.
– 냉수와 온수에 의한 냉각방법의 차이와 이유를 고찰해 본다.

결과

실험3

재료의 비율에 따른 알찜의 특성

달걀의 사용 비율을 달리하여 알찜을 만든 다음 완전히 응고하는 데 걸리는 시간과 내부 온도를 측정하고 응고물의 질감을 비교한다.

● **재료 및 분량**

달걀 6개, 소금

● **기구 및 기기**

찜 그릇, 온도계

● **실험 방법**

① 달걀을 잘 풀어 체에 거른다.
② 모든 재료를 넣고 고루 섞는다.
③ 찜 그릇에 위의 혼합물을 1/2C씩 담고 뚜껑을 덮은 후 찐다.
④ 가는 막대로 가운데를 찔러보아 묻어나지 않으면 완전히 응고된 것이다.

[표 10-6] **달걀의 재료 비율이 알찜의 조리시간 및 특성에 미치는 영향**

알찜의 종류	재료의 비율			조리시간(분)	내부온도(℃)	경도
	전란(g)	물(g)	소금(tsp)			
50% 난액찜	50	50	1/4			
60% 난액찜	60	40	1/4			
75% 난액찜	75	25	1/4			
75% 난액찜	75	25	–			
100% 난액찜	100	–	1/4			

● 결과 및 고찰

결과

Chapter 11

우유와 유제품의 영양 및 조리특성

유즙(milk)은 포유동물의 유선에서 분비되는 물질로 성장, 발육에 필수적인 영양소를 풍부하게 함유하고 있는 알칼리성 식품이다. 우유는 음료용 외에도 소스, 수프, 제빵, 제과 등 음식재료로 이용되어 조리성이 뛰어나며 버터, 치즈, 크림 같은 유가공품을 제조하는 데도 널리 이용되고 있다.

특히 우유는 Ca의 중요한 급원식품으로 청소년기에는 1일 2C 이상, 장 · 노년기에도 1C 이상 마시면 골격을 튼튼히 하는데 이롭다.

1. 우유의 성분과 특성

(1) 우유의 영양성분

우유는 당, 무기질, 수용성 비타민 등이 용해되어 있는 수용액에 유지방이 지방구로서 분산되어 있으며 리포프로테인(lipoprotein)이 이 지방구의 표면을 포위하고 물과 계면에 작용하여 비교적 안정된 수중유적형 유화액(emulsion)을 형성하고 있다. 우유의 성분은 소의 종류, 연령, 성장발육, 비유시기, 사료, 계절 등에 따라 약간의 차이는 있으나 일반적으로 수분 88~89%, 단백질 2.7~4.4%, 지질 2.8~5.2%, 회분 0.5~1.1%를 함유한다.

우유는 다음과 같이 분리된다.

1) 단백질

우유 단백질의 주성분은 카제인이며 락토글로불린, 락트알부민, 프로테오스, 펩틴 등이 있다.

① 카제인(casein)

카제인은 우유 단백질의 76~86%를 차지하며 pH 4.6에서 응고한다. 또한 카제인은 산뿐만아니라 효소 레닌의 첨가에 의해서도 카제인 미셀(micelles)의 안전성이 없어져 응고되며, 이 성질을 이용하여 요구르트나 치즈 등의 유제품을 만든다. 그러나 열에는 안정하여 가열에 의해서는 쉽게 응고되지 않는다.

카제인은 칼슘과 인이 결합되어 있기 때문에 소화가 쉽도록 되어있고, 또 카제인 내의 아미노산 조성도 극히 우수하다. 카제인에는 트립토판이 많이 함유되어 있고 이것은 뇌 속에 신경전달 물질인 세로토닌을 만들어 주므로 밤에 우유를 마시면 수면에 도움이 된다고 한다.

② 유청(whey) 단백질

우유에서 카제인을 제외한 나머지 단백질을 유청 단백질이라고 하는데 우유 전 단백질의 14~24%를 차지하며 주로 락트알부민과 락토글로불린으로 존재한다.

락토글로불린은 -SH기를 많이 함유하고 있으며 가열되어 90℃ 정도가 되면 황화수소를 발생하게 된다. 우유를 끓였을 때 나는 독특한 냄새는 이것 때문이다. 락트알부민은 60~65℃ 부근에서 쉽게 응고되어 가열 시 생성되는 피막이나 눌음의 원인이 되며 레닌에는 영향을 받지 않는다.

③ 리포프로테인(lipoprotein)

우유의 지방구에 흡착되어 있는 성분은 단백질과 인지질(lecithin)의 복합체로서, 이것이 우유의 지방구 주위에 안정한 피막을 형성해서 우유의 지방을 유화시키는 작용을 한다.

2) 비단백성 질소화합물

우유에는 단백질 외에 여러 가지 질소화합물이 들어 있는데 그 함량은 전체 질소의 약 5%이다.

3) 지질

우유의 지질은 대부분 중성지질(98%)로 작은 지방구(3~6㎛)가 수용액 속에 콜로이드상으로 분산되어 있으며 유즙 중에 있는 리포프로테인은 유화제로서 미세한 지방구가 수용액과 잘 혼합되어 안정한 유화액을 형성하도록 돕고 있다.

우유의 지질을 형성하는 주요 지방산은 트리글리세라이드로 되어있는데 주로 올레익산, 팔미트산, 부티르산, 스테아르산, 카프로익산, 리놀레익산 및 리놀레닉산으로 구성되어 있다. 이 중 부티르산과 카프로익산 등은 다른 식품에서는 쉽게 발견되지 않으나 우유에는 많이 들어있다. 또 불포화지방산으로 올레익산을 함유하고 있다.

이러한 지방산 외에도 콜레스테롤과 인지질인 레시틴 및 세팔린, 스핑고미엘린 등을 함유하고 있는데 레시틴은 버터나 분유의 독특한 생선 취기의 원인이 된다. 그 까닭은 레시틴 분자 중의 콜린이 산화되면 생선 비린내의 원인 물질인 트리메틸아민을 생성하기 때문이다. 또 우유가 산패될 때 나타나는 불쾌취는 가수분해에 의해 생성된 저급 휘발성 지방산인 부티르산에서 기인한다. 이것은 우유 또는 미생물의 지방분해효소인 리파아제의 작용에 의하여 유리지방산이 생성됨으로써 나타나는 현상이다.

그 밖에 우유는 200~300mg%의 콜레스테롤이 함유되어 있으므로 비만자, 고령자, 심혈관질환 환자들은 탈지유를 섭취하는 것이 좋다

4) 탄수화물

우유의 탄수화물은 4.1~5.0%이며 그 중에서 99.8% 이상은 유당이고 그 외에 글루코오스와 갈락토오스 등이 있다. 우유의 단맛은 유당에서 오는 것인데 유당의 감미도(16)는 설탕(100)에 비해 매우 낮으나 유제품의 갈색화, 가당연유 및 아이스크림의 품질에 큰 영향을 끼친다.

또 유당은 칼로리원이며 장내에 들어가면 장내균이 개선되고 많이 생성되므로 병원균에 의한 감염의 위험도 적어진다. 그리고 비타민 B의 합성이 촉진되며 Ca, P 등 무기질의 흡수도 좋아지고 유당의 구성성분인 갈락토오스는 뇌신경 세포의 구성성분이므로 유아의 성장발육에 중요한 역할을 한다.

장내에서 자라는 균 중에서 대표적인 유산균은 락토바실러스 애시도필러스(*lactobacillus acidophilus*)인데, 우유를 방치해서 유산균 발효유가 되는 것은 우유 중 유당을 유산균이 분해해서 유산을 생성하고, 이때 생성된 산에 의하여 우유 단백질인 카제인이 응고를 일으킨 것이다.

발효유는 변비치료에도 효과가 있는데 이것은 산이 장운동을 활발하게 하는 작용을 하기 때문이다. 또한 우유에는 0.07~0.4%의 구연산이 함유되어 인산염과 우유의 열에 대한 안전도를 높여준다.

용어설명

• 유당 불내증(lactose intolerance)

인체 내에는 유당을 분해하는 락타아제(lactase)라는 효소가 분비되는데 이 효소가 적게 분비되거나 생성하지 못하는 사람이 우유를 마시면 설사를 하거나 복통을 일으키는 현상이다. 이 현상을 완화시키기 위해서는 우유를 소량 마시거나 발효유제품, 숙성치즈 등으로 대체하여야 한다.

5) 무기질

우유에는 무기질이 약 0.5~1.1% 정도 함유되어 있으며, 그 중 주요 종류는 칼슘, 인, 마그네슘, 칼륨, 나트륨, 염소, 황 등이다. 우유 중의 칼슘과 인의 비율이 1 : 1로 인체의 요구에 맞게 되어 있어 이용률이 높으나, 철과 구리가 적어 우유만 먹은 유아는 빈혈을 일으키기 쉽다. 그러나 모유에 비하면 2배 이상 들어 있는 셈이다.

6) 비타민

우유에는 비타민 A, B_1, B_2, B_6, C, D, 나이아신(niacin) 등 필요한 비타민이 모두 함유되어 있으나 비타민 C는 소량 함유되어 있으며 가열 살균 중 대부분 상실된다. 전유, 크림, 비디 등은 비타민 A의 좋은 급원이며 카로틴의 형태로 들어있고, 이들의 양은 사료의 카로틴 함량에 좌우된다. 특히 여름에는 우유 내에 이 비타민이 더 많이 들어있다.

또 전유에는 비타민 D가 프로비타민인 에르고스테롤 및 7-디하이드로콜레스테롤의 형태로 함유되어 있으나 소량이므로 1ℓ에 400IU가 함유되도록 강화하기도 한다. 우유는 특히 비타민 B_2(riboflavin)를 다량 함유하고 있어 우유가 유백색을 띠게 되며 리보플라빈은 광선에 예민하므로 노출되지 않도록 주의하여야 한다. 유아용 조제 분유에는 부족한 비타민이 강화되어 있으며 특히 비타민 C의 첨가는 지방의 산화를 억제하고 산화취의 발생을 방지하는 데 효과가 있다.

7) 향미 성분

우유의 단맛은 유당 때문인데, 모유에는 유당이 많으므로 우유보다 달다. 우유의 유백색은 카제인이 교질상태로 분산되어 있기 때문이며, 우유와 버터의 미황색은 카로틴 및 소량의 크산토필과 락토플라빈 등에서 기인한다. 또한, 우유의 특유한 향기는 아세톤, 부티르산, 및 메틸설파이드 등에서 기인한다.

[표 11-1] 우유의 영양조성

영양 조성	내용	
무지유 고형분	질소화합물 (2.5~3.5%)	비단백 질소화합물(잔여 질소)
		단백질 - 카제인(casein) - 락트알부민(lactalbumin) - 락토글로불린(lactoglobulin) - 프로테오스(proteose)
	탄수화물 (4.5~4.9%)	- 락토오스(lactose) - 글루코오스(glucose) - 갈락토오스(galactose)
	수용성 비타민	비타민 B_1, B_2, C, 나이아신(niacin)
	무기질 (0.5~0.9%)	칼슘, 인, 칼륨, 염소
수분 (87~89%)	탄산가스, 산소가스, 질소가스 등이 용해	
지질 (3~5%)	트리글리세라이드(97~98%)	
	유사지질 및 지용성 화합물 - 인지질(phospholipid) - 콜레스테롤(cholesterol) - 지용성 비타민: 비타민 A, D, E, 카로틴(carotene) - 카로티노이드(carotenoid)	

(2) 우유 및 유제품의 종류와 특성

1) 시유의 처리과정

우유를 음용할 목적으로 가공처리한 것을 시유(market milk)라고 한다. 우유는 영 · 유아를 대상으로 하는 경우가 많으므로 시유는 위생상 안전함과 동시에 일정량의 영양분이 함유되어야 한다. 우유는 여과, 균질, 냉각, 담기 등의 처리과정을 거쳐 생산된다. 원유를 공급받으면 먼저 우유의 위생상태를 검사하여 신선도를 평가하는데 검사 종류로는 색도, 맛, 알코올 시험에 의한 산도 측정, 비중, 지방 함량, 무지유 고형물 검사 등이 있다.

① 우유의 살균처리(pasteurization)

살균이란 우유에 존재하는 병원성 세균을 비롯한 일반 세균을 제거하는 과정이다. 살균을 통해 병원균과 부패균이 파괴되고 산패취를 내는 효소가 불활성화되며 저장수명을 연장할 수 있다.

가. 저온장시간살균법(low temperature long time pasteurization, LTLT)

우유를 63~65℃에서 30분간 가열처리하는 방법이다.

나. 고온순간살균법(high temperature short time pasteurization, HTST)

우유를 72~75℃에서 15~20초간 가열처리하는 방법이다.

다. 초고온순간살균법(ultra high temperature, UHT)

우유를 130~150℃에서 0.5~5초간 가열처리하는 방법이다.

살균 후 우유는 즉시 10℃ 이하로 냉각해서 포장한 다음 4℃에 냉장해야 한다. 살균된 우유는 표준평판배양법에 의한 세균수가 우유 1㎖에 20,000 이하이고 대장균군은 2 이하여야 한다.

② 우유의 균질처리(homogenization)

우유의 지질은 3~5㎛의 구 형태로 있는데 비중이 가벼워 장시간 방치하는 경우 위로 떠올라 크림층을 형성하게 된다. 이를 방지하기 위해 우유를 40~65℃에서 140~175kg/cm^{2}의 압력으로 세공 파이프를 통과시키면 우유와 지방구가 1㎛ 전후로 분쇄되어 서로 뭉쳐 떠오르는 크리밍 현상을 약화시킬 수 있는데 이를 균질처리라고 한다. 미세하게 쪼개진 지방구의 표면에 알부민이 흡착되어 지방구의 재결합을 방지하게 되는데 우유 중의 약 1/4에 해당하는 단백질이 균질유의 지방구 표면에 흡착되어 있다. 이러한 처리에 의해서 우유의 성분은 균질하게 되고 맛도 좋아질 뿐 아니라 지방구가 세분되어 있으므로 표면적이 커서 소화되기도 쉽다. 반면에 지방구의 표면적이 커지게 되어 산화될 기회가 높아지므로 우유가 산패되기 쉽다.

③ 우유의 강화처리(fortification)

우유는 영양가가 높은 식품이지만 더욱 완전하게 하기 위해 부족한 영양소를 첨가하여 강화함으로써 완전식품이 되도록 만들고 있다. 시판되고 있는 우유 중에는 생체리듬 활성과 두뇌 피로에 효과가 있다는 트립토판과 타우린을 첨가한 우유, Ca과 Fe을 첨가한 우유, 비타민 A와 D를 강화한 우유 및 뇌세포 성분인 DHA를 첨가한 우유 등이 있다.

2) 우유의 종류

① 전지우유(whole fresh fluid milk)

보통 음용을 위하여 판매되는 시유를 말하며 지질 함량이 3.0% 이상이다.

② 탈지우유(fluid skim milk)

전지우유에서 지질을 제거한 것으로 보통 지질 함량이 0.5% 이하이며 지용성 비타민인 비타민 A와 D가 결핍되어 있다.

③ 저지방우유(fluid low-fat milk)

전지우유에서 지질을 0.5~2%로 낮춘 것으로 지질 함량이 낮은 반면 비 지질 고형물질은 10% 함유되도록 조절하였다.

④ 농축우유(concentrated milk)

가. 가당연유(condensed milk)

원유에 15%의 설탕 또는 포도당을 첨가하고 원 용량의 1/3이 될 때까지 농축시킨 것으로 최종 당함량을 42%로 높여 세균번식을 억제한 우유가공품이다. 당도가 높아 보존성은 다소 있으나 영아 영양제로는 부적당하고 후식류를 만드는 데 이용될 수 있다.

나. 무당연유(evaporated milk)

전지우유를 진공에서 가열하여 수분을 60% 제거하여 농축한 것이다.

그 후 균질처리하고 용기에 넣어 살균한다. 카라겐(carrageen)과 같은 식물성 고무질을 살균하기 전에 첨가함으로써 우유 속에 있는 α와 β-카제인이 고열이나 Ca 이온에 의하여 침전하는 것을 막을 수 있다. 전유의 농도로 만들기 위해서는 동량의 물을 부어 희석하면 된다. 운반이나 보존이 편리하며 시유에 비해 소화가 잘 된다

⑤ 분유(powdered milk)

전지우유의 수분을 제거하여 분말상태(수분 함량 2~3%)로 만든 것으로 시유 농도로 만들기 위해서는 13% 용액으로 조절하면 된다.

가. 전지분유(whole dry milk)

전지우유를 분무건조법으로 건조시켜 만든다.

나. 탈지분유(non-fat dry milk)

전지우유에서 원심분리로 지방을 제거시킨 후 약 2/3의 수분을 감소시켜서 진공상태에서 살균하여 건조한 것이다.

다. 조제분유(modified milk powder)

전지우유에서 수분을 제거한 후 모유와 유사한 조성을 갖도록 여러 가지 원료를 배합하여 건조한 것이다.

⑥ 발효우유(fermented milk)

발효유는 우유 또는 탈지우유에 유산균, 효모를 넣어 발효시켜서 독특한 향미를 부여한 액상 또는 반유동제품으로 유산균의 번식에 의하여 유해균과 병원균의 발육이 억제되어 보존성을 갖는다. 장내에서 소화흡수가 잘되며, 장내유해균의 발육을 막는 정장작용을 한다. 유산균 발효유는 제품의 유형에 따라 액상발효유, 농후발효유, 크림발효유, 농후크림 발효유, 버터발효유로 구분될 수 있다. 우리나라에서는 주로 액상발효유와 농후발효유가 널리 이용되고 있다.

⑦ 향첨가 우유(flavored milk)

전지우유에 초콜릿, 딸기, 커피, 바나나 등의 향료와 설탕을 첨가하여 여러 가지 맛과 향을 낸 것이다.

⑧ 연질우유(soft curd milk)

허약한 환자나 어린이를 위해 만든 특수식품으로서 우유에 트립신을 넣어 일부 단백질을 분해시키고, 또 칼슘과 인을 20%씩 빼서 소화되기 쉽게 한 것이다.

⑨ 저나트륨 우유(low sodium milk)

우유 중에 있는 나트륨(Na)을 90% 이상 칼륨(K)으로 치환시킨 것으로 살균, 균질처리를 거치고 탈수시켜 저나트륨 식이용으로 쓰인다.

3) 기타 유제품

① 크림(cream)

우유의 지방은 다른 우유성분보다 가벼우므로 장시간 정치해 두면 황백색의 지방층이 생기는데 이것이 크림이다. 원심분리기를 사용하여 쉽게 분리해서 만들 수 있으며 버터, 아이스크림의 원료 및 조리용, 제과용으로 쓴다.

지방 함량에 따라 다음과 같은 종류로 나누어진다.

가. 라이트크림(light cream)

지방 함량이 20~25%로 테이블크림(table cream) 또는 커피크림(coffee cream)이라고도 한다. 가장 널리 쓰이며 크림의 산도가 높을 경우 뜨거운 커피에 넣으면 가끔 응고를 일으키는 경우가 있다.

나. 휘핑크림(whipping cream)

크림을 일정한 조건하에서 저어 줌으로써 미세한 기포가 생기고, 이 기포가 일어서 용적이 증가한 채 안정된 상태를 이룬 것으로 헤비크림(heavy cream)이라고도 한다.

지방 함량은 36% 이상으로 지방구의 주위에 흡착한 단백질 입자가 변성해서 고체화된 상태이다. 이것은 주로 케이크 제조 및 조리용으로 쓰이는데 주의해야 할 것은 낮은 온도(10℃ 이하)에서 거품을 내야지만 힘이 있는 거품을 얻을 수 있다는 점이다.

다. 고체크림(plastic cream)

지방 함량이 79~89%로 실온에서 고체상태이며 주로 아이스크림과 크림치즈의 원료로 쓰인다.

라. 하프앤하프(half and half)

우유와 크림을 반반씩 섞어서 만든 혼합물로 지방 함량이 10~12% 정도이며 조리와 제과에 많이 사용된다.

마. 사워크림(sour cream)

지방 함량이 18~20%로 크림을 유산균으로 발효시킨 것이다.

② 버터(butter)

버터는 우유에서 크림을 교반(churning)하고 유지방을 모아서 굳힌 것으로 주성분은 우유지방(80%)이며, 나머지는 약간의 수분과 극소량의 유고형분(단백질, 유당 및 무기질)을 함유하고 있다. 가염버터는 1~2%의 소금을 함유하고 있는데 식탁용, 조리용으로 사용되고 무염버터는 제과용, 아이스크림용으로 쓰여지고 있다.

그리고 버터 층에서 분리된 수용액은 버터 밀크로서 음료로 사용되는데 이것의 성분은 탈지유와 같으나 발효과정에서 생성된 젖산을 함유하고 있어 신맛이 있다.

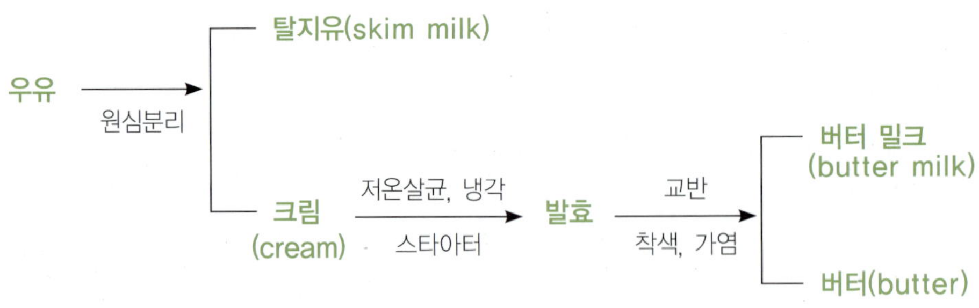

버터는 저장 중 공기, 광선 및 온도에 의해 지방의 산화 및 분해가 일어나서 변질되는데 이를 방지하기 위해서는 차광성이 높고 통기성이 적은 포장지를 사용하여 버터 표면에 밀착시켜 냉장저장을 해야 한다. 버터를 비교적 고온에다 두면 미생물이 번식해서 이들이 생산하는 지방분해효소에 의해서 지방이 가수분해되어 지방 분해취를 내게 된다.

③ 치즈(cheese)

치즈는 우유, 크림, 탈지유 또는 부분 탈지유의 카제인(casein)을 산 또는 레닌(rennin)으로 응고시키고 유청(whey)에서 분리한 다음 숙성시키기 위하여 미생물을 첨가하고 발효시켜 제조한다.

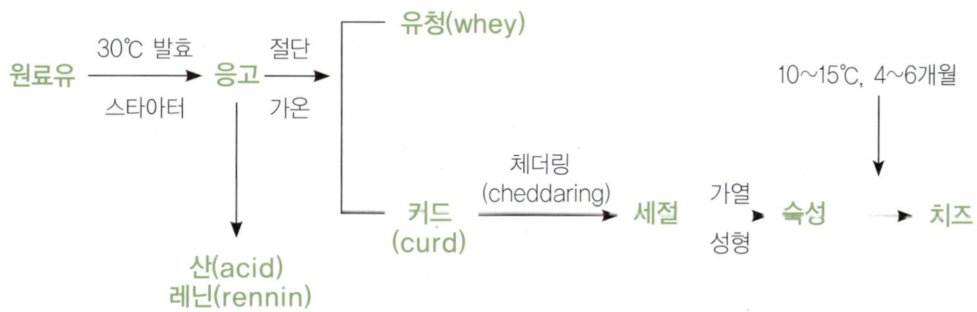

치즈의 주성분은 카제인, 지방, 수분인데 그 조성 내용은 원료로 사용된 우유의 종류나 수분함량 등에 따라 달라진다. 그리고 대부분의 당과 가용성 염류, 수용성 비타민은 유청 중에 남게 된다. 또한 어떤 응고제를 사용했는지에 따라 치즈의 Ca 함량에 큰 차이가 있는데 레닌으로 응고시킨 치즈는 원래 Ca의 80%를 보존하며 탄력성도 크다. 반면 산으로 응고시킨 치즈는 대부분 Ca염이 카제인에서 떨어져서 염화칼슘을 형성하여 유청 중에 나가게 되어 치즈 내 Ca 함량이 아주 적다.

치즈는 제조공정과 사용한 미생물의 종류에 따라 그 특성이 다르며 세계적으로 600 종류 이상이 있다.

경도를 기준으로 한 분류는 다음과 같다.

- **연질치즈** ── 비숙성치즈: Cottage, Cream, Neufchhatel
  - 세균에 의한 숙성치즈: Limburger
  - 곰팡이에 의한 숙성치즈: Camembert, Brie
- **반 경질치즈** ── 세균에 의한 숙성치즈: Brick
  - 곰팡이에 의한 숙성치즈: Roquefort, Gorgonzola
- **경질치즈** ── Emmenthaler, Cheddar, American, Gouda, Permesan, Swiss, Edam, Process

④ 아이스크림(ice cream)

아이스크림은 우유 및 크림에 설탕, 향료, 안정제(젤라틴, 달걀 등), 색소 등을 첨가하여 혼합·동결시킨 것으로 지방이 많고 영양가가 높으며 소화율도 좋다. 시판 아이스크림은 유고형분 20% 이상과 유지방 10% 이상의 성분 규격이 있다. 원료 배합은 기호에 따라 다르지만 몇가지 예를 들면 [표 11-2]와 같다.

제조방법을 보면 재료를 혼합한 후 63℃에서 30분간 가열·살균하고 바로 호모게나이저(homogenizer)로 균질화하여 3~4℃로 냉각한 다음 24시간 정도 방치한다. 다음에 이것을 아이스크림 프리저(ice cream freezer)를 이용해 −2℃ 정도로 동결시키고 다시 −20℃에서 3~12시간 경화시켜 제품으로 만든다.

−2℃ 정도로 얼려서 꺼내면 반 동결 상태가 되고 이것이 시판되는 소프트 아이스크림이다. 교반할 때 혼입되는 공기에 의해 아이스크림 특유의 질감이 생긴다.

[표 11-2] **아이스크림의 원료 배합**

원 료	배 합 A	배 합 B
우유	60	75
크림	15	3
탈지분유	–	4
가당탈지연유	0.2	–
설탕	4.5	17.5
gelatin, CMC, Na-alginate	0.5	0.5
달걀	–	–
바닐라, 과일	적당량	적당량

⑤ 요구르트(yogurt)

요구르트 만드는 법을 보면 탈지유를 약 1/2로 농축한 다음 8~10%의 설탕을 첨가하고 63℃에서 30분간 살균한다. 여기에 유산균 스타아터(starter)를 2~5% 첨가하고, 30℃에서 12~24시간 발효시킨 후 냉장고에서 5~6시간 냉각시켜 식용으로 한다.

(3) 우유의 조리특성

우유는 음료로서 이용되는 것 이외에 여러 가지 음식을 조리하는 데 이용되지만 80%의 수분과 20%의 고형분이 함유되어 있어서 조리과정에서 많은 영향을 받게 된다.

1) 가열에 의한 변화

① 단백질의 응고

우유 단백질 중 락트알부민은 레닌에 의해서는 응고되지 않으나 열에 의해서는 쉽게 응고되는데 60℃에서 응고하기 시작하여 온도가 상승함에 따라 응고 상태는 증가하나 유연한 응고물을 형성하여 침전한다.

카제인은 보통 조리온도에서는 응고하지 않으나 100℃에서 12시간, 135℃에서 1시간 또는 155℃의 높은 온도에서는 3분간 처리하면 응고된다. 열에 의한 우유 단백질의 응고 현상은 산도의 증가에 따라 높아진다. 또 가열 자체가 우유의 산도를 증가시킨다.

열에 의한 우유의 응고 현상은 염류의 존재 하에서 더욱 촉진되는데 예를 들어 커스터드 푸딩을 만들 때 달걀에 우유를 섞어 가열하면 물을 넣은 것보다 훨씬 강도가 높은 응고물이 된다. 이것은 우유 중에 있는 Ca 및 기타 염류의 작용이 단백질의 응고를 돕기 때문이다.

② 맛에 대한 영향

우유를 끓이면 신선할 때에 비해 맛이 적어지는데 이는 가열에 의해서 탄산가스와 산소가 날아가기 때문이다. 또한 열에 의한 단백질의 변화가 맛에 영향을 끼친다.

③ 풍미의 변화

우유를 74℃ 이상으로 가열하면 독특한 익은 냄새인 가열취(cooked flavor)가 난다. 이것은 β-락토글로불린이나 지방구 피막단백질의 열변성으로 인한 -SH기에서 생겨난 것으로서 특히 휘발성 황화물이나 황화수소로 이루어져 있다. 고온의 경우 가열취는 점차 캐러멜취로 변한다.

④ 피막형성

우유를 40℃ 이상으로 가열하면 윗면에 얇은 피막이 생기며 이를 제거하여도 또 다시 형성된다. 피막은 우유 중에 분산되어 있는 지방구와 열에 의해 쉽게 응고되는 유청단백질, 그리고 소량의 락토오스 등이 서로 엉겨붙어 떠오르게 되는 것이다. 가열 시 피막의 형성을 방지하기 위해서는 냄비의 뚜껑을 닫고 데우거나, 우유를 희석하거나, 거품을 내어 데우거나 또는 마시멜로(marshmallows)같은 물질을 띄우면 된다.

⑤ 갈색화

우유를 고온에서 장시간 가열하면 갈색화한다. 이것은 아미노기를 가진 화합물(주로 카제인)과 카보닐기를 가진 유당 사이에 아미노카보닐 반응이 일어나기 때문이다. 이와 같은 갈색화가 일어나는 온도는 100~120℃로서 100℃에서 1시간 가열해서는 거의 볼 수 없고 120℃에서 7분 30초간 가열을 하면 쉽게 볼 수 있는데 이것을 마이야르 반응(maillard rection)이라고 한다. 우유나 유제품의 갈색화는 좋지 않은 반응이며 또한 영양가의 저하를 일으키므로 주의해야 한다.

⑥ 냄새의 흡착

우유에는 미세한 지방구나 카제인 입자가 많이 포함되어 있어서 여러 가지 성분을 흡착하는 작용을 한다. 이 성질을 이용하여 생선을 굽거나 튀기기 전에 우유에 담가 놓으면 비린내를 감소시킬 수 있다. 또 냉장고에 우유를 보관하면 우유가 냉장고의 음식 냄새를 흡착하여 우유의 신선한 향미가 변하기 쉬우므로 개봉한 우유는 잘 밀봉해서 넣어두어야 한다.

⑦ 열에 의한 지방구의 응집

지방구를 둘러싸고 있는 엷은 단백질의 피막은 가열에 의해 파열되고 그 결과로 지방구의 재결합을 초래하게 되어 응집하게 된다.

⑧ 눌음

우유를 냄비에 넣고 직화에서 가열하면 밑바닥에 눌어붙는 현상이 생긴다. 이것은 락토글로불린이 응고되어 갈변현상으로 눌어 타게 되는 것이다. 이를 방지하기 위하여서는 우유를 저으면서 가열하거나 또는 중탕으로 가열한다.

2) 첨가물에 의한 변화

① 소금(NaCl)

음식 중에 들어있는 소금은 카제인이나 알부민을 응고시킨다. 이러한 응고작용은 고염에 의하여 촉진되고 저염에 의하여 저하된다. 우유와 햄을 같이 넣고 조리할 경우 그 자체가 상당량의 소금을 함유하고 있기 때문에 우유와 함께 끓이면 응고된다. 이런 때는 생유 대신 연유를 사용하면 응고를 어느 정도 막을 수가 있는데 이는 연유가 이미 가열된 것이므로 응고에 저항적인 성질을 띠고 있기 때문이다.

② 산(acid)

우유의 카제인은 산에 의해 응고된다. 카제인의 등전점이 pH 4.6~4.7이므로 우유에 산을 넣어서 이 등전점에 가깝게 하면 차츰 카제인이 침전한다. 우유 자체 내의 박테리아에 의해 생성된 산으로 카제인이 응고·침전되는데 이를 응용한 것이 치즈와 요구르트이다.

또 채소나 과일 속에 들어 있는 유기산도 조리 시 우유를 응고시키는 원인이 되는데 예를 들면 우유에 토마토를 넣어서 조리할 때 토마토의 산도가 pH 4.4~4.6 정도이므로 토마토 양이 많으면 열을 가하지 않아도 pH가 카제인이 등전점 가까이 있게 되어 자연히 응고를 일으킨다. 만약 우유를 가지고 화이트 소스를 만들고 산성인 과일 즉 딸기나 토마토 등을 넣어야 한다면 단백질의 응고를 유발시킬 수 있다. 이를 방지하기 위해서는 토마토를 조금씩 잘 저어가며 넣는다. 밀가루 전분도 다소 카제인 입자간의 응고를 방해함으로써 어느 한 부분에 수소 이온이 농축된 상태로 들어가지 않게 되므로 응고를 막을 수 있다. 또 이런 산성식품과 소스를 혼합하는 것은 되도록 식사하기 직전에 하면 응고되는 시간을 단축할 수 있다.

③ 효소(enzyme)

파인애플에 들어 있는 브로멜린(bromelin)이나 파파야의 파파인(papain) 등은 우유를 응고시키나 레닌보다는 우유를 응고시키는 효력이 약하다. 이러한 과일을 우유조리에 이용할 때에는 먼저 과일의 효소를 가열하여 작용치 못하게 하여야 한다.

④ 탄닌(tannin)

탄닌은 채소의 성분으로 푸른 채소의 뿌리나 줄기에 많이 존재하므로 우유에 채소를 넣고 끓일 때 응고현상이 나타날 수 있다.

⑤ 레닌(rennin)

레닌은 포유동물의 위에서 분비되며 위에서 카제인이 프로테아제에 의해서 가수분해되기 전에 카제인을 응고시키는 효소이다. 레닌을 위의 내벽에서 추출하여 레넷(rennet) 정제로서 시판되고 있다.

작용온도 범위는 비교적 광범위하여 10~15℃에서부터 60~65℃까지 작용하나 적온은 40~42℃이다. 낮은 온도에서는 반응이 서서히 일어나서 응고물이 부드러우나 높은 온도에서는 딱딱한 응고물을 형성한다.

레닌이 작용하기에 적당한 산도는 약한 산성이며 우유에 응고물이 생길 정도의 산도에서는 작용하지 않는다. 또 알칼리에서는 작용할 수 없다. 그러므로 코티지 치즈(cottage cheese)를 제조하기 위해 레닌을 사용할 때는 우선 우유에 젖산을 가하여 산도를 높여 레닌의 작용이 촉진되도록 하여야 한다. 또 일반적으로 산을 첨가해 카제인을 응고시켜 만든 치즈보다 레닌으로 만들 경우 Ca이 유청으로 분리되지 않고 응고된 카제인에 남으므로 Ca 함량이 높은 치즈를 만들 수 있다.

2. 우유 및 유제품의 실험조리

실험1

우유의 가열방법에 따른 변화

우유를 직화와 중탕으로 가열했을 때, 또 가열 시 뚜껑의 유무에 따른 우유의 변화를 살펴본다.

- **재료 및 분량**

우유 2C

- **기구 및 기기**

비커 4개, 냄비, 온도계, 석면망

- **실험 방법**

① 우유를 1/2C씩 4개의 비커에 담고 1개에는 랩으로 뚜껑을 하여 약한 불에서 젓지 않고 100℃가 될 때까지 서서히 가열한 후 내려놓는다(A). 이때 비커가 깨지지 않도록 가열 시 석면망을 불 위에 올려놓는다.

② 랩으로 뚜껑을 하지 않고 A와 동일한 방법으로 가열한다(B).

③ 랩으로 뚜껑을 하고 중탕에서 젓지 않고 100℃가 될 때까지 가열한다(C).

④ 랩으로 뚜껑을 하지 않고 C와 동일한 방법으로 가열한다(D).

[표 11-3] 우유의 가열방법에 의한 변화

시 료	소요 시간(분)	피막의 형성	침전물 형성	갈색 형성
A				
B				
C				
D				

● **결과 및 고찰**

– 우유의 표면에 막이 형성되었는지 관찰한다.

– 우유의 갈색화 여부를 관찰하고 소요된 시간을 알아본다.

결과

실험2

우유의 첨가물 및 가열 조건에 따른 응고

우유에 산만을 첨가했을 때 또 산을 가하여 가열했을 때의 응고 변화를 관찰한다.

● **재료 및 분량**

우유 4C, 오렌지 주스, 사과 주스, 포도 주스, 레몬 주스 각 1C

● **기구 및 기기**

pH meter, 비커, 계량컵, 계량스푼

● **실험 방법**

① 우유 1/2C에 오렌지 주스 1Tbsp를 첨가하여 정치한다(A).
② ①과 같은 방법으로 사과 주스(B), 포도 주스(C), 레몬 주스(D)에 대해서도 각각 관찰한다.
③ ①, ②와 같은 시료를 만들고 5분간 중불에서 가열한 후 관찰한다(A', B', C', D').

[표 11-4] 산 첨가 및 가열에 의한 우유의 응고

시 료		pH	응고시간(분)	응고물의 크기
오렌지 주스	A			
	A'			
사과 주스	B			
	B'			
포도 주스	C			
	C'			
레몬 주스	D			
	D'			

● 결과 및 고찰

결과

Chapter 12

두류의 영양 및 조리특성

01 두류의 성분과 특성

두류의 영양성분

두류의 종류

두류의 조리특성

두류를 이용한 식품

02 두류의 실험조리

실험 1 콩의 형태와 물의 pH가 콩의 질감 및 가열시간에 미치는 영향

실험 2 응고제의 종류가 두부의 관능적 특성에 미치는 영향

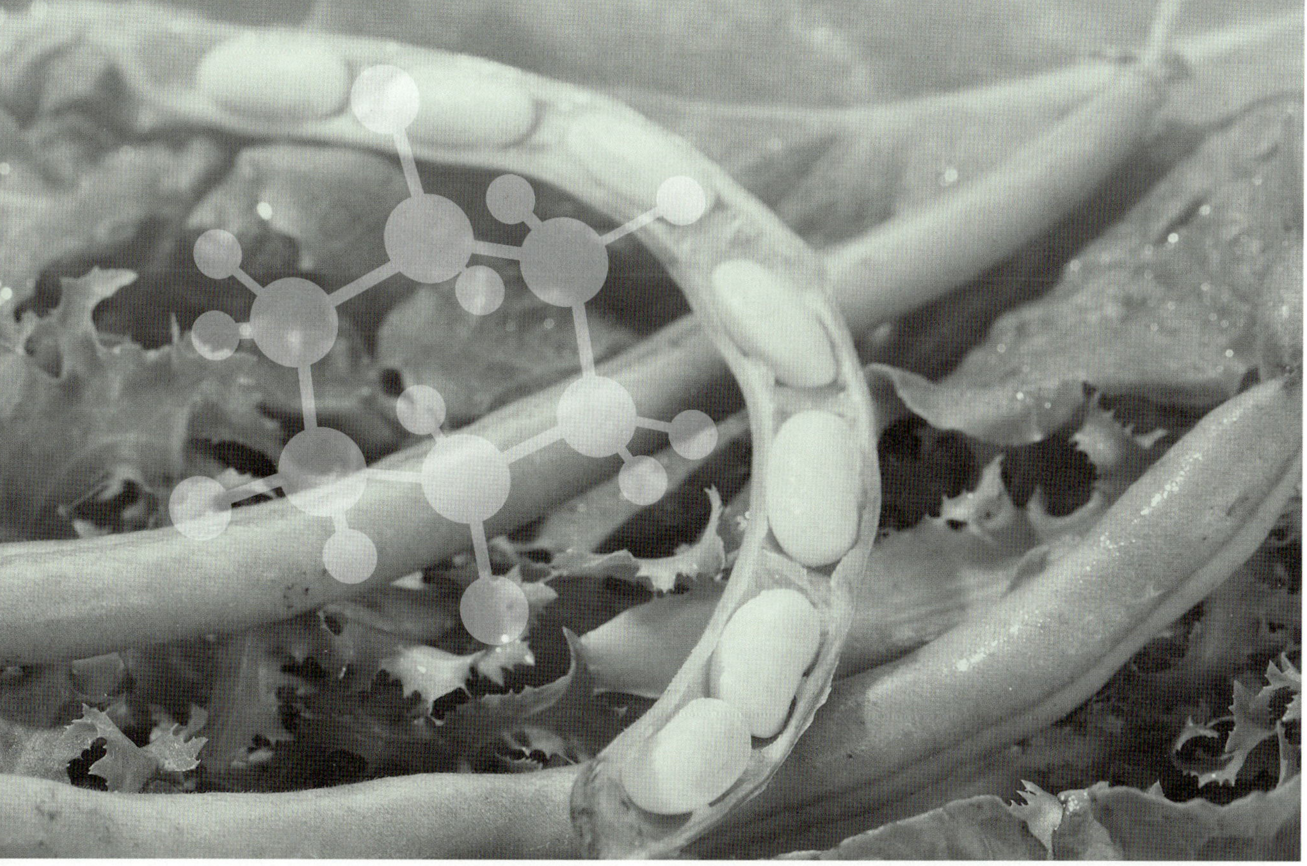

쌀을 주식으로 하는 우리나라에서는 두류가 식물성 단백질의 급원으로 식생활에서 중요한 위치를 차지하고 있으며 예로부터 두류를 이용한 여러 가지 조리법이 발달하여 왔다. 특히 곡류에 부족한 필수아미노산인 리신(lysine)을 많이 함유하고 있으며 인, 철, 칼슘, 비타민 B_1도 풍부하다.

두류는 단백질과 지방을 주로 함유하고 있는 대두, 땅콩 등과 단백질과 탄수화물을 주로 함유하고 있는 팥, 녹두, 강낭콩, 그리고 채소의 성질을 가진 껍질 콩, 완두콩, 풋콩 등으로 구분할 수 있으며 이들은 성분과 조직의 차이에 따라서 조리, 가공상의 용도가 다르다.

1. 두류의 성분과 특성

(1) 두류의 영양성분

1) 단백질

일반적으로 두류의 단백질은 20~40%를 함유하고 있어 식물성 식품 중 가장 함량이 높으며 그 대부분이 수용성이다. 두류의 주 단백질은 글로불린계의 글리시닌(glycinin)으로 곡류에 비하여 필수아미노산의 함량이 높은 양질의 단백질이다.

필수아미노산 조성은 [표 12-1]에서 보는 것과 같이 루신과 리신을 비교적 많이 함유하고 있으나 메티오닌과 트립토판 등의 아미노산은 부족한 편이다.

특히 곡류에 부족한 리신을 많이 가진 콩을 쌀에 혼합하여 섭취하면 부족한 단백가를 보완할 수 있어 영양적으로 바람직하다.

[표 12-1] 두류 단백질의 필수아미노산 조성

필수아미노산	대두	낙화생	팥	완두	표준단백가
리신(lysine)	6.3	3.5	6.5	6.5	2.2
루신(leucine)	7.8	6.0	8.2	7.0	2.8
발린(valine)	5.3	5.0	6.1	5.5	2.2
이소루신(isoleucine)	5.4	2.2	5.5	5.5	2.2
트레오닌(threonine)	2.0	2.7	3.0	3.9	2.8
메티오닌(methionine)	1.7	0.9	0.9	1.9	2.2
페닐알라닌(phenyalanine)	5.0	5.0	5.0	5.0	2.8
트립토판(tryptophan)	1.4	1.1	0.8	0.8	1.4

[표 12-2] 콩 혼합식품의 필수아미노산 함량 및 단백가

필수아미노산	아미노산 표준구성	콩	두유	우유	쌀	콩밥 (쌀8 : 콩2)	쇠고기
이소루신	270	336	142	407	322	325	327
루신	3.6	482	268	626	535	524	512
리신	270	395	212	496	236	268	546
메티오닌	144	84	48	156	142	130	155
페닐알라닌	180	309	167	309	307	307	257
트레오닌	180	246	118	294	241	242	276
트립토판	90	86	41	90	65	70	73
발린	270	328	133	438	415	398	347
단백가	100	73	60	78	72	72	83

2) 지질

대두에는 약 17%, 땅콩에는 약 45% 정도의 지질이 함유되어 있어 식용유의 원료로 쓰인다. 이 식용유에는 불포화지방산이 풍부하게 들어 있으며 주로 리놀레익산(linoleic acid)과 올레익산(oleic acid)으로 구성되어 있어 필수지방산의 좋은 급원 식품이다.

3) 탄수화물

대두와 땅콩의 탄수화물 함량은 낮으나 기타 두류는 50% 이상의 탄수화물을 함유하고

용어설명

• 두류의 유해물질

생 대두에는 단백질의 소화효소인 트립신(trypsin)의 활성을 저해하는 독성물질인 트립신 저해물질(trypsin inhibitor, antitrypsin)이 전체 단백질의 6%나 함유되어 있고 혈소 응집 단백질인 헤마그글루티닌(hemagglutinin)이 3% 정도 있어 동물의 적혈구를 응집시킨다.

또 기포성을 유발하는 사포닌(saponin)과 칼슘, 철, 마그네슘, 아연 등의 무기질의 흡수를 방해하는 피트산(phytate)이 있다. 그러나 피트산 외에 나머지는 열에 매우 불안정하여 가열 시 변성됨과 동시에 작용력을 상실한다.

있으며 전분은 팥소, 죽, 양갱, 당면 제조 등 가공식품의 원료로 쓰인다.

4) 무기질과 비타민

곡류에 비해 칼륨, 인, 철이 많고 비타민 B군도 풍부하게 함유되어 있다. 비타민 A, C, D는 함량이 낮으나 콩나물, 숙주나물은 발아하여 성장할 때 비타민 C가 합성된다.

(2) 두류의 종류

1) 대두(soybean)

우리나라에서는 쌀, 보리와 함께 중요한 식량(특히 단백질의 공급원)으로서 이용되어 왔으나 서양에서는 기름을 추출하여 식용유로 사용하고 기름을 추출한 나머지는 단백질의 대체용으로 쓴다.

대두의 영양성분은 단백질 40~45%, 지질 18~22%, 탄수화물 20~22%, 회분 4.5~5% 등으로 대두의 단백질은 밭의 고기라고 할 만큼 우수하다.

대두의 종피는 열수 가용물이 17%, 알칼리 가용물이 23%, 셀룰로오스 43%, 펙틴이 16%로 구성되어 있으므로 1.3% 정도의 중조(중탄산소다)같은 알칼리액에 침지시키면 표피나 조직의 섬유소가 연화되어 흡수, 팽윤이 촉진된다. 그러나 장시간 고농도의 알칼리액에 침지시킬 경우 변색이 되고, 너무 물러져서 질감이 나빠질 수 있으며 티아민이 파괴될 우려도 있다.

대두를 묽은 소금물에 담가 팽윤시킨 후 물에 넣어 삶으면 대두의 글리시닌 단백질이 용해되므로 빨리 부드러워진다.

대두 단백질인 글로불린이나 알부민은 수용성으로 물에 담그면 90% 가까이 용출되며 무기염에 응고되는 성질이 있어 이를 이용하여 두부를 제조하고 있다. 이 외에 간장, 된장 등 여러 발효식품을 만드는 주원료로 이용되고 있다.

2) 팥(red bean)

탄수화물이 56.6% 정도로 많이 함유되어 있으며 이를 이용하여 죽, 떡 고물, 양갱 등 많은 식품의 제조에 이용되고 있다.

3) 녹두(mung bean)

대부분이 전분으로 죽, 빈대떡, 떡의 소, 숙주나물 등에 이용된다.

4) 강낭콩(kidney bean)

주성분이 전분이며 단백질도 많은 편이다. 익지 않은 푸른 꼬투리에는 비타민 A, B_1, B_2, C가 풍부하여 채소로도 많이 이용된다.

5) 완두콩(pea)

성숙되기 전의 푸른 것은 통조림에 많이 이용되거나 밥에 넣어 먹고 어린 꼬투리는 채소용으로 쓴다.

6) 땅콩(peanut)

땅속에서 자라며 지질이 45% 이상이고 단백질과 비타민 B_1이 많다.

(3) 두류의 조리특성

1) 흡수

두류는 수분함량이 12~17%의 건조된 식품이므로 조리 전에 반드시 물을 흡수시켜 팽윤하도록 하여야 한다. 콩의 표피는 대단히 강하고 내부의 조직도 곡류보다 더 조밀하고 단단하므로 적어도 5~6시간 물에 담가 두어야 한다.

흡수량은 두류의 종류와 물의 온도 등에 따라 다른데 대두와 강낭콩의 초기 흡수량은 수침 후 약 5시간이 지나면 70~100%가 되고 그 후는 친친히 흡수히는데 최대에 달할 때의 흡수량은 대두 100~120%, 강낭콩 80~100%이다.

팥은 표피가 매우 단단하여 약 20시간 후에나 최대 흡수량에 달하므로 장시간 수침으로 인한 부패를 방지하기 위해 수침하지 않고 직접 가열하여 팽윤, 연화시키는 것이 좋다.

2) 가열

대두는 단백질이 많고 조직이 단단하므로 장시간 가열하여야 흡수가 진행되면서 조직이 연화된다. 껍질에 주름이 생기는 것을 방지하고 연화되는 시간을 줄이기 위해서는 가열 전에 충분히 흡수시켜주는 것이 좋다. 또 삶을 때 중조를 첨가하면 쉽게 무르게 되나 비타민 B_1이 손실되는 단점이 있다.

팥의 전분입자는 두류 중에서 가장 크며 팥에 물을 넣고 가열하면 자엽부가 크게 팽윤되어 종피에 압력이 가해져 파괴되므로 쉽게 삶아진다.

땅콩은 지질이 50% 정도 함유되어 있고 조직도 연한 편이므로 대체로 볶아서 사용한다.

(4) 두류를 이용한 식품

1) 두부

콩 단백질인 글리시닌은 가열에 의해 응고되지 않고 Mg^{2+} 또는 Ca^{2+} 등의 금속이온에 의해 응고되는 성질이 있다. 두부는 콩을 물에 담가 충분히 흡수시킨 후 마쇄하여 가열, 여과해서 만든 두유에 80~90℃의 온도에서 염화마그네슘, 황산칼슘, 간수 등을 가하여 응고시킨 것이다. 이 응고물을 틀에 넣어 압착해서 모양을 만든다. 두부를 만들 때 두유의 가열시간, 응고제의 양, 응고제의 종류 등에 따라 질감이 달라지며 두부 표면을 부드럽게 하기 위해 0.2%의 중조, 1%의 전분, 0.5%의 소금물를 사용하기도 한다.

두부는 생식을 할 수도 있고 기름에 튀겨낸 튀김 두부(유부)와 두부를 급속 냉동시킨 후 침수시켜 스펀지와 같은 조직을 만들어 탈수한 다음 건조시킨 얼린 두부 등으로 이용하고 있다.

2) 두유

콩국은 간단히 수침한 콩을 갈아서 끓인 다음 여과시킨 액을 말한다. 음료로서 이용되는 두유는 콩을 수침한 후 마쇄하여 100℃에서 5분간 가열 · 여과하고, 식물성 지방을 첨가하여 유화상태를 증진시킨 후 각종 향료를 첨가하여 풍미를 향상시킨 것이다. 우유 대용품이나 영양식품으로 이용되고 있다.

3) 된장

콩으로 메주를 쑤어 발효시킨 것으로 재료의 종류와 양, 숙성기간, 소금 양에 따라 풍미와 품질이 달라진다. 공업적으로는 쌀이나 보리 등의 전분질에 찐 콩, 소금 등과 함께 코지(Koji)를 넣고 일정기간 숙성시켜 만든다.

된장의 구수한 맛은 대두 단백질이 분해하여 생성된 아미노산과 전분이 분해하여 생성된 당 그리고 발효과정에서 생긴 젖산, 호박산, 초산, 구연산과 같은 유기산들이 혼합되어 형성된 것이다. 여러 음식에 조미료로 쓰인다.

4) 청국장

콩을 삶아 60℃까지 식힌 후 납두균(*Bacillus subtilis*)을 번식시켜서 콩 단백질을 분해하고 마늘, 파, 고춧가루, 소금 등의 향신료를 넣어 조미한 식품이다.

5) 콩나물, 숙주나물

대두와 녹두를 수침하여 원료 콩의 약 2배 정도로 팽윤하면 발아하기 시작한다. 배수 구멍이 있는 통이나 시루에 베 보자기를 깔고 콩을 담은 뒤 위를 검정색 천으로 덮어 어두운 곳에 둔다. 온도는 22~23℃ 정도로 유지시키고 하루에 4~5회 정도 미지근한 물을 주면 싹이 나기 시작하고 5~6일 지나면 약 10cm 정도 성장한다.

콩나물에는 단백질, 비타민, 무기질이 비교적 많이 함유되어 있으며 비타민 C, B_1, B_2 등이 발아와 함께 급격하게 생성되어 채소가 귀한 겨울철에는 비타민 C의 중요 급원으로서 이용되어 왔다.

6) 묵

녹두 앙금을 풀처럼 되게 쑨 뒤, 식혀서 굳힌 것이다.

7) 양갱

팥 앙금과 한천을 물과 혼합하여 가열하고 냉각한 다음 응고시킨 것이다.

8) 콩단백 제품

탈지 대두에서 단백질을 분리하여 육류와 유사한 조직으로 만들어 육류 대용품으로 쓰고 있으며 조직 콩단백(textured soy protein, TSP)이라 불려 진다.

이것은 식품가공에 적합한 보수성, 결착성, 유화성, 거품성 등의 기능적 특성을 가지고 있어 다양하게 이용되고 있다. 그리고 가격이 비싼 동물성 단백질에 대체될 수 있어 경제적이며, 채식주의자들에게도 좋은 식품이 되고 있다.

2. 두류의 실험조리

실험1

콩의 형태와 물의 pH가 콩의 질감 및 가열시간에 미치는 영향

콩의 형태를 마른 콩과 불린 콩으로 나누고 소다와 식초를 각각 넣어 물의 pH를 다르게 만들어 가열한 후 콩의 질감 및 가열시간을 측정해 본다.

● **재료 및 분량**

마른 콩 150g, 불린 콩 150g, 소금, 식초, 소다

● **기구 및 기기**

냄비 또는 비커 6개, pH meter

● **실험 방법**

① 콩은 이물질 등을 제거하고 흠이 없는 것으로 골라서 깨끗하게 씻어 물기를 뺀 다음 50g씩 6군을 준비하고 다음과 같이 중불에서 뚜껑을 열고 조리한다.

- 방법 1. 씻은 마른 콩에 1.5C의 물을 가하고 1/4tsp의 소금을 넣고 가열한다.
- 방법 2. 씻은 마른 콩에 1.5C의 물을 가하고 1/4tsp의 소다를 넣고 가열한다.
- 방법 3. 씻은 마른 콩에 1.5C의 물을 가하고 1/4tsp의 소금과 3Tbsp의 식초를 넣고 가열한다.
- 방법 4. 불린 콩에 1C의 물을 가하고 1/4tsp의 소금을 넣고 가열한다.
- 방법 5. 불린 콩에 1C의 물을 가하고 1/4tsp의 소다를 넣고 가열한다.
- 방법 6. 불린 콩에 1C의 물을 가하고 1/4tsp의 소금과 3Tbsp의 식초를 넣고 가열한다. (불릴 때는 여름에는 6~8시간, 봄 · 가을에는 12시간, 겨울에는 24시간 정도 실온에서 침지 시킨다.)

② 가열할 때 거품이 많이 끓어오르면 식용유 2~3방울을 넣는다.

③ 콩이 부드러워질 때까지의 가열시간, 조리 후의 무게 증가율 및 연화된 정도를 평가한다.

[표 12-3] 콩의 형태와 물의 pH가 콩의 질감 및 가열시간에 미치는 영향

방법	콩의 무게(g)			무게 증가율 (%)	가열시간 (분)	연화정도
	초기	불린 후	가열 후			
방법 1						
방법 2						
방법 3						
방법 4						
방법 5						
방법 6						

● **결과 및 고찰**

- 소다를 넣고 가열한 콩은 부드럽고, 식초를 넣고 가열한 콩은 단단한 이유는 무엇인지 알아본다.

결과

실험2

응고제의 종류가 두부의 관능적 특성에 미치는 영향

응고제를 달리하여 두부를 만들고, 응고제의 사용량과 두부의 색, 맛, 질감을 평가한다. 또한 형성된 두부의 무게를 재고, 원료 대두의 무게로부터 수율을 계산해 본다.

● 재료 및 분량

콩 400g, $CaCl_2$, $CaSO_4$, $MgCl_2$, glucono-δ-lactone

● 기구 및 기기

냄비, 블랜더, 고운체 또는 헝겊, 두부 틀

● 실험 방법

① 대두 100g씩 깨끗이 씻은 후 3배의 물을 가하고 하룻밤 수침한다.

② 원료 대두의 무게보다 10~12배의 물을 미리 준비하여 콩을 마쇄할 때나 응고제를 용해시킬 때 사용한다.

③ 블랜더에 충분히 불린 콩과 물을 적당히 나누어 넣고 5분간 마쇄한 후 큰 냄비에 붓고 저어가면서 가열한다. 끓기 시작하면 거품이 생겨 넘치기 쉬우므로 식용유 1~2tsp을 가하고 10분간 계속 가열한다.

④ 고운체나 헝겊으로 빨리 걸러 콩국과 비지를 분리한다.

⑤ 분리한 콩국이 75~90℃로 식으면 응고제를 3~4회로 나누어 빨리 가한다. 큰 주걱으로 조심스럽게 섞어 준 다음 5~6분 정도 방치하여 황갈색의 맑은 용액이 분리되면 두부가 응고된 것이다.

- $CaCl_2$: 원료대두 중량 2%(w/w, 2g)의 $CaCl_2$를 물에 용해시켜 넣는다.
- $CaSO_4$: 원료대두 중량 2%(w/w, 2g)의 $CaSO_4$를 물에 용해시켜 넣는다.
- $MgCl_2$: 원료대두 중량 2%(w/w, 2g)의 $MgCl_2$를 물에 용해시켜 넣는다.
- glucono-δ-lactone: 콩국을 90~95℃로 가온한 후 두유의 약 0.3%의 glucono-δ-lactone을 섞어준다.

⑥ 응고물을 헝겊을 깐 성형틀에 붓는다.
⑦ 물이 빠지면 응고물 위를 헝겊으로 덮고 무게를 가하여 성형시킨다.
⑧ 빨리 찬물 속에 담그고 이것이 식으면 헝겊을 벗겨내고 적당한 크기로 자른 후 1~2시간 동안 방치하여 여분의 응고제를 용출시킨다.

[표 12-4] 응고제의 종류가 두부의 관능적 특성에 미치는 영향

응고제의 종류	자른 단면	색깔	맛	질감	수율(%)*
$CaCl_2$					
$CaSO_4$					
$MgCl_2$					
glucono-δ-lactone					

$$*\text{수율(\%)} = \frac{\text{두부의 무게}}{\text{원료대두의 무게}} \times 100$$

● **결과 및 고찰**

결과

조리과학 이론 및 실험

Chapter 13

유지의 영양 및 조리특성

01 유지의 성분과 특성

유지의 구성과 성질

유지의 산패와 항산화제

유지의 조리특성

02 유지의 실험조리

실험 1 유화의 기초적 실험

실험 2 튀김 시 재료의 종류와 양에 따른 변화

실험 3 튀김 온도에 따른 식빵의 흡유량 비교

유지는 천연 동식물 식품 중에 널리 분포되어 있다. 이러한 동식물의 조직으로부터 추출하여 정제한 것을 식용유지로 이용할 뿐만 아니라 비누, 사료, 윤활유, 섬유 유제, 화장품, 약품 등 여러 가지 공업 연료로도 사용한다.

식용유지는 물리적인 상태에 따라서 상온에서 고체상인 것은 지방(fat), 액체상인 것은 기름(oil)이라고 부른다. 그러나 고체상의 모든 지방도 온도를 상승시키면 액체상으로 되고, 액체상의 기름도 온도를 낮게 하면 고체화된다. 그리고 마가린같이 원래 액체상의 기름을 고체상으로 경화시킨 유지도 있다.

1. 유지의 성분과 특성

유지는 영양적으로 에너지와 필수지방산의 중요한 급원이며 지용성 비타민인 A, D, E, K의 용매로서 체내 이용률을 높여 준다.

식품의 조리 시 유지의 기능은 식품에 풍미와 색을 부여하고 식품 조직의 성질이 개선되어 촉감과 맛을 좋게 하며 유화 및 연화작용을 한다.

(1) 유지의 구성과 성질

1) 유지의 구성

순수한 지질은 탄소(C), 수소(H), 산소(O)의 3원소로 구성되어 있다. 구조상으로 유지는 1분자의 글리세롤(glycerol)과 3분자의 지방산(fatty acid)으로 결합되어 있다. 글리세롤은 세 개의 수산기(-OH)를 가진 3가 알코올이고 지방산은 카복실기(-COOH)를 가진 탄소 원자결합의 유기산이다.

지방산이 글리세롤 중의 수산기와 합쳐서 에스테르(ester)를 형성하면 지질이 되는 것이다. 지방산의 종류에 따라서 여러 가지 지방 또는 기름이 형성된다.

한 개의 수산기와 한 개의 지방산이 반응해서 이루어진 물질을 모노글리세리드(monoglyceride)라 하고, 두 개의 수산기와 두 개의 지방산이 반응해서 이루어진 물질을 디글리세리드(diglyceride), 그리고 세 개의 수산기와 세 개의 지방산이 반응해서 이루어진 물질을 트리글리세리드(triglyceride)라고 하는데 대부분의 식용유지는 트리글리세리드이다.

지방산의 화학적 구성에 따라 유지의 특성에 차이가 나타나는데 자연 식품 중에 들어있는 지방산은 탄소수가 2개에서부터 22개 중 짝수로 된 지방산을 함유하고 있다. 지방산은 수소로써 포화된 포화지방산(saturated fatty acid)과 몇 개의 이중결합을 가진 불포화지방산(unsaturated fatty acid)으로 구분된다.

유지에 함유된 지방산의 종류를 보면 동물성 지방에는 팔미트산, 스테아르산, 올레익산이 많고 리놀레익산이 현저하게 적으며, 식물성 기름에는 리놀레익산과 올레익산이 현저하게 많은 반면 팔미트산, 스테아르산과 같은 포화지방산의 함량은 적다. [표 13-1]은 각종 유지에 함유된 지방산 함량 및 분포를 나타낸 것이다.

[표 13-1] 각종 유지의 지방산 함량

지방산의 종류		대두유	옥수수유	면실유	올리브유	낙화생유	야자유	버터	라드
butyric	C_3H_7COOH	–	–	–	–	–	–	3	–
caproic	$C_5H_{13}COOH$	–	–	–	–	–	4.5	2	–
lauric	$C_{11}H_{23}COOH$	–	–	–	–	–	5.1	–	–
myristic	$C_{13}H_{27}COOH$	–	–	1	1	–	–	10	1
palmitic	$C_{15}H_{34}COOH$	6.5	7.3	19.1	16.9	6.3	7.5	30	28
stearic	$C_{17}H_{35}COOH$	4.2	3.3	1.9	2.3	4.9	3.0	11	8
linoleic	$C_{18}H_{32}COOH$	49.3	39.1	39.4	4.6	21.6	1.0	3	5
oleic	$C_{18}H_{34}COOH$	32.0	43.4	33.2	84.4	60.6	5.0	30	56
arachidic	$C_{19}H_{39}COOH$	–	1	1	1	–	–	–	–

2) 유지의 성질

① 가수분해(hydrolysis)

유지류는 물과 작용하면 가수분해되어 지방산과 글리세롤이 되며 고온으로 처리하면 촉매제 없이도 단시간 안에 일어날 수 있다. 촉매제로서 알칼리가 있으면 이 가수분해 작용은 느리기는 하나 적당한 속도로 진행된다. 알칼리가 가성소다(NaOH)일 경우에는 촉매제로서 사용될 뿐만 아니라 가수분해가 일어난 다음에 지방산과 작용하여 비누를 만든다. 이러한 과정을 검화(saponification)라고 한다.

$$\text{지방} + \text{물} \xrightarrow{NaOH} \text{glycerine} + \text{fatty acid}$$

$$\text{fatty acid} + NaOH \longrightarrow \text{물} + \text{지방산의 Na염(비누)}$$

> **용어설명**
>
> • **검화가(saponification value)**
>
> 검화가는 유지 1g을 검화(비누화)시키는데 필요로 하는 수산화칼륨(KOH)의 mg수이다. 검화가는 지방산의 분자량에 반비례하는데 저급지방산이 많을 수록 커지고, 고급지방산이 많은 지방일수록 작아지게 된다.

② 용해성(solubility)

유지는 물에 용해하지 않고 매개체가 없으면 물과 섞이지 않는다. 그러나 에테르, 벤젠, 클로로포름 등 여러 유기용매에는 용해한다.

③ 비중(specific gravity)

자연계에 존재하는 모든 기름은 물보다 가벼워 1.0 이하이며 대부분의 유지의 비중은 0.92~0.94이다. 일반적으로 저급지방산의 함량이 많을수록, 지방산의 불포화도가 높은 지방산으로 구성되어 있는 지방일수록 비중이 크다.

④ 비열(specific heat)

유지의 비열은 0.47㎈/g · ℃ 정도로 물의 약 반 정도이므로 유지는 온도를 쉽게 상승시키거나 저하시킬 수 있다. 열의 변동이 심하면 튀김 시 흡유량이 늘어 맛이 저하되므로 튀김을 할 때 두꺼운 용기를 사용하거나 기름을 충분히 사용하는 것이 바람직하다.

⑤ 점도(viscosity)

유지류를 공기의 유통 없이 가열할 때 200℃ 이하에서는 변화가 일어나지 않으나 공기와의 접촉 면적이 넓어지고 고온으로 가열할 때에는 점도가 증가한다. 그 이유는 유지가 가열됨으로써 산화 · 중합되기 때문으로 튀김유의 산화도 측정의 지표로 이용된다.

⑥ 색도(chromaticity)

정제한 유지는 탈색, 탈취를 하기 때문에 일반적으로 담황색 내지 황금색을 띠나 보존 시에는 조건에 따라 착색 정도가 다르게 된다. 공기, 온도, 광선의 영향에 따라 기름 속에 존재하는 미량의 금속인 철, 구리 등이 착색을 촉진한다. 또 지방산의 산화, 중합에 의한 복잡한 반응 생성물에 의해서도 착색되며 이 색도에 따라 기름의 신선도를 판정할 수 있다.

⑦ 융점(melting point)

유지류는 구성 지방산의 종류가 다르기 때문에 융점이 모두 다르다. 지방의 융점은 불포화지방산의 함량과 포화지방산의 탄소사슬의 길이에 의하여 영향을 받는다. 실온에서 고형을 나타내는 동물성 유지는 융점이 높고 액체인 식물성 기름은 융점이 낮다. 이것은 일반적으로 동물성 유지는 탄소의 사슬이 긴 포화지방산의 함량이 많고 식물성 기름은 불포화지방산의 함량이 많기 때문이다.

⑧ 발연점(smoking point)

유지를 가열하여 온도가 상승하면 지방이 분해되어 푸른 연기가 나기 시작하는데 이를 발연점이라 한다. 연기의 성분은 지방산, 알데하이드, 케톤, 아크롤레인 등이다.

발연점은 지방의 종류를 비롯하여 여러 영향인자들에 의해 달라지는데 먼저 유리지방산(free fatty acid) 함량이 높을수록 발연점이 낮다. 또한, 같은 종류의 기름이라도 끓이는 용기의 모양에 의해 기름의 표면적이 넓어지면 발연점이 낮아지는데 넓이가 4cm씩 넓어질수록 2℃ 정도씩 발연점이 낮아진다. 또 기름 이외의 물질이 존재할 때 발연점이 낮아지므로 튀김을 할 때 되도록 밀가루나 빵가루 등이 떨어지지 않도록 해야 한다. 기름의 반복 사용 횟수가 증가할수록 1회에 10~15℃ 정도 발연점이 낮아져 튀김 시 식품이 기름을 많이 흡유하게 되므로 식미감이 저하된다.

[표 13-2] 주요 유지의 지방산 조성과 융점

구 분	유지의 종류	포화지방산(%)			불포화지방산(%)				융점(℃)
		팔미트산 (C_{16})	스테아르산 (C_{18})	총계	올레익산 (C_{18}-2H)	리놀레산 (C_{18}-4H)	리놀렌산 (C_{18}-6H)	총계	
동물성 유지	버터	27	13	59	35	3		41	28~38
	쇠기름	28	19	48	47	2		19	40~50
	돼지기름	31	7	38	46	10	1	57	28~48
	양기름	34	19	55	43	2		45	27~39
	난황			21~31	24~51	16~50			44~55
식물성 유지	콩기름	9	6	15	20	52	7	80	-7~-8
	옥수수기름	8	2	10	28	53	1	84	-18~10
	올리브기름	9	2	11	76	7		84	0~6
	참기름	7~16	1~3		35~46	35~48			-3~-6
가공 유지	마가린	21	3	26	57	9		70	30~38
	동물성쇼트닝	27	12	43	41	11	1	53	40~44
	식물성쇼트닝	14	6	23	65	7		72	30~41

⑨ **산가(acid value)**

유지 1g 속에 함유된 유리지방산을 중화하는 데 필요한 KOH의 양을 mg 수로 표시한다. 유지의 정제가 불충분했을 때, 사용횟수가 증가했을 때, 기름이 오래되었을 때 산가가 높다. 새 기름의 산가는 0.05~0.07이다. 산가가 1.0 이상 되면 식용으로 부적당하다.

⑩ **요오드가(iodine value)**

요오드가는 유지 100g에 흡수되는 요오드의 g수로 표시한다. 이중결합이 많은 불포화지방산이 다량 포함된 액체유는 요오드가가 높고 고체유는 낮다. 그러므로 유지의 불포화도를 표시하는 척도가 된다. 그러나 기름을 장시간 공기 중에 방치하면 이중결합에 산소가 결합하여 요오드가가 감소한다.

유지를 요오드가에 따라 건성유, 반건성유 및 불건성유로 분류하는데, 건성유는 요오드가 130 이상의 해바라기씨유, 호두유, 들깨유 등이고, 반건성유는 요오드가 100~130 사이이며 면실유, 옥수수유, 참기름, 대두유 등이다. 불건성유는 요오드가 100 이하인 것으로 올리브유, 팜유, 돼지기름, 쇠기름 등이 속한다.

⑪ **굴절률(refractive index)**

유지의 굴절률은 지방산의 불포화도, 탄소결합의 길이가 증가하면 크게 되고 또 가열산화에 의해 증대한다. 따라서 굴절률은 유지의 피로도 측정의 지표가 된다.

⑫ **TBA가(thiobarbituric acid value)**

티오바르비탈산(thiobarbituric acid)을 사용하여 유지의 산화정도를 측정하는 것이다. 즉 유지가 산화하여 생성되는 알데히드(aldehyde), 말론알데히드(malonaldehyde)가 TBA 시약과 반응하여 적색을 나타내는 반응을 이용하여 유지의 산화도를 측정하는 방법이다. 가열시간이 길수록, 공기에 대한 노출면적이 넓을수록 TBA가는 높아진다.

⑬ **과산화물가(peroxide value, POV)**

유지는 오래되어 자동산화하거나, 가열산화에 의해 산패되거나, 또는 광선을 오래 쪼이면 이중결합 부분에 산소가 결합하여 과산화물(peroxide)을 생성한다. 유지 1kg 중의 활성탄소의 mg 당량으로 표시하며, 과산화물가가 10 이하이면 신선한 기름이라고 본다.

⑭ **수소첨가(hydrogen additive)**

수소첨가는 액체유의 불포화 탄소결합에 수소를 첨가하여 고체지방(경화유)을 만드는 것이다. 니켈과 같은 촉매제를 액체유와 함께 수소의 존재 하에서 가열하면 액체유는 수소를 흡수하여 불포화결합이 포화결합이 되면서 고체로 변한다. 수소처리의 정도는 만들려고 하

[표 13-3] 각종 유지의 성질

종 류	비중	융점	발연점	굴절률	검화가	요오드가	산가
옥수수기름	0.922	–	227	1.4734	190.0	122.6	1.37~2.02
낙화생유	0.911	–	162	1.4694	192.1	93.4	0.8
면 실 유	0.917	–	233	1.4735	194.4	105.7	0.6~0.9
올리브유	0.918	0~6	199	1.4679	192.0	81.1	0.3~1.0
참 기 름	0.919	3~6	–	1.4646	191.5	106.6	9.8
대 두 유	0.927	–	–	1.4729	190.6	130	0.30~1.8
야 자 유	0.924	25.1	138	1.4493	257.0	10.4	2.5~10.0
라 드	0.936	28~48	190	1.4520	197.5	57.5	–
양 기 름	0.945	44~54	–	1.4565	194.0	4	–
버 터	0.911	28~38	208	1.4548	227.0	36.1	0.45~35.5
쇠 기 름	0.948	40~50	–	1.4537	197.0	49.5	0.25

는 지방의 종류에 따라 달라진다. 완전히 수소첨가된 기름은 사기그릇같이 단단하여 조리용으로 사용하기 어렵다.

(2) 유지의 산패와 항산화제

1) 유지의 산패

유지를 오랫동안 방치하면 몇가지 원인에 의해 색, 맛, 냄새가 변하는데 이러한 현상을 산패라고 한다. 일단 산패가 일어나면 회복될 수 없으며, 모든 종류의 유지류, 치즈, 크림, 샐러드 드레싱, 베이컨, 너트 등은 산패를 일으키기 쉬운 식품이다. 산패의 정도를 알기 위해서는 과산화물가, 요오드가, 점도, 색도, 발연점 등을 측정하면 된다.

① 자동산화에 의한 산패(oxidative rancidity)

대기 중의 산소에 의하여 서서히 자연발생적으로 산화가 진행되는 것으로 지방 분자 내에 불포화지방산을 많이 가지고 있을수록 일어나기 쉽다. 즉 과산화물(hydroperoxide)을 생성하고 그것이 분해하여 알데히드, 케톤, 저급 지방산 등을 생성하므로 나쁜 냄새가 난다. 이러한 산패는 높은 온도, 수분, 광선, 지방 분해효소, 금속촉매제(Cu, Fe, Mn), 산소,

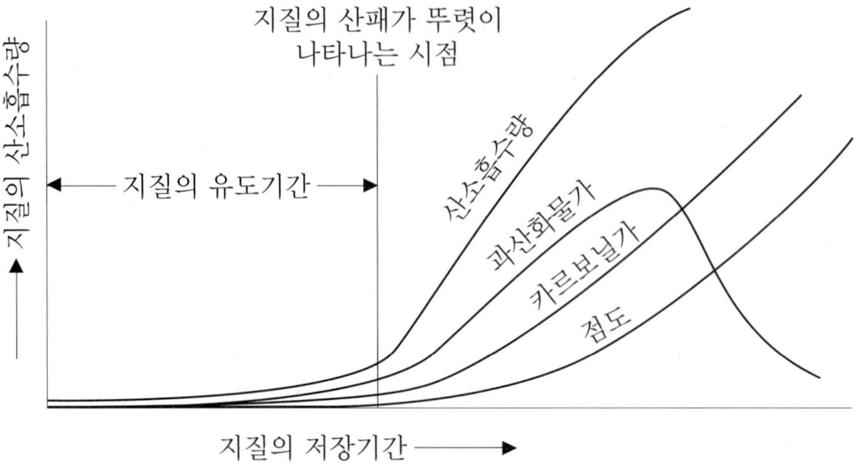

[그림 13-1] **유지의 산패도 곡선**

산 등에 의하여 촉진된다.

가. 온도

온도가 높을수록 반응속도가 증가하므로 촉진된다.

나. 수분

수분은 금속의 촉매작용에 영향을 미쳐 수분활성도가 증가할수록 촉매작용이 강해지며, 수분함량이 아주 낮은 건조식품에서도 자동산화가 매우 빨리 일어난다.

다. 광선

광선 중 자외선이 지방의 악취 생성을 급속히 촉진하며 가시광선 중 청색은 가장 유해한 악취 촉진 광선이다. 그러므로 모든 빛을 차단하고 저온으로 저장한 유지는 항산화제로 처리하거나 녹색의 포장지로 포장하여 실온에서 빛에 노출시킨 것보다 신선도가 높다.

라. 중금속

코발트, 구리, 철, 망간, 니켈 등과 같은 중금속은 자동산화 중 생성된 과산화물의 분해와 연쇄반응을 촉진시킨다.

② 가열산화에 의한 산패

유지는 조리나 가공 중 고온 처리하는 경우가 많다. 튀김식품의 조리 중에 유지는 140~200℃의 높은 온도에서 가열되며 이때 일어나는 유지의 산화를 가열산화라고 한다. 가열산화 시에는 가열반응과 산화반응이 동시에 일어나기 때문에 매우 빠르게 진행되며 자동산화 외에도 많은 반응과 복잡한 변화가 일어나 식품의 향미, 외관, 영양가, 독성 등에 영향을 준다. 즉, 유지의 점도, 비중, 굴절률, 산가, 과산화물가는 증가하고, 요오드가는 감소하며 발연점은 낮아진다.

가. 유리지방산의 생성

유지의 고온가열 시 유지가 가수분해되거나 열분해되어 최종적으로 지방산과 글리세롤을 생성한다. 이때 생성되는 유리지방산은 발연점을 저하시키고 산패를 급증시켜 유지의 안정성을 저하시킨다. 생성된 유리지방산의 양을 측정하는 산가에 의해 산패정도를 판정할 수 있다. 한편, 생성된 글리세롤은 더욱 분해되어 아크롤레인(acrolein)을 생성한다.

나. 중합반응

유지의 가열산화 시 중합반응이 일어나 중합체를 형성한다. 중합이 잘 일어나는 기름은 불포화도가 높은 기름, 튀김용으로 반복하여 사용한 기름 등을 들 수 있다. 요오드가를 측정하면 중합의 정도를 알 수 있다.

다. 점성증가 및 발포현상

중합반응의 결과 고분자의 산화중합체 형성으로 점성이 증가하고 영양가의 손실이 일어난다. 그리고 오래 사용한 튀김유같이 기름 표면에 잔거품이 지속적으로 형성되며 색이 진해지고 냄새가 난다.

③ 가수분해에 의한 산패(hydrolytic rancidity)

가수분해에 의한 산패는 식품 중의 리파아제 또는 미생물에 존재하는 리파아제(lipase) 등에 의한 경우로 산화에 의한 것보다 드문 변화이다. 지방이 물과 접촉하는 동안 구성성분인 트리글리세리드가 화학적으로 가수분해되거나 효소에 의하여 가수분해되는 경우이며 유류 제품, 육류, 냉동식품 등의 저장과 관계가 깊다. 미생물이 생산하는 리파아제에 의해서는 유지가 분해되어 저급 지방산인 부티르산(butyric acid), 카프로익산(caproic acid), 카프릭산(capric acid) 등 휘발성 지방산을 생성하기 때문에 나쁜 냄새가 난다.

팔미트산(palmitic acid), 스테아르산(stearic acid), 올레익산(oleic acid)같은 탄소수가 긴 고급 지방산은 실온에서 휘발성이 아니기 때문에 산화와 같은 변화가 있지 않는 한 나쁜 냄새를 내지 않는다.

가열을 하면 효소가 불활성화하고 미생물도 사멸될 수 있으므로 충분히 가열된 식품에서는 가수분해에 의한 산패가 일어나지 않는다.

④ **케톤 산패(ketone rancidity)**

누룩곰팡이나 푸른곰팡이가 분비하는 효소(enzyme)의 작용으로 유리 저급 지방산이 되고 케톤산을 거쳐 탄소수가 적은 메틸케톤(methyl ketone, $RCOCH_3$)이 생겨 산패취를 낸다. 수분, 단백질, 지방을 함유하여 곰팡이가 생육하기 쉬운 버터, 치즈, 육제품 등에서 잘 일어난다.

2) 항산화제

항산화제(antioxidant)는 유지의 산화속도를 지연시키는 물질로 과산화물에 작용하는 연쇄반응을 억제시키지만 산패를 완전히 방지하는 것은 아니다.

항산화제의 작용은 산화가 시작된 불포화지방산의 유리기나 또는 활성화된 과산화물에 결합될 수 있는 수소를 제공함으로써 자기 자신은 산화되고 그 대신 다른 불포화지방산에서 수소가 이탈되지 않게 하는 것이다. 그리고 이 과정에서 항산화제는 자동산화를 일으킬 가능성이 있는 에너지를 흡수하므로 자동산화가 억제된다.

현재 사용되고 있는 합성항산화제로는 부틸히드록시아니솔(BHA), 부틸히드록시톨루엔(BHT), 몰식자산프로필(PG) 등이 있다. 그리고 대부분의 식물성 기름에는 천연 항산화제인 토코페롤(tocopherol), 갈산(gallic acid), 세사몰(sesamol), 고시폴(gossypol) 등이 포함되어 있다.

허용된 항산화제에 구연산, 아스코르브산(비타민 C), 인산과 같은 물질을 함께 사용하면 상승제의 역할을 하게 된다. 상승제는 과산화반응에서 촉매작용을 가진 금속이온을 불활성화하는 역할을 하며 또 산화된 항산화제를 안정시키는 작용을 한다.

(3) 유지의 조리특성

1) 조리에 있어 유지의 이용

유지류는 조리에 있어서 여러 가지 용도로 사용된다. 예를 들면 유지는 음식에 맛을 낼 뿐 아니라 튀김조리에 사용되고 용기와 식품의 접착방지, 방수에도 이용된다. 또 유화액을 형성하여 밀가루 제품에 연화성을 부여하고 교반에 의한 크리밍성을 나타내기도 한다.

① **음식의 맛 형성(taste making)**

유지는 미량의 휘발성 성분을 포함하므로 그 향기로 인하여 기름을 넣은 음식에 좋은 맛을 부여한다. 토스트에 바른 버터의 향기, 각종 음식에 첨가하는 참기름의 향기 등은 기름이 음식에 좋은 맛을 부여하는 예가 된다.

② 튀김(frying)

튀김에서는 기름이 열 전달의 매체로서 거의 모든 종류의 식품을 조리할 수 있는 방법이다. 식품에 열을 투과시키고 특유의 향기와 맛, 색을 낸다. 즉 기름에 고온 가열함으로써 탈수, 흡유 등에 의해서 독특한 맛을 내며, 식품의 영양가의 손실도 적다. 그러나 기름은 열에 의해 지방산의 감소를 일으키는데 가장 영향이 큰 것은 리놀레익산과 리놀레닉산이다.

가. 튀김용 기름

발연점이 높은 식물성 기름을 이용하는 것이 좋으며 발연점이 낮은 기름은 낮은 온도에서 분해되어 자극적인 냄새가 강하고 튀김 시 식품에 기름이 많이 흡유되는 단점이 있다.

나. 가열온도 및 시간

기름은 비열이 낮기 때문에 쉽게 온도가 상승하고 쉽게 저하된다. 그러므로 기름의 온도에 주의해야 한다. 또 수분이 많은 식품을 튀길 때는 수분증발에 의해 기름의 온도가 10℃ 이상 내려가므로 재료를 넣기 전에 화력을 조절하여 필요한 튀김온도보다 10℃ 정도 높여 놓는다.

[표 13-4]는 각종 식품의 튀김 시 적당한 온도와 시간을 나타낸 것이다. 튀김을 할 때는 온도의 심한 변화를 막기 위하여 두꺼운 금속으로 된 직경이 좁은 팬을 사용하는 것이 좋다. 두꺼운 금속으로 된 용기에 많은 양의 기름을 넣고 일정한 온도에 도달된 기름에 식품을 넣으면 기름온도의 변화는 적다. 그러나 얇은 용기에 적은 양의 기름을 넣고 일정한 온도에 도달한 기름에 식품을 넣으면 온도의 변화가 심하여 일정한 온도로 회복하는데 시간이 걸린다.

[표 13-4] 튀김음식의 적온과 시간

음식 종류	기름의 온도(℃)	시 간(분)
도넛(doughnuts)	177 ~ 180	3 ~ 4
어패류(fishes)	180 ~ 190	1 ~ 2
프리터(fritter)	170 ~ 180	1 ~ 2
고기 커틀릿(meat cutlet)	180 ~ 190	3 ~ 4
채소류(vegetables)	190 ~ 196	1 ~ 2
크로켓(croquette)	190 ~ 200	1
감자튀김(french fried potato)	196 ~ 201	3

다. 튀김기름의 감소

튀김을 하면 기름이 식품재료에 흡수되고 가열 중 기름이 분해하여 휘발성 물질을 생성하며 수분이 증발할 때 휘산되어 기름의 양이 감소된다.

라. 기름의 흡수

튀김음식에서 흡유량은 기호성 면에서 가장 중요한데 흡유량이 많으면 입안에서의 느낌이나 맛이 나빠진다. 그러므로 흡유량을 최대한 줄여 바싹거리는 질감을 갖게 하기 위해서는 먼저 음식에 적합한 기름의 온도와 시간을 설정해야 하고 튀기는 식품의 표면적을 가능한한 작게 해야 한다. 또 재료 중에 당이나 수분의 함량이 많거나 표면이 다공질일 때는 흡유량이 많아지므로 주의해서 튀겨야 하는데 보통 튀김옷을 입히면 팽창이 현저하여 다공성이 되므로 흡유량이 증가한다.

그리고 열화된 기름으로 튀김을 하면 수분과 기름의 교환이 잘 일어나지 않아 흡유량이 적고 수분량은 많으므로 풍미와 조직감이 매우 떨어져 좋지 않다.

마. 튀김 요령

· 한 번에 너무 많은 식품을 넣지 않는다.
· 수분이 많은 식품은 미리 수분을 어느 정도 제거시킨다.
· 다 튀겨진 음식은 한꺼번에 꺼내고 다음 식품을 넣는다.
· 사용했던 기름과 새 기름을 섞어서 사용하지 않는다.
· 튀김 기름의 사용횟수는 적어도 2~3회 이내로 한다.
· 튀김 바스켓을 사용하여 이물질을 제거하면서 튀긴다.
· 튀긴 후 과도하게 흡수된 기름은 페이퍼 타올 등으로 제거한다.
· 튀긴 후 남은 기름을 다른 조리(볶음, 전)에 이용하지 않는다.

바. 튀김기름의 보관

기름을 식힌 후 이물질을 제거하고 공기나 광선의 접촉면적이 적도록 하여, 갈색병에 담아 서늘한 곳에 둔다. 일단 가열하면 기름은 항산화제를 잃게 되므로 사용한 기름은 빠른 시일내에 사용해야 한다. 그리고 철제 팬에 동물성 식품을 튀긴 다음에는 곧 기름을 다른 그릇에 옮겨야 한다. 이는 식품 중에 포함된 헤모글로빈과 철 화합물이 산화 촉매작용을 하여 산화가 촉진되기 때문이다.

폐유는 부엌 싱크대에 버리지 말고 소량은 헌 신문지에 흡수시켜 노폐물과 함께 버리거나 분리수거 용기에 모아 낸다.

③ 접착방지 및 방수효과(waterproof effect)

팬에서 식품을 가열조리할 때 기름을 발라서 식품과 팬의 접착을 막는데 이용되며 고형 지방인 버터나 마가린은 방수목적으로도 사용된다. 즉 샌드위치 빵에 먼저 버터를 바르는 것은 기름의 방수작용으로 인하여 내용물에 포함된 수분이 빵으로 흡수되는 것을 막는 데 있다.

④ 유화작용(emulsifying)

기름은 유화액을 형성한다. 유화란 서로 섞이지 않는 두 가지 액체물질이 같이 혼합된 상태를 말한다. 비누나 레시틴이 기름을 물에 분산시키는 작용을 유화작용이라 할 수 있고 이러한 액을 유화액이라고 한다. 당이나 알코올 등은 분자 내에 친수기인 수산기(OH)가 있기 때문에 물에 잘 녹는다. 수산기 이외에도 알데히드기, 아미노기, 카복실기 등이 친수기이다.

기름이 물에 섞이지 않는 것은 글리세린의 수산기와 지방산의 카복실기가 결합하여 친수기가 밖으로 나타나지 않기 때문이다. 기름과 물은 섞이지 않으나 여기에 친수기와 소수기를 동시에 가진 물질(유화제)을 넣어주면 한 액체가 작은 입자가 되어 다른 액체에 산포된 상태로 존재한다.

유화액에는 두 가지 형태가 있는데 하나는 수중유적(O/W)형으로 우유나 마요네즈가 있으며 다른 하나는 유중수적(W/O)형으로 버터나 마가린이 그 예이다. 유화액을 장시간 방치했을 때 분리하는 경우가 있는데 이것은 유화가 불안정했기 때문으로 안정시키기 위해 유화제를 첨가해야 한다.

유화제의 특징을 가장 많이 가지고 있는 것은 단백질인데 이는 분자 내에 물과 결합할 수 있는 친수기와 기름과 결합할 수 있는 소수기를 모두 가지고 있기 때문이다. 단백질 중에서도 난황은 단백질의 함량이 높고 점성이 있어 유화제의 역할을 가장 잘 할 수 있을 뿐만 아니라 맛과 색에도 도움을 주므로 조리용으로 가장 적합하다.

그 외에는 난백, 젤라틴, 전분 등이 있다. 후춧가루, 겨자가루는 단백질과는 작용이 다르기는 하나 기름방울의 표면을 둘러싸서 기름방울이 합치는 것을 방해하므로 역시 유화제의 역할을 한다고 본다. 이런 가루는 입자가 작을수록 효력이 크다.

우리나라에서는 유화를 이용한 음식이 별로 없으나 서양음식에서는 가장 대표적으로 마요네즈를 들 수 있으며, 이 외 프렌치 드레싱을 비롯하여 여러 가지 드레싱과 소스, 크림수프 등이 있다. 또한 케이크 반죽과 쿠키 반죽도 유화를 이용한 음식이다.

⑤ 연화작용(shortening effect)

밀가루 제품에서 유지는 대단히 중요한 역할을 한다. 반죽 내에서 유지가 글루텐 표면을 둘러싸 물과의 결합을 방해하여 물의 침투를 막고 또한 전분의 과도한 팽윤을 막아 주어 연한 상태로 만들어 준다. 이 효과를 유지의 연화작용이라고 한다. 유지를 많이 넣고 반죽한 크래커나 페스트리, 비스킷 등이 바삭바삭한 것은 유지가 작용하여 연화시켰기 때문이다. 또 유지가 많이 들어간 케이크는 한결 부드러운데 그 이유는 역시 유지의 연화작용 때문이다.

유지의 가소성은 연화작용과 밀접한 관련이 있는데 가소성이 클수록 연화작용이 커진다. 밀가루 제품을 연화시키는 능력은 유지에 따라 다르다. 유지의 물리적 성질, 유지를 형성하고 있는 지방산의 종류와 화학적 성질이 유지에 따라 다르기 때문이다. 고체지방 중에서 연화작용이 가장 높은 것은 라드이고 그 다음으로 쇼트닝, 버터, 마가린 등의 순서이다. 그러나 크리밍 과정을 거쳐야 하는 케이크 반죽은 라드가 설탕과 잘 섞이지 않는 성질 때문에 부적당하다.

⑥ 크리밍성(creaming)

버터, 마가린, 쇼트닝 등의 고형지방은 교반에 의하여 공기가 내포되어 부드러운 크림상태가 되는데 이를 크리밍성이라고 한다. 양에 비해서 많은 공기를 품는 지방일수록 크리밍성이 크다고 하는데 마가린이나 쇼트닝은 지방입자가 작으므로 크리밍성이 크다. 크리밍성이 큰 유지일수록 밀가루 제품의 팽창을 돕고 품질도 높일 수 있다.

2) 냄새의 흡수

유지류는 냄새의 흡수성이 강하다. 그러므로 포장한 종이의 잉크 냄새, 담아 놓은 그릇의 냄새 또는 주위에 있는 다른 음식의 냄새 등을 흡수하여 유지의 맛이 없어진다. 버터, 난황, 우유는 특히 주위의 냄새를 잘 흡수하는데, 예를 들면 버터를 그릇에 담아 뚜껑을 잘 안 닫고 김치와 함께 냉장고에 넣어두면 버터에서 김치냄새가 난다. 이 흡수된 냄새는 기름으로 조리한 후에도 계속 남아 음식의 향미에 안 좋은 영향을 미치므로 잘 포장해서 보관하여야 한다.

3) 유지식품

① 식물성 기름(oil)

튀김이나 샐러드 드레싱에 사용되는 기름은 주로 대두유, 올리브유, 면실유, 미강유, 참기름, 낙화생유, 옥수수기름, 해바라기기름 등이다. 오일(oil)을 제조할 때 이들 기름을 함유하는 원료종자에서 먼저 기름을 채취한 다음 식용에 맞도록 정제한다.

정제하는 데는 기름 중에 있는 유리지방산을 뽑는 탈색, 탈산, 탈취의 세 가지 과정 외에 저온에서 고체화하는 고체기름을 제거하는 동유처리 과정을 첨가하여 샐러드 오일을 만든다.

가. 대두유(soybean oil)

콩에서 채취한 기름으로 가장 많이 사용되고 있다. 16~21%의 지방이 함유되어 있으며 지방산은 주로 리놀레익산(linoleic acid)과 올레익산(oleic acid)으로 구성되어있다. 정제정도에 따라 튀김용과 샐러드용이 있으며 튀김용으로 사용할 때 리놀레익산이 산화되어 이취(off flavor)를 생성하기 쉽다.

나. 옥수수기름(corn oil)

옥수수의 배아를 분리하여 압착하고 용매로 추출한 후 정제한 기름이다.

다. 면실유(cotton seed oil)

면실(cotton seed)에서 얻어지는 식용유로 우수한 향미를 가지고 있다. 마요네즈나 샐러드 드레싱을 만들 때, 또는 튀김이나 볶음요리에 많이 이용된다.

라. 올리브유(olive oil)

조리용으로 많이 이용하고 있는 기름으로 향미가 아주 좋다. 올리브를 가볍게 압착하여 처음에 추출한 기름을 엑스트라 버진 올리브오일(extra virgin olive oil)이라고 하는데 이것의 품질이 가장 좋다. 올리브유는 정제과정을 거치지 않아 발연점이 낮은 편이며, 또 동유처리 과정을 거치지 않으므로 냉장온도에서는 일부 융점이 높은 지방산들이 고체화되어 기름이 걸쭉해지고 혼탁이 일어난다.

마. 카놀라유(canola oil)

유채과에 속하는 1년생 초본인 채종에서 채취한 기름으로 카놀라(canola)라는 이름으로 보급되고 있다. 개량종의 카놀라유는 올레익산 함량이 50~60%, 리놀레익산이 20~25% 수준으로 불포화지방산의 비율이 높으며 발연점도 높아 대두유와 유사한 특성을 가지고 있다.

바. 낙화생유(peanut oil)

땅콩에는 약 45%의 기름이 들어 있으나 정제하지 않으면 함유된 단백성 물질 때문에 튀김용으로는 쓰지 못하는데 정제처리하면 사용할 수 있다.

사. 미강유(rice bran oil)

쌀겨에는 약 20%의 기름이 들어있다. 유리지방산과 불순물이 많아서 산가가 높고 빛깔도 좋지 않다. 그러나 정제처리하면 튀김용으로 사용할 수 있다.

아. 참기름(sesame oil)

참깨를 볶아 기름을 짠 것으로서 고소한 향을 나타내는 것은 피라딘류(pyradines)이다. 참기름은 저장성이 좋으며 항산화성이 있는 상당량의 세사몰(sesamol)과 토코페롤을 함유하고 있다.

자. 들기름(perilla oil)

들기름에는 다불포화지방산의 함량이 높으므로 산화안정성이 낮다. 그러나 들기름에는 ω-3 계열인 α-리놀레닉산을 많이 함유하고 있어 우수한 기능성을 가지고 있다. 산패가 잘 일어나므로 시원한 곳에 보관해야 한다.

차. 포도씨유(grape seed oil)

포도씨유는 포도씨를 압착하여 추출하는데 기름의 주성분인 리놀레익산과 카테킨이 혈청 내 콜레스테롤 수치를 낮춰주며, 발연점이 높아 고온가열 조리에 적합하다.

② 버터(butter)

우유에서 분리된 크림으로부터 제조된 것으로 지방함량은 80%이다. 나머지 20%는 수분, 염, 우유성분(고형물) 등이 포함되어 있다. 버터는 가소성, 쇼트닝 파워, 크리밍성 등이 있어 제과 · 제빵에서 중요한 역할을 한다. 버터의 독특한 풍미는 부티르산 등의 휘발성 저급지방산과 젖산발효에 의해 생성된 유기산 및 디아세틸 등에 의해 나타난다. 버터는 발효여부에 따라 발효버터와 생버터로 분류할 수 있고, 소금첨가 여부에 따라 가염버터와 무염버터로 구분된다.

③ 마가린(margarine)

버터 대용품으로 버터와 비슷한 지방을 얻을 목적으로 만들어졌다. 면실유, 대두유 등 식물성유를 고도로 정제하여 부분적으로 수소화시켜 만들며 제과용, 조리용으로 다양하게 이용된다.

현재는 야자유, 대두유 등 식물성 기름에 부재료를 가하고 유화제를 넣어 냉각 · 혼합해서 만들며 그 조성은 지질 80%, 수분 17% 이하이다.

저지방 스프레드의 경우에는 기름과 수용액의 유화 용이, 저장 시 안정된 상태를 위해 유화제의 첨가량이 증가한다.

④ 라드(lard)

돼지의 지방조직에서 지방을 분리한 것으로 가정에서 식용유지로 가장 먼저 사용되었다. 질이 좋은 라드는 색이 희고 냄새가 나지 않는데 복부 지방의 품질이 가장 좋다. 라드는 다른 어떤 유지보다 쇼트닝 파워가 크고 음식을 부드럽게 하는 힘이 크기 때문에 제과용으로 많이 이용되나, 발연점이 낮기 때문에 튀김용으로는 적당하지 않다.

⑤ 쇼트닝(shortening)

라드 대용품으로 생산되었는데 식물성 기름에 수소를 첨가하여 반 고형상의 유지 형태로 만든 것으로 유지가 100%이며 주로 식품공업용 원료로 사용된다.

많은 종류의 유지가 쇼트닝 제조에 사용되는데, 그 이유는 점도, 경도 등이 서로 다른 기름을 혼합하면 알맞은 점도와 경도를 가진 것을 만들 수 있기 때문이다. 수소를 첨가한 후 공기를 포함할 수 있도록 교반해 주면 가소성이 증가하고 더욱 희게 보인다.

쇼트닝의 특징은 무색, 무미, 무취이고 쇼트닝 파워나 크리밍성이 대단히 크기 때문에 특히 모든 제과용으로 유효하게 이용된다. 또한 순수한 식물성기름에 수소첨가한 것은 발연점도 대단히 높아 튀김용으로도 이용된다.

용어설명

• 동유 처리(winterization)

식물성 기름 중에는 불포화지방산 함량이 많으나 포화지방산도 소량 존재하며 이들로 형성된 지방은 융점이 높고 맛이 없다. 따라서 융점이 높은 지방을 제거하기 위하여 5℃ 정도의 낮은 온도에 두어 이를 결정화시켜 제거하는 방법이다. 이렇게 처리된 기름은 냉장온도에서도 혼탁을 일으키지 않는 것이 특징이다.

• 트랜스 지방산(trans fatty acid)

식물성 기름에 다량 들어 있는 불포화지방산에 공업적으로 니켈(Ni)을 촉매로 수소를 첨가시켜 고체상태의 포화지방산으로 만드는 과정을 경화(hydrogenation)라고 하는데 대표적으로 마가린과 쇼트닝이 있다. 이 과정에서 트랜스지방이 만들어지는데 이것은 불포화지방의 일종임에도 불구하고 사람의 혈관에서는 포화(동물성)지방처럼 활동하기 때문에 위험한 성분이다. 혈관을 청소해주는 HDL(High Density Lipoprotein, 고밀도지방단백질) 콜레스테롤의 혈중 농도를 낮추는 대신 몸에 나쁜 LDL(Low Density Lipoprotein, 저밀도지방단백질) 콜레스테롤의 혈중 농도를 높여 혈관을 좁게 하는데, 그 위험도가 포화지방보다 2배나 높다고 보고되어 있다. 또한 심장병(심근경색, 협심증), 뇌졸증, 동맥경화증 등의 발생 위험도 높게 한다. 세계보건기구(WHO)와 미국심장협회(AHA)는 하루 섭취 열량 중 트랜스지방이 1%를 넘지 않도록 권고하고 있다.

2. 유지의 실험조리

실험1

유화의 기초적 실험

난황과 겨자의 유화제로서의 특성을 관찰해 본다.

● **재료 및 분량**

난황, 겨자, 식용유

● **기구 및 기기**

시험관 4개, 샬레 2개

● **실험 방법**

① 시험관에 물 2mℓ를 취하고 여기에 식용유 2mℓ를 가해서 강하게 흔든 다음(20회) 정지해서 분리하기 시작할 때까지의 시간을 기록한다(A).

② 시험관에 물 2mℓ, 식용유 2mℓ, 난황 한 방울을 가해 ①과 같이 한 다음 분리하기 시작할 때까지의 시간을 기록한다(B).

③ 시험관에 물 2mℓ, 식용유 2mℓ를 넣고 온도계를 꽂아 중탕하여 40℃ 정도로 되면 난황 한 방울을 가해서 ①과 같이 한 다음 분리하기 시작할 때까지의 시간을 기록한다(C).

④ 1% 겨자수 50mℓ를 만들고 그 중 2mℓ를 시험관에 넣어서 ①과 같이 하여 분리할 때까지의 시간을 기록한다(D).

⑤ 2개의 샬레 중 한 개에는 겨자수 40mℓ를 넣고(E) 다른 하나에는 증류수 40mℓ를 넣은 다음(F) 양쪽의 액면에 한 방울씩 기름을 떨어뜨리고 즉시 방울의 대강의 직경을 측정해 둔다. 시간의 경과와 함께 방울의 직경이 퍼지는 상태를 관찰한다.

[표 13-5] 기름의 유화

시 료	분리될 때까지의 시간(sec)	직 경(cm)
A		
B		
C		
D		
E		
F		

● **결과 및 고찰**

- 시험관을 잘 흔들어 준 후 정지시켜 유화액의 성상을 관찰하고 분리될 때까지의 시간을 기록한다.
- 각 유화액의 균질상태를 관찰한다.
- 각 시료 중 어느 것이 가장 유화력이 큰 것인지 평가한다.

결과

실험2

튀김 시 재료의 종류와 양에 따른 변화

재료의 종류와 분량에 따른 기름의 온도, 튀김 시간의 차이 및 중량 변화를 측정해 본다.

● **재료 및 분량**

기름, 감자 400g, 튀김식품 300g

● **기구 및 기기**

튀김 냄비, 튀김 온도계, 저울

● **실험 방법**

① 감자는 껍질을 벗기고 굵게 채를 썰어 100g(A)과 200g(B)씩 중량을 잰다.
② 냉동 튀김식품은 냉동된 상태 그대로 100g(C)과 200g(D)씩 중량을 잰다.
③ 기름을 튀김 냄비에 넣고 150℃가 되었을 때 A를 넣고 시계와 온도계를 보아서 최저 온도로 될 때까지의 시간을 기록한다. 다시 온도가 올라가기 시작하면 불을 조절해서 엷은 갈색이 되도록 튀겨 감자의 수분이 거의 없게되면 감자를 기름에서 건져낸다.
④ 종이로 겉도는 기름을 대강 흡수시킨 후 중량을 잰다.
⑤ B, C, D에 대해서도 A와 같은 방법으로 튀겨낸다.

[표 13-6] **튀김 시 변화**

내 용	A	B	C	D
튀김 전 중량(g)				
재료를 넣어 내려가는 기름의 최저 온도(℃)				
다 튀겨질 때까지의 시간(sec)				
튀김 후 중량(g)				
중량의 변화(%)				

● **결과 및 고찰**

- 재료의 분량과 기름의 온도 변화, 소요 시간 사이에는 어떠한 관계가 있는지 관찰해 본다.
- 재료의 분량에 따른 기름의 소모율은 비례하는지 알아보고 이를 토대로 튀김의 요령을 다시 한 번 고찰해 본다.

결과

실험3

튀김 온도에 따른 식빵의 흡유량 비교

튀김 온도를 달리하여 식빵을 튀겼을 때 흡유량을 측정하여 가장 적당한 튀김 온도를 알아본다.

● **재료 및 분량**

식빵, 기름

● **기구 및 기기**

튀김 냄비, 온도계, 저울

● **실험 방법**

① 가장자리를 제거한 식빵을 2×2×0.5㎝의 크기로 잘라 3C 정도 준비하고 이를 3군으로 나누어 각 군의 무게를 잰다.

② 튀김 냄비에 기름을 붓고 가열하여 표에 제시된 온도가 되면 재료를 넣고 한꺼번에 튀긴다.

③ 적당한 갈색이 되면 소요시간을 측정하고 꺼내어 무게를 잰다.

[표 13-7] **튀김 온도에 따른 식빵의 흡유량 비교**

튀김 온도(℃)	튀김 전 무게(g)	튀김 후 무게(g)	흡유율(%)	튀김 시간(분)
160~170				
175~185				
190~200				

● **결과 및 고찰**

- 튀김 요리에 있어서 흡유량을 증가시키는 요인을 알아본다.
- 기름의 발연점은 어떤 요인에 의하여 낮아지는지 알아본다.

결과

Chapter 14

채소와 과일의 영양 및 조리특성

01 채소와 과일의 성분과 특성

식물세포의 구조 및 구성물질

채소와 과일의 성분

채소와 과일의 분류

채소와 과일의 갈변

채소와 과일의 조리특성

02 채소와 과일의 실험조리

실험 1 소금의 침투에 의한 채소의 방수 및 질감

실험 2 채소의 조건에 따른 데치기 영향

실험 3 채소의 색소에 대한 산 · 알칼리 영향

실험 4 채소 및 과일의 갈변 억제효과

실험 5 조리방법이 채소의 조리시간 및 풍미에 미치는 영향

채소와 과일은 선명하고 아름다운 색 및 독특한 향기와 특유한 질감을 가지고 있으므로 식욕을 돋워 주고 다양하게 식탁을 꾸밀 수 있다. 그러나 채소와 과일은 수확한 후에도 효소의 작용이 계속 진행되어 맛과 조직의 품질저하가 쉽게 일어날 수 있으며 조리 시에도 영양소의 파괴가 많이 초래된다. 그러므로 적절한 저장과 조리방법이 요구된다.

1. 채소와 과일의 성분과 특성

채소와 과일은 수분을 80~95% 정도 함유하며, 다른 식품에 비해 많은 비타민 C와 K, Ca, P 등의 무기질을 가지고 있다. 또 성분 중 식이섬유와 유기산은 장을 자극하여 소화액 분비를 돕고 장의 연동운동을 도와 변비를 예방하여 준다. 채소와 과일은 알칼리 식품으로서 혈액이나 체액이 산성으로 변하는 것을 중화시켜 약알칼리성으로 유지시켜 준다.

(1) 식물세포의 구조 및 구성물질

1) 식물세포의 구조

① 세포벽

식물조직을 구성하는 세포는 세포벽으로 둘러싸여 있으며 세포벽은 다공질이고 수분을 투과시킨다.

세포벽은 주로 셀룰로오스(cellulose)로 구성되어 있고, 헤미셀룰로오스(hemicellulose)와 리그닌(lignin)도 함유되어 있으며, 이들은 인체 내에서 소화되지 않는다.

② 세포질

세포벽 안에 있는 원형질은 여러 가지 다양한 부분으로 나뉘어져 있는데 가장 중요한 부분은 핵(nucleus)이다. 세포의 모든 활동은 핵에 의하여 수행되고 조절되기 때문에 세포는 핵없이 생존할 수 없다.

또 세포질에는 색소체(plastids)라 불리는 많은 작은 입자들이 있다. 이 색소체 가운데 엽록체는 녹색 색소인 클로로필을 함유하며 이것은 식물의 광합성에 매우 중요한 역할을 한다. 그 외 카로티노이드와 백색체 등이 있다.

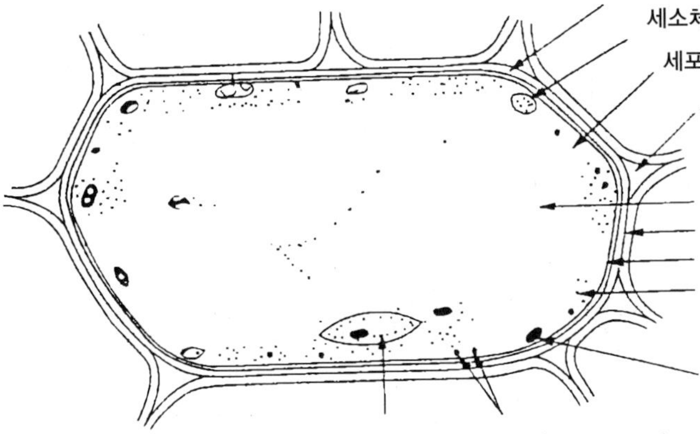

[그림 14-1] 식물세포의 구조

③ 펙틴질

세포와 세포 사이에는 헤미셀룰로오스와 펙틴질로 된 비결정체의 물질로 채워져 있다. 따라서 펙틴질은 세포와 세포, 셀룰로오스와 헤미셀룰로오스 사이를 붙여주는 역할을 한다.

④ 액포

색소체외에 세포 안에는 세포의 대사에 필요한 효소를 가지고 있는 미토콘드리아와 액포가 있다. 액포는 세포질의 약 90%를 차지하며 그 속에는 세포액이라고 불리는 액체로 채워져 있다. 이 액체에는 각종 당류, 염류 외에 유기산, 비타민, 페놀 유도체, 수용성 색소 등 여러 가지 수용성 물질이 함유되어 있다.

2) 식물세포벽의 구성물질

① 셀룰로오스(cellulose)

셀룰로오스는 식물 세포벽에 견고성을 주는 것으로 펙틴질 및 그 밖의 물질과 결합해서 존재하기도 한다. 셀룰로오스는 글루코오스 단위로 만들어진 가장 큰 다당류지만 전분과는 그 결합 방법이 다른데, 셀룰로오스는 β-글루코시드 결합으로 이루어져 있다. 알칼리에서는 상당히 강하나 산에서는 가수분해되며 인체 내에서는 소화가 불가능하다.

② 헤미셀룰로오스(hemicellulose)

헤미셀룰로오스는 세포벽에서 셀룰로오스, 펙틴질과 공존하는 다당류로서 자일란, 만난, 갈락탄들로 주로 이루어진다. 묽은 산이나 알칼리에 셀룰로오스보다 더 쉽게 가수분해되며 따라서 조리 시에 채소 중의 헤미셀룰로오스의 양이 많이 감소한다.

③ 리그닌(lignin)

리그닌은 페놀의 중합체로서 탄수화물에 속하지 않으며, 채소가 성숙할수록 리그닌 함량이 증가하므로 아스파라거스 순, 브로콜리 대 등은 성숙함에 따라 점차 질겨지고 가열해도 잘 부드러워지지 않는다.

④ 펙틴(pectin)

펙틴질은 탄수화물의 유도체로서 모든 식물조직에서 볼 수 있고 특히 세포벽의 중층에 속해 있다. 펙틴 분자는 갈락투론산 단위의 중합체로서 젤리나 잼을 만드는데 필수요소이다. 펙틴의 잼, 젤리 형성능력과 관계가 깊은 6번 탄소의 메톡실화(methoxylation)는 성숙도에 큰 영향을 받는데, 성숙된 과일일수록 메톡실화가 낮아 젤리화의 능력도 떨어진다. 펙틴의 응고성을 이용한 젤리화의 최적요소는 펙틴 1~5%, 당 60~65%, 유기산 pH 3~4 등이다.

3) 식물세포의 종류

채소, 과일 등은 생 세포로 구성되어 있으나 그 세포는 부분에 따라 현저한 차이가 있다. 채소 및 과일을 구성하는 세포 및 조직은 다음 4종류로 구성되어 있다.

① 보호세포

식물의 표면을 구성하는 세포로 보호세포가 있는 표피에서 식물은 호흡하며 또 이물질의 침입이나 불필요한 수분의 증발을 막는 등 식물의 생명현상을 유지하기 위해서 보호역할을 한다.

② 유도세포

긴 관과 같은 모양을 하고 있으며 이 관을 통해 물, 전해질 물질, 영양분 등이 각 조직에 운반된다. 이러한 세포의 벽은 리그닌(lignin)과 같은 물질로 구성되어 있으므로 조리과정 중에 연해지지 않는다.

③ 지지세포

식물체 조직을 유지하기 위해 형성된 것으로 지주적 역할을 하는 조직구성 요소로서 성숙한 식물에 생기며 세포의 형태는 길고 끝이 뾰족하다.

④ **유세포**

얇은 벽이 다각, 다변의 입방체를 형성하고 있으며 이 세포층에 주로 영양소가 합성, 저장되어 있어 채소나 과일에서 먹을 수 있는 주요 부분이다.

(2) 채소와 과일의 성분

1) 영양성분

① **수분**

채소와 과일은 어떤 식품보다도 많은 수분을 함유하고 있는데 종류에 따라 채소는 70~98%, 과일은 75~90%의 수분을 함유하고 있다. 수분은 주로 액포에 존재하며 당, 염, 유기산, 수용성 색소, 수용성 비타민 등을 용해시켜 가지고 있다. 수분에 완전히 용해되지 않는 물질은 교질상태로 존재한다.

② **탄수화물**

일반적으로 엽채류에는 셀룰로오스가 많고, 과채류인 토마토나 참외류 등은 펙틴, 헤미셀룰로오스가 많으며 감자 등의 구근채류에는 전분이 많다. 또 채소류에는 당에 의해 단맛을 가진 것도 있는데 채소가 덜 성숙되었을 때는 당을 함유하고 있지만 성숙됨에 따라 전분으로 전환된다. 또 과일보다 셀룰로오스가 더 많고 유도세포와 지지세포에는 상당량의 리그닌이 있다.

과일은 탄수화물로는 과당, 전분, 셀룰로오스, 헤미셀룰로오스, 펙틴 등이 있다. 전분은 성숙함에 따라 과일의 질감에 영향을 주며 펙틴은 과일의 종류와 성숙도에 따라 함량이 달라진다. 일반적으로 과일이 성숙해 감에 따라 불용성 펙틴이 용해성 펙틴으로 분해되어 조직이 물러진다.

③ **단백질과 지질**

엽채류는 1~4%의 단백질을 가지며 근채류와 경채류는 아스파르트산, 글루탐산, 유리아미노산을 가지므로 감칠맛이 있어 고기국물과 같은 맛을 낸다. 그러나 채소류에는 지질 함량이 극히 적은데 이 양은 식물이 성장하는 데는 지장이 없으나 영양 공급원의 역할은 할 수 없다.

과일은 대개 1~2%의 단백질을 함유하고 있으나 계절에 따라 그 함량이 다르고 아미노산이 들어 있는 것도 있다. 그리고 지질함량은 호두 외에는 대체로 매우 적다. 사과나 포도껍질의 흰 가루는 대개 왁스로서 과일을 보호한다.

[표 14-1] 채소류의 비타민 및 무기질 함량(100g 중)

채소의 종류	카로틴 (㎍)	비타민 B_1 (mg)	비타민 B_2 (mg)	비타민 C (mg)	칼슘 (mg)	철 (mg)
시금치(생것)	2,860	0.12	0.28	66	43	2.5
시금치(삶은 것)	2,920	0.02	0.12	40	48	2.2
무(잎)	4,860	0.11	0.34	25	106	10.7
무(뿌리)	0	0.13	0.01	16	42	1.3
파(녹색 부분)	1,800	0.05	0.10	50		2.0
파(흰색 부분)	0	0.03	0.30	20		1.0
아스파라거스(생것)	321	0.12	0.13	50	22	0.5
아스파라거스(삶은 것)	324	0.11	0.14	59	3	1.2
당근(생것)	7,620	0.06	0.05	8	40	0.7
당근(삶은 것)	6,720	0.05	0.05	7	40	0.7
배추(생것)	56	0.05	0.06	46	51	0.3
배추(절인 것)	17	0.04	0.03	29	50	0.4

④ 무기질과 비타민

채소는 과일보다 무기질과 비타민이 풍부하다. 잎이 얇고 색이 진한 푸른 채소는 철과 칼슘의 함량이 높다. 그러나 시금치의 칼슘은 수산과 결합하여 불용성 염으로 존재하므로 이용되기 어렵다. 즉 채소류에는 대체적으로 칼륨이 많고 과채류에는 칼슘과 인이 많으며 근채류에는 마그네슘이 많다. 또 푸른 채소는 비타민 B 복합체와 비타민 C 함량이 높을 뿐 아니라 프로비타민 A의 좋은 급원이다.

과일은 비타민 B 함량은 낮으나 비타민 C 함량은 풍부하며 황색 과일들은 프로비타민 A도 상당히 함유하고 있다. 건조과일에는 비타민 A, B가 많고, 비타민 C는 파괴되어 그 함량이 적으나 통조림, 병조림을 하면 비교적 비타민 C도 많이 남게 된다.

[표 14-2] 과일류의 비타민 및 무기질 함량(100g 중)

과일의 종류	카로틴 (㎍)	비타민 B_1 (mg)	비타민 B_2 (mg)	나이아신 (mg)	비타민 C (mg)	칼슘 (mg)	철 (mg)
밀감	49	0.11	0.06	0.5	39	18	0.2
오렌지	90	0.11	0.02	0.3	43	33	0.3
레몬	0	0.05	0.02	0.7	70	55	0.4
감	139	0.03	0.03	0.3	50	8	0.3
사과	19	0.01	0.01	0.1	4	3	0.3
배	0	0.02	0.01	0.1	4	2	0.2
거봉포도	15	0.03	0.01	0.2	2	6	0.4
딸기	30	0.04	0.04	0.4	99	13	0.5
파인애플	0	0.11	0.01	0.2	15	10	0.4
바나나	9	0.03	0.06	1.0	10	4	0.7
살구	1,784	0.03	0.02	0.3	5	5	0.5
매실	123	0.03	0.02	0.4	6	7	0.6
머스크 메론	18	0.08	0.03	0.8	22	7	0.5
백도	10	0.02	0.01	0.4	7	3	0.5
황도	120	0.01	0.02	0.5	6	3	0.2
수박	165	0.06	0.02	0.2	6	6	0.2
참외	80	0.02	0.05	0.7	15	6	0.3
망고	1,600	0.04	0.06	0.7	20	15	0.2

2) 비 영양성분

① 향미성분

가. 당

채소와 과일에는 포도당, 과당, 서당이 함유되어 있으며 특히 과일에는 상당히 많으므로 단맛을 느낄 수 있다.

나. 유기산

채소는 구연산, 사과산, 수산, 호박산, 주석산 등 여러 종류의 유기산을 가지고 있으나 함량이 낮고 대부분 염의 형태로 존재하므로 신맛을 느낄 수 없다. 그리고 유기산은 휘발성 및 비휘발성 유기산으로 나누어지는데 휘발성 유기산은 채소를 끓는 물에 넣고 가열하면 처음 5분간에 대부분 증발하는 물질이다. 비휘발성 유기산은 끓는 물에서 채소를 가열하면 조리하는 물에 용해되어 나오기는 하나 수증기와 함께 증발하지는 않는다. 따라서 조리수의 pH를 산성으로 만들어 푸른 채소일 경우 색을 황록색으로 변하게 한다.

과일의 유기산은 신맛 성분으로 과일이 덜 익었을 때는 과일의 산도가 높으며, 성숙될수록 과일의 산도가 낮아진다. 대부분 과일의 pH는 5.0 이하이며 신맛과 관련이 있다. 특히 레몬, 라임, 크렌베리의 pH는 2~3으로 산도가 높아 신맛이 가장 강하며, 바나나와 배의 pH는 4.5 이상으로 산도가 낮은 편이다.

유기산 중 구연산은 감귤류와 토마토에 많으며 사과산은 사과, 살구, 체리, 복숭아, 배, 딸기 등에 풍부하다. 그리고 주석산은 포도에 많이 함유되어 있다.

다. 향기성분

채소는 일반적으로 강한 향기를 가지고 있지 않은데 다만 파, 마늘, 배추, 무, 브로콜리 등은 강한 향기와 맛을 가지고 있다. 이들 채소의 강한 향기와 맛은 유황화합물에 의한다.

과일은 특유의 강한 향기를 가지고 있기 때문에 식욕을 돋군다. 과일의 향기는 가장 잘 익었을 때 가장 강하며 여러 가지 휘발성 성분의 복합적 혼합물에 의한다. 향기성분은 과일에 미량 존재할 뿐만 아니라 불안정하기 때문에 측정하기 힘든데 현재까지 알려진 향기 성분에는 에스테르, 알데히드, 알코올, 케톤, 터핀 등이 있다.

라. 수렴성 물질

카테킨(catechin)과 페놀(phenol)같은 물질들은 음식의 수렴성과 떫은맛의 원인이 된다. 커피, 홍차를 비롯하여 몇 종류의 과일에서와 같이 수렴성이 약할 때는 이 맛이 바람직하게 느껴지지만 수렴성이 강하면 덜 익은 감과 바나나같이 좋지 않게 느껴진다.

② 색소

채소와 과일에 있는 색소를 화학구조에 의해 분류하면 클로로필, 카로티노이드, 플라보노이드, 안토시아닌 등으로 나눌 수 있다.

가. 클로로필(chlorophyll)

클로로필은 지용성의 녹색 색소로서 구조는 클로로필 분자의 중앙에 마그네슘 원자가 있으며, 4개의 포피린(porphyrin) 고리의 질소원자와 결합하고 있고, 피톨기를 가지고 있다. 클로로필은 산에 불안정하여 채소의 가열조리 과정(시금치 된장국 등)이나 숙성된 김치, 오이지 등의 조리과정에서 유기산이 용출되면 클로로필의 포피린 고리의 마그네슘이 수소이온으로 쉽게 치환되어 녹갈색의 페오피틴(pheophytin)으로 변하게 된다. 그러나 녹색 채소를 단시간에 데치면 녹색이 오히려 선명해지는데 그것은 조직 세포 간 공기층이 데치는 과정에서 제거되기 때문이다. 그러므로 녹색 채소를 데치거나 조리할 때 처음 5~7분은 냄비의 뚜껑을 열어서 유기산을 휘발시키는 것이 좋다.

반면 약알칼리에서는 안정하여 가열했을 때 청록색의 클로로필린(chlorophyllin)을 형성한다. 그러므로 중조 등을 넣을 경우 색은 선명하게 유지되지만 비타민 C가 파괴되고 조직이 연화되므로 바람직하지는 않다.

나. 카로티노이드(carotenoid)

카로티노이드 색소는 지용성의 황색, 오렌지, 적색 색소로 크게 카로틴(carotene)과 잔토필(xanthophyll)로 분류된다. 주요 카로틴류로는 α-, β-, γ-카로틴과 라이코펜이 있다. α-카로틴은 당근, 오렌지 등에, β-카로틴은 당근, 고구마, 호박 등에, γ-카로틴은 살구, 팜유 등에 많이 함유되어 있다. 라이코펜은 수박, 감, 특히 토마토에 많이 들어 있다. 카로틴 중 일부는 비타민 A의 전구체로 작용하여 프로비타민 A라고 부르는데 이 중 가장 중요한 것은 β-카로틴으로 2분자의 레티놀(retinol)이 결합되어 있다. 잔토필류에는 치자의 크로세틴(crocetin), 고추의 캡산틴(capsanthin), 옥수수의 루테인(lutein) 등이 있다.

카로티노이드는 가열조리에 비교적 안정하며, 약산이나 알칼리에 의해 쉽게 파괴되지 않는다. 그러나 카로티노이드는 이중결합이 많으므로, 장시간의 가열, 광선, 산 등의 영향으로 황색이 엷어지고 비타민 A 활성이 저하된다.

다. 플라보노이드(flavonoid)

플라보노이드 색소는 넓은 의미에서는 안토잔틴, 안토시아닌, 카테킨 색소 등이 포함되나 좁은 의미에서는 안토잔틴(anthoxanthins) 색소만을 의미한다. 플라보노이드는 폴리페놀화합물의 일종으로 플라본(flavone)을 기본구조로 가지고 있다.

무색(백색) 또는 담황색을 띠는 수용성 색소로서 산성에서는 안정하여 더욱 선명한 흰색을 띠므로, 조리할 때 식초나 주석영을 첨가하기도 한다. 알칼리성에서는 짙은 황색을 띠는데 밀가루에 중조를 넣어 빵을 만들 때 황색을 나타내는 것과 라면 반죽 시 알칼리성 간수를 넣음으로써 라면색이 노란 것은 이 때문이다. 열에는 비교적 안정하지만 과다하게 가열하면 색이 어두워진다. 또 구리나 철 등과 결합하면 흑갈색으로 변하는데 철제 칼로 감자나 양파, 연근 등을 썰면 청록색 또는 흑갈색으로 변하는 것을 볼 수 있다.

라. 안토시아닌(anthocyanin)

안토시아닌은 넓은 의미로 플라보노이드에 속하며 채소와 과일의 적색이나 자색을 나타내는 수용성 색소로 pH에 따라 색이 달라진다. 산성에서는 적색계통, 중성에서는 자색계통, 알칼리성에서는 청색계통으로 변한다. 안토시아닌은 조리과정에서 매우 불안정한 색소로 산성에서는 선명한 적색을 나타내므로 자색 양배추를 조리할 때 사과 주스나 레몬즙을 첨가하면 선명한 색을 유지할 수 있다. 생강, 우엉, 토란 줄기를 데친 후 식초에 담그면 분홍색이 된다. 알루미늄(Al^{3+})이나 철(Fe^{2+}) 같은 금속이온과 안정된 착염을 형성하므로 가지 절임이나 검정콩을 삶을 때 쇳조각을 넣어 주면 선명한 청자색과 흑색을 띠게 된다.

(3) 채소와 과일의 분류

채소와 과일을 형태에 따라 간단하게 분류하여 보면, 채소는 엽채류 및 경채류(시금치, 근대, 상추, 배추, 양배추, 셀러리, 미나리, 부추, 케일 등), 구근채류(감자, 고구마, 토란, 무, 당근, 비트, 우엉, 연근, 마늘, 양파 등), 과채류(오이, 가지, 호박, 고추, 토마토 등), 화채류(브로콜리, 콜리플라워 등) 및 종실채소류(완두, 청대콩) 등으로 나눌 수 있다.

또 과일은 인과류(사과, 배, 감, 감귤류 등), 핵과류(복숭아, 앵두, 살구, 자두, 대추 등), 장과류(포도, 딸기, 바나나, 파인애플 등) 및 열대에서 생산되는 바나나, 파인애플, 머스크메론, 파파야, 아보카도, 망고, 키위 등이 있다.

(4) 채소와 과일의 갈변

채소나 과일을 자르거나 껍질을 벗기면 색이 변하는데 이것을 갈변(browning reaction)이라고 한다. 갈변에는 활성효소의 작용에 의한 효소적 갈변과 비효소적 갈변의 두 가지가 있다.

1) 효소적 갈변

폴리페놀 옥시다아제(polyphenol oxidase)라는 효소가 식품 속의 기질을 산화시켜 최종적으로 갈색의 물질을 만드는 반응이다. 예를 들어 사과, 배, 복숭아, 가지, 우엉 등의 껍질을 벗기거나 조직에 상처가 나는 경우 그 부분이 곧 갈변하는데 보통 페놀 또는 폴리페놀류를 함유하는 식물의 조직 중에 이것을 산화시키는 효소가 함유되어 있어서 갈색물질을 생성하기 때문이다.

감자는 티로신(tyrosine)이나 클로로겐(chlorogen)을 우엉, 가지 등은 주로 클로로겐을

[표 14-3] 채소와 과일의 분류

구분	분 류	특 징	종 류
채소류	경엽채류	· 잎과 줄기를 주로 이용하는 채소 · 수분함량이 높고 당질, 열량은 적음 · 비타민과 무기질의 좋은 급원	배추, 양배추, 시금치, 상추, 부추, 미나리, 샐러리
	구근채류	· 뿌리 부분을 이용 · 수분함량이 낮고 당질이 많음	무, 당근, 우엉, 감자, 파, 양파, 마늘, 생강
	과채류	· 식물의 열매를 채소로 이용 · 수분함량이 높고 당질이 적음	호박, 오이, 토마토, 가지, 고추, 수박, 참외, 딸기
	화채류	· 식물의 꽃을 채소로 이용 · 무기질과 특히 비타민 C가 풍부	브로콜리, 콜리플라워
	종실채소류	· 씨 부분을 이용하는 채소 · 수분함량은 낮고 전분함량이 높음	완두콩, 청대콩
과일류	인과류	· 꽃받침이 발달하여 과육부를 형성	사과, 배, 모과
	준인과류	· 씨방이 발달하여 과육이 된 것	감, 귤
	핵과류	· 과육 속에 씨방이 발달하여 딱딱한 핵을 이루고 그 안에 종자가 있는 것	복숭아, 자두, 매실, 살구, 앵두, 대추, 버찌
	장과류	· 꽃받이가 두꺼운 주머니 모양이고 육질이 부드럽고 즙이 많음	포도, 딸기, 바나나, 파인애플, 무화과, 석류
	견과류	· 씨방이 딱딱해진 종자를 이용	밤, 호두, 은행, 잣, 땅콩

함유한다. 이 밖에도 카테콜(catechol), 카페산(caffeic acid), 갈산(gallic acid) 등 여러 가지 탄닌류가 있다. 그러나 이런 물질이 없는 과일, 즉 레몬, 오렌지, 참외, 파인애플 등은 쉽게 변색하지 않는다.

이러한 물질을 산화시키는 효소의 최적 pH는 5.8~6.8인데 산이 적은 과일은 중성에 가까우므로 같은 사과일지라도 품종에 따라 갈변정도가 다른 것은 폴리페놀 옥시다아제의 활성의 차이로 인한 것이다.

2) 비효소적 갈변

비효소적 갈변은 마이야르 반응(maillard reaction), 캐러멜 반응(caramelization), 아스코르브산 산화반응(ascorbic acid oxidation)의 3가지로 구분한다. 식품에서의 비효소적 갈변반응은 이 3가지가 혼합되어 일어난다.

① 마이야르 반응

채소나 과일에 존재하는 환원당과 아미노화합물에 의한 마이야르 반응(아미노-카보닐 반응, 멜라노이딘 반응)에 의해 갈색 색소인 멜라노이딘(melanoidine)을 생성하여 갈변을 초래하는 것으로 주로 가공한 과일에서 나타난다. 어느 식품이나 당류와 함께 아미노산을 포함하고 있으므로 가장 흔히 일어나는 갈변반응인데 이 반응은 식품의 색 뿐만 아니라 맛, 냄새에도 영향을 주고, 필수아미노산의 파괴 등 영양가의 감소를 가져오기도 한다.

② 캐러멜 반응

캐러멜 반응은 주로 당류의 가수분해물 또는 가열산화물들에 의한 갈색화 반응이다. 고온에서 당류 또는 당류의 수용액을 가열할 때 일어나는 반응이며 각종 분해산물들은 식품의 향기나 맛에 기여한다. 간장과 된장의 색깔은 마이야르 반응에 의한 것이나 캐러멜 반응에 의한 착색도 기여한다.

③ 아스코르브산 산화반응

식품 중에 함유되어 있는 아스코르브산은 유기산(구연산, 사과산, 수산 등) 또는 아미노산과 반응하여 분해됨으로써 푸르푸랄(furfural)과 그 유도체를 생성하는 반응으로 갈변하는 것이다.

예를 들어 오렌지 주스의 갈변은 아스코르브산이 탈기 부족으로 인해 산화하여 갈색을 나타내는 화합물이 형성되어 일어나며 또한 탄수화물 혹은 아스코르브산이 분해하여 푸르푸르알데히드와 그 유도체를 형성해서 이 분해산물이 중합되거나 질소화합물과 반응하여 갈색색소를 형성한다.

3) 갈변의 방지

① 냉장, 냉동보관

대부분 폴리페놀라아제(polyphenolase)의 최적 온도는 40℃±10℃이므로 냉장하면 효소의 활동이 활발해지지 않는다. 그러나 냉동은 조직에 변화를 주어 질감을 저하시킨다.

② 가열처리

열은 효소의 활동을 억제 또는 파괴하여 갈변을 방지할 수 있으나 가열에 의해 신선도가 변하므로 가열이 적합한 경우에 활용한다.

③ 산의 이용

효소의 최적 pH는 5.8~6.8로 대개 pH를 2.5~2.7 정도로 하면 효소의 활동이 거의 정지된다. 그러므로 껍질을 깎은 과일을 레몬즙, 오렌지즙에 담그면 효과가 있다.

④ 소금의 이용

소금은 폴리페놀 옥시다아제의 활성을 저해하므로 깎은 사과를 0.2% 소금용액에 넣으면 갈변을 방지할 수 있다. 그러나 이 용액의 효력은 일시적이고 영구적 방지를 위해서는 상당량의 소금이 필요한데 소금을 과량 넣으면 음식의 맛을 저해시킬 우려가 있다.

⑤ 설탕의 이용

과일에 설탕을 뿌리거나 설탕시럽에 담그면 과일 표면으로 공기 중의 산소가 침입하는 것을 억제하므로 갈변을 방지할 수 있다.

⑥ 항산화제의 이용

항산화제로 아스코르브산(비타민 C)을 사용한다.

⑦ 아황산염(sulfurdioxide)의 사용

과일을 건조시킬 때나 얇게 썬 사과를 희게 보존하기 위해 아황산염(SO_2) 용액에 넣으면 색을 보존할 수 있을 뿐만 아니라 질감도 그대로 보존된다.

⑧ 진공포장

과일을 통조림할 때 통 내부를 진공으로 하면 산소를 차단하므로 갈변을 방지할 수 있다.

⑨ 금속기구 사용 억제

구리(Cu^{2+})나 철(Fe^{2+})은 효소를 활성화시키므로 과일을 자르거나 껍질을 벗길 때 철로 만들어진 칼을 사용하지 않는 것이 좋다.

(5) 채소와 과일의 조리특성

1) 조리의 목적

대부분의 채소들은 조리함으로써 맛이 더욱 좋아지고 소화도 쉬워지는데 이것은 셀룰로오스와 헤미셀룰로오스가 연화되고 부분적으로 전분이 호화되기 때문이다. 예를 들어 콩은 날것으로는 씹을 수도 없고 소화도 안되나 가열에 의하여 단백질의 질이 좋아진다. 특히 대두의 항 트립신 인자나 기타 유독 성분이 파괴, 변성하게 된다.

조리된 채소의 풍미는 생 채소와 다른 맛을 가지므로 식탁에 변화를 준다. 채소를 조리할 때는 채소를 연하게 하면서도 되도록 원래의 색과 모양을 유지시켜 보기 좋게 하며 영양소의 손실을 적게 하는 것이 중요하다.

과일도 조리하면 맛과 소화율이 증가하며 통조림, 건조, 냉동방법으로 가공 및 저장하면 연중 과일을 먹을 수 있다.

2) 삼투압과 조리

세포막은 특수한 경우를 제외하고는 물이나 물 속에 녹아 있는 물질을 거의 같은 정도로 투과할 수가 있다. 그러나 세포질, 특히 원형질막은 완전하지는 않으나 반투과성 막이다. 그러므로 물은 쉽게 투과할 수 있으나 물 속에 녹아 있는 어떤 물질은 잘 통과하지 못하는 성질이 있다. 보통 H^+, OH^-은 통과하기 힘들고 K^+, Na^+은 Ca^{++}보다 통과하기 쉽다.

한편, 원형질막의 내부에 있는 액포 중에는 세포액이 있으며 이 세포액에는 여러 가지 물질이 들어 있는데 세포액은 수압을 생성하고 원형질 막의 장력은 세포막을 밖으로 밀어내게 된다.

① 저장용액(hypotonic solution)에서의 조리

세포를 물 또는 세포보다 삼투압이 적은 수용액에 넣으면 삼투현상에 따라서 세포 속에 물이 들어간다. 이 물의 침입은 묽어진 세포액과 외측의 액의 압력이 같아질 때까지 이루어지며 이때 세포는 팽창한다. 예를 들어 샐러드에 사용할 생 채소를 미리 물에 담가 물을 흡수하여 싱싱해지는 것과 채소를 삶을 때 맹물에 삶으면 물이 세포 중에 침입하여 체적이 늘어나는 것은 이러한 원리 때문이다. 그러나 물의 침입이 계속되면 세포막은 터지고 세포질이 밀려나오게 된다.

② 고장용액(hypertonic solution)에서의 조리

삼투압이 높은 고장용액에 세포를 담그면 세포액 중의 물은 밖으로 빠져 나오므로 세포의 체적이 줄게 되고 따라서 세포는 수축한다. 이것이 어느 한계를 지나면 세포막은 그 이상 수축하지 않게 되고 계속 수분이 손실되면 세포질이 세포막에서 떨어지게 된다. 이것을 원형질 분리라고 한다. 세포가 죽으면 원형질의 반투과성이 없어져서 세포 내에 있는 물질이 밖으로 나오기도 하고 또 물 이외의 물질도 통과하기 쉬워진다.

물에 진한 조미를 하여 채소를 삶으면 세포 중의 수분이 흘러나와 채소는 오그라들게 된다. 채소가 뭉그러지는 것을 막기 위하여 소금을 넣어서 삶기도 하는데 이때 소금은 등장용액 농도로 첨가해서 채소 세포 내 수분의 용출을 막도록 해야 하며 대체로 1% 내외가 적당하다.

3) 조미료의 침투 속도

세포막을 통하여 조미료가 침투할 때는 분자량이 적은 것이 빨리 들어간다. 분자량은 물

(H_2O)이 18.0이고 술(C_2H_5OH)은 46.0, 소금(NaCl)은 58.5, 식초(CH_3COOH)는 60.0이며 설탕($C_{12}H_{22}O_{11}$)은 382.2이다.

따라서 위의 다섯 가지 물질을 놓고 볼 때 물이 가장 빨리 침투하고 다음에 술, 소금, 설탕의 순서가 된다. 그러므로 조미를 할 때 소금과 설탕을 동시에 넣으면 먼저 소금이 들어가고 설탕은 경우에 따라 거의 들어가지 않게 된다. 더구나 소금에는 칼슘과 칼륨이 혼입해 있어서 조직을 굳히는 작용을 하므로 한층 더 설탕의 침투를 막는 작용을 한다. 따라서 설탕을 먼저 넣어 식품 내부까지 충분히 침투하였을 무렵에 소금을 넣는 것이 좋다. 또 채소의 색을 고려하여 식초는 가장 마지막에 넣는다.

4) 조리에 의한 성분의 변화

채소의 성분이나 영양소 함량은 조리과정의 기계적 조작, 열처리, 물 또는 농도가 낮은 염용액의 용매 작용, 공기의 접촉 산화, 양념 등과의 작용, 휘발성 물질의 증발 등으로 인해 여러 가지 변화를 일으킨다. 이러한 변화로 인하여 채소 자체가 지니고 있는 성분이 손실될 수 있으므로 최대한의 성분 보유를 위해 적절한 조리방법을 이용하여야 한다.

① 섬유질의 변화

채소 조리과정에 있어서 셀룰로오스는 어느 정도 연화되고 헤미셀룰로오스의 양은 감소된다. 비록 셀룰로오스가 인체 소화관 내에서 불소화성이긴 하지만 조리에 의하여 셀룰로오스의 이용이 약간 증가한다고 한다. 조리하는 물에 중탄산나트륨(sodium bicarbonate)을 넣으면 셀룰로오스를 분해하는 경향이 있으므로 질감을 부드럽게 하며 이와 반대로 산은 질감을 단단하게 한다. 예를 들어 신 김치를 지지면 생 배추를 지졌을 때와는 달리 장시간 끓여도 쉽게 김치 잎이 연해지지 않는 것은 김치에 있는 산 때문이다.

염화칼슘(calcium chloride) 혹은 수산화칼슘(calcium hydroxide)은 채소의 조직을 더 단단하게 한다. 염화칼슘은 상업적으로 토마토를 단단하게 보존하려 할 때나, 참외 껍질로 피클을 만들 때 단단하고 아삭아삭한 맛이 나게 하는 데 이용한다.

② 수분함량의 변화

조리 중 수분함량의 변화는 채소가 어떤 상태인가에 따라 좌우된다. 건조 채소는 24시간 침수했을 경우 물을 흡수하여 중량이 5~11배, 용적은 2~6배로 증가하나 신선한 채소를 삶거나 찌면 수분이 다소 상실된다.

③ 향미성분의 변화

채소의 향미성분은 각종 아미노산, 유기산, 핵산 관련물질 외에 가열에 의해 분해되는 당, 전분, 무기질 그리고 함황물질 등이다. 조리된 채소의 맛은 향미성분의 성질과 조리방법에 따라 크게 영향을 받게 된다. 적당한 조리는 괜찮지만 지나친 조리를 하면 분해되어 역효과가 난다.

당이 많이 함유된 채소는 가열에 의해 맛이 향상되는데 예를 들면 감자의 전분은 찔 때 β-전분이 α-전분으로 되어 소화가 잘되고 맛이 좋은 동시에 포도당 등 가용성 당질이 감미를 증가시킨다. 또 고구마와 같이 아밀라아제를 함유하는 것은 최적 활성조건의 범위를 장시간 지니도록 하면 한층 달게 된다. 생 양파의 자극이 강한 냄새나 맛 성분은 가열하면 특유의 감미 물질로 되기 때문에 양파를 삶으면 단맛이 증가된다.

그리고 뚜껑을 열고 조리하면 맛을 내는 물질이 휘발하므로 뚜껑을 닫고 조리해야 맛이 더 좋아지며 또 물의 양이 많으면 적은 것보다 맛을 내는 물질이 더 많이 추출된다.

④ 색의 변화

채소의 조리에 의한 성분의 변화 중 가장 중요한 것은 색의 변화라고 할 수 있다.

가. 클로로필(chlorophyll)

색소 중에서 조리온도와 조리 시에 침출된 유기산에 의해 가장 영향을 많이 받는다. 즉, pH 6.3 이하의 산성액에서 가열하면 변색하기 쉽고 가열온도를 80℃ 이상으로 하거나 가열시간이 길수록 변색이 빨리 진행된다. 그러므로 채소를 데칠 때는 냄비 뚜껑을 열고 다량의 물을 사용하여 유기산을 용출, 희석시켜야 한다. 또는 물에 1%의 소금이나 0.3%의 중조를 넣고 가열하면 선명하게 유지할 수 있으며 삶은 후 빨리 냉각시켜야 한다.

그리고 식초의 첨가나 채소를 먹기 전까지 따뜻하게 온도를 유지시키는 것도 변색을 유발하므로 조리 시 색의 보존을 위해 조리방법을 잘 선택하여야 한다.

나. 카로티노이드(carotenoid)

카로티노이드계 색소는 가열이나 산, 알칼리 등에 대하여 안정하나 때로는 광선이나 가열에 의해 이성체를 형성하여 조리과정을 통해 더욱 선명한 황색을 나타내기도 한다.

다. 플라보노이드(flavonoid)

노란색을 약간 띠는 흰색으로 산에 대해서는 안정하지만 알칼리에서는 황색을 띤다. 우엉, 연근, 죽순 등의 흰색 채소를 식초물이나 쌀뜨물에 삶으면 흰색이 유지되고 단단한 섬유가 연하게 된다.

라. 안토시아닌(anthocyanin)

수용성이며 과일의 외피, 빨간 양배추, 빨간 양파 등에 있는데 일반적으로 pH 3.0 이하에서 적색, 중성에서 자색, 알칼리성에서는 청색을 띠며 물에 쉽게 침출되므로 조리하는 동안 적색 채소는 탈색되기 쉽다. 적색 양배추를 조리할 때 사과와 같이 삶거나 초를 넣는 것 또, 생강초절임 등은 이 색소가 산에서 선명한 적색반응을 나타내는 것을 이용한 것이다.

⑤ 탄수화물의 변화

채소 내에 함유되어 있는 전분은 조리과정에서 팽윤 상태를 거쳐 호화가 되며 경우에 따라서는 당이 갈색화한다. 조리한 물에는 상당량의 당이 들어 있는데 증발시키면 갈색화가 일어나고 채소도 변색되거나 눌어붙기 쉽다.

끓는 물에 감자를 넣고 조리하면 껍질이 벗겨지는데 이것은 감자가 호화하는 동안 전분의 용적이 부풀어 오르기 때문이다.

⑥ 무기질 변화

채소에는 무기질이 많이 함유되어 있어 식생활에서 무기질의 급원으로 중요하며, 특히 알칼리성 무기질과 철의 급원으로 필수적이나 수용성이므로 조리에 의한 손실이 크다. 삶을 때는 가능한 물에 담그거나 미리 삶지 않는 것이 좋고 모양은 입방체보다 둥근 모양 그대로 사용하며 크기는 되도록 잘게 자르지 않고 조리하는 것이 무기질의 손실을 억제할 수 있다.

⑦ 비타민 변화

가. 카로틴

물에 녹지 않고 상당히 안정한 화합물이므로 조리에 의한 손실은 크지 않다. 다만 산소와 접촉했을 때 가장 손실이 크므로 고온 처리를 하더라도 뚜껑을 닫는 등 산소와의 접촉을 짧게 하면 손실을 줄일 수 있다.

나. 비타민 B_1

비타민 B_1은 국물에 용출되지만 오래 가열하지 않는다면 가열에 의한 분해는 비교적 적으며 국물을 이용하면 영양소의 이용률을 높일 수 있다. 그러나 비타민 B_1은 알칼리에 약하므로 약미 성분을 우려내거나 색을 보존하기 위하여 중조수에 삶는 경우는 비타민 B_1의 분해가 많이 일어난다.

다. 비타민 B_2

가열에 안정하므로 국물을 이용하면 거의 100% 이용할 수가 있다. 그러나 알칼리에 의한 분해율이 높으므로 주의해야 한다.

라. 니코틴산

수용성으로서 국물에 용출되지만 열에 대해서는 비교적 안정하기 때문에 조리에 의한 손실은 크지 않다.

마. 비타민 C

수용성으로서 산화되기 쉽고 열에 의해 분해되기 쉬우며 알칼리액에서 손실이 많으므로 조리할 때 가장 불안정한 비타민이다. 삶을 때 용출량이 가장 많고 국물을 이용하지 않는 경우는 비타민 C 양의 40~50%를 손실하게 된다.

최근에는 채소나 과일의 즙을 이용하는 경향이 늘어나고 있는데 믹서나 주서를 사용하여 과즙을 만들면 비타민 C 함량이 많은 것은 산화되기 어려우나 사과의 환원성 비타민 C는 심하게 파괴되고 바나나의 경우에는 거의 산화되어 없어진다. 과즙을 만들 때 소금이나 산을 첨가하면 비타민 C의 산화방지, 갈변방지에 큰 효과가 있다.

5) 조리방법

① 수세

채소는 조리할 때 부착물을 제거하기 위해 씻는데 가능한 한 식물조직을 손상하지 않도록 해야 한다. 씻을 때 조직이 손상되면 영양소나 풍미가 유출되기 쉽고 손상부위가 변형되기도 하여 조리식품에 영향을 준다. 또 그 부위에 이상호흡이 생겨 페놀옥시다아제, 티록시나아제 등의 효소작용에 의해 변질이 촉진되는 수도 있다. 그러나 위생적인 견지에서는 흐르는 물에 채소의 표면을 가볍게 두드리면서 씻어내든가, 물을 몇 번 갈면서 다량의 물 속에서 흔들어 씻는 것이 좋다. 세척제를 사용할 경우는 0.2~0.5%의 수용액에 3~5분간 담근 후 흐르는 물에 잘 흔들어 헹군다.

② 생식

생식은 채소가 지닌 맛을 살리고 채소에 함유되어 있는 비타민 등의 손실을 적게 해서 섭취하는 조리법의 하나로, 비교적 약미 성분이 적고 섬유가 부드러워 가열에 의한 전 처리를 요하지 않는 채소가 사용된다. 생식용 채소를 먹기 전 물에 담그면 자극 성분이나 아린 성분이 용출될 뿐만 아니라 물이 세포 내에 침투되어 팽압이 높아지므로 아삭거리는 질감을 얻을 수 있다.

③ 데치기

일반적으로 잎채소는 물에 데쳐 삶은 다음 채소의 줄기가 연화되면 물기를 빼고 양념을 하여 먹는다.

푸른 채소를 데칠 때 문제가 되는 것은 푸른색의 변화와 수용성 영양소의 손실인데 이들은 조리방법상 상반된 경우를 보이고 있다. 즉 다량의 물을 사용하여 뚜껑을 열고 데치면 유기산의 희석으로 푸른색의 유지에는 좋으나 수용성 영양소의 손실 및 향미성분의 휘발을 초래하게 된다.

④ 찌기

보통 증기에서 찌는 법과 압력을 가해 온도를 높여 시간을 단축시켜 찌는 방법이 있다. 채소를 증기에서 찌면 물에 삶는 것보다 수용성 영양소의 손실은 적으나 조리시간이 연장되므로 열에 의한 비타민의 파괴와 푸른색의 변화를 일으키게 된다.

가압 냄비를 사용하여 찌면 조리시간을 단축시키므로 색, 영양소, 맛 성분을 최대한 보유하는 데 유효하며 조직이 단단한 채소 조리 시 이상적으로 이용할 수 있다.

⑤ 볶음

채소를 통째로 썰거나 또는 채로 썰어서 팬이나 냄비에 기름을 두르고 볶아 조리하는 방법이다. 물을 사용하지 않으며 적온에서 단시간 조리하므로 무기질, 비타민 등의 손실이 적다.

⑥ 튀김

밀가루 반죽을 입히고 튀기는 방법과 입히지 않고 그대로 튀기는 두 가지 방법이 있는데 두 방법 모두 기름이 끓는 온도에서 단시간 조리되므로 영양소의 손실이 적다. 그러나 튀김 온도가 충분히 높지 않으면 채소 조직 속에 기름이 필요 이상 흡수되므로 주의한다.

⑦ 전자레인지 조리

신선한 채소를 조리할 때는 색, 맛, 질감 등에서 재래방법이나 별로 다름이 없지만 냉동된 채소를 조리하면 조리시간이 극히 단축되므로 색과 영양소를 최대한으로 유지할 수 있다.

전자레인지를 잘 이용할 수 있는 채소는 완두콩, 브로콜리, 청대콩, 양배추 등의 냉동채소이며 이렇게 완성된 채소는 재래식 방법으로 조리한 것보다 색, 질감, 향미 성분이 우수하며 영양소 함량도 높다.

2. 채소와 과일의 실험조리

실험1

소금의 침투에 의한 채소의 방수 및 질감

생 채소에 소금량을 다르게 첨가하여 방수되어 나온 양을 측정하고 질감을 비교함으로써 생채 조리 시 적정한 소금 농도를 알아본다.

● **재료 및 분량**

무 1kg, 소금 20g

● **기구 및 기기**

깔때기(8㎝) 4개, 깔때기대, 메스실린더, 저울

● **실험 방법**

① 무를 얇게 채 썰어서 각각 200g씩 정확하게 달고 A, B, C, D의 4군으로 나누어 볼에 담는다.

② B, C, D군에 무의 1%, 2%, 4%씩 소금을 가하여 골고루 섞고 A군은 소금을 넣지 않는다.

③ 메스실린더 위에 깔때기를 고정시킨 뒤 각 시료를 깔때기에 담는다.

④ 1, 3, 5, 10, 15, 30분마다 각 군별로 흘러나온 액의 양을 측정한다.

⑤ 30분 후 각 시료의 질감 및 짠맛 농도를 비교한다.

[표 14-4] 소금에 의한 채소의 방수 및 질감

시 료	방수량(㎖)						질감 기호도*	짠맛 기호도*
	1분	3분	5분	10분	15분	30분		
A								
B								
C								
D								

* 관능평가를 하고 기호도가 가장 높은 것을 1로 하여 순위대로 기입한다.

● 결과 및 고찰

결과

실험2

채소의 조건에 따른 데치기 영향

녹색채소를 데칠 때 영양소의 손실을 줄이고 최적의 질감을 얻기 위해 데치는 물의 양과 가열온도, 가열시간의 관계를 알아본다. 데치는 물의 양에 따른 온도의 저하상태와 가열시간의 차이를 비교해 보고 가열시간에 따라 채소의 익은 정도와 색을 관찰해 본다. 나물을 할 경우 가장 적당한 데침 조건을 평가해 본다.

● 재료 및 분량

(다듬어서 물기를 제거한) 시금치 250g, 쑥갓 250g, 미나리 250g, 소금 적당량

● 기구 및 기기

냄비, 비커, 온도계, 시계, 저울

● 실험 방법

① 시금치를 씻어 50g씩 5군으로 나누어 놓는다.

② 각각 200mℓ, 300mℓ, 400mℓ, 500mℓ, 600mℓ의 물을 냄비 a, b, c, d, e에 준비하고 1%의 소금을 넣는다.

③ 물이 끓으면 시금치를 넣고 불을 끈 후 즉시 수온을 측정하고 시금치를 바로 꺼내어 냉수에 헹구어 건져 놓는다.

④ 냄비 e의 경우에는 수온을 측정한 후 불을 다시 켜서 끓기 시작하면 1분, 5분, 10분이 될 때마다 시금치를 조금씩 꺼내어 냉수에 헹구어 놓는다.

⑤ 쑥갓과 미나리(줄기만 사용)도 시금치와 같은 방법으로 실험한다.

[표 14-5] 채소의 데치는 물의 양, 가열시간 및 질감

채소 종류	물의 양 (㎖)	냄비물의 온도 (℃)	가열시간 (분)	익은 정도	색의 변화
시금치	200		0		
	300		0		
	400		0		
	500		0		
	600		0		
			1		
			5		
			10		
쑥갓	200		0		
	300		0		
	400		0		
	500		0		
	600		0		
			1		
			5		
			10		
미나리	200		0		
	300		0		
	400		0		
	500		0		
	600		0		
			1		
			5		
			10		

● **결과 및 고찰**

– 데치는 물의 양에 따라 채소를 넣은 후 온도의 변화가 어떻게 일어나는지 측정해 본다.

– 데치는 물의 양이 채소의 질감과 색에 어떠한 영향을 미치는지 관찰해 본다.

결과

실험3

채소의 색소에 대한 산 · 알칼리 영향

시금치(chlorophyll 색소)와 당근(carotenoid 색소)을 산 및 알칼리 용액에서 가열하였을 때 색의 변화를 관찰한다.

● 재료 및 분량

시금치 250g, 당근 150g, 초산, 중조 적당량

● 기구 및 기기

pH meter, 비커, 메스플라스크, 저울

● 실험 방법

① 시금치를 씻어 50g씩 5등분한다. 물(500㎖), 0.1% 초산액(500㎖), 1% 중조액(500㎖)을 같은 종류의 냄비에 담아 끓으면 각각에 시금치를 넣어 뚜껑을 덮지 않고 1분간 데친 후 건져 색을 비교한다.

② 나머지 2군 중 1군은 대조군(생것)으로 하고 1군은 끓은 물(500㎖)에 넣고 뚜껑을 덮어 1분간 데친 후 냉수에 30초 담근 다음 색을 비교한다.

③ 당근은 1×1×1㎝의 크기로 썰어 30g씩 5군으로 나눈 다음 1군은 대조군(생것)으로 하고 나머지 4군은 ①과 같이 조리한다.

[표 14-6] 채소의 산 · 알칼리에 의한 색 변화

조리방법(삶기)	pH	가열시간(분)	녹색 순위	홍색 순위
대조군(생것)				
물 500㎖		1		
0.1% 초산액 500㎖		1		
1% 증조액 500㎖		1		
뚜껑을 덮음(물 500㎖)		1		

● **결과 및 고찰**

– 각 채소들의 원래의 색이 가장 잘 유지된 것은 어느 것인지 알아본다.

– 어떤 조리방법이 채소의 색을 가장 좋게 변화시켰는지 알아본다.

– 색과 질감이 가장 적당하게 데쳐진 것은 어느 것인지 평가해 본다.

결과

실험4

채소 및 과일의 갈변 억제효과

감자와 사과 등을 소금액 및 산, 알칼리액에 담근 후 변색의 정도를 살펴보아 각 용액이 갈변에 미치는 영향을 실험한다.

● 재료 및 분량

감자 2개, 사과 2개, 1% 소금물, 1% 구연산, 1% 중조액 각 200㎖

● 기구 및 기기

메스실린더, 저울, 강판

● 실험 방법

① 각 재료의 껍질을 제거하고 50g씩 5군으로 나눈다.

② 강판에 그냥 가는 것을 대조군(A)으로 하고, 1% 소금물(B), 1% 구연산액(C), 1% 중조액(D)에 각각 30분씩 담근 후 건져서 간다.

③ 그 후 3분, 10분, 20분, 30분 후 갈변의 정도를 관찰한다.

[표 14-7] 채소 및 과일의 갈변

시 료	갈변이 시작되는 시간(분)	30분 후 갈변정도의 순위
A		
B		
C		
D		

● **결과 및 고찰**

– 각 시료 중 어느 것이 가장 먼저 갈변이 일어났는지 알아본다.

– 어떤 조건에서 가장 갈변이 심하게 일어나는지 비교해 본다.

실험5

조리방법이 채소의 조리시간 및 풍미에 미치는 영향

삶기, 찌기, 굽기 등의 조리방법을 달리하여 식품의 조리시간과 풍미에 미치는 영향을 실험한다.

● 재료 및 분량

감자 4개

● 기구 및 기기

저울, 냄비, 찜통, 오븐, 전자레인지

● 실험 방법

① 같은 무게의 감자 4개를 씻는다.

② 각각의 감자를 냄비에 삶고(A), 찜통에서 찌고(B), 감자를 호일로 싸서 오븐에서 굽고(C), 감자를 랩으로 싸서 전자레인지에서 조리한다(D).

③ 다 익을 때까지 시간을 측정하고 맛을 비교한다.

[표 14-8] **조리방법에 따른 감자의 조리시간 및 풍미 비교**

시 료	조리시간(분)	풍 미*
A		
B		
C		
D		

*** 관능평가를 하고 가장 풍미가 좋은 것을 1로 하여 순위대로 기입한다.**

● 결과 및 고찰

– 어떤 조리방법으로 가열했을 때 조리시간이 가장 짧았는지 비교해 본다.

– 어느 조리방법일 때 감자가 가장 맛있었는지 평가해 본다.

결과

Chapter 15

해조류의 영양 및 조리특성

01 해조류의 성분과 특성

해조류의 분류

해조류의 성분

주요 해조류의 종류

02 해조류의 실험조리

실험 1 미역의 불림 온도에 따른 무게 및 부피 증가 비교

실험 2 설탕의 첨가량에 따른 팥 양갱의 질감 변화

해조류(seaweeds)는 바다 수중에서 생육하는 식물로서 비타민, 무기질 등이 풍부하고 독특한 풍미와 색을 가지고 있어 중요한 식품재료이며 약 50여 종을 식용하고 있다. 또한 해조류의 대부분이 인체 면역력을 2~3배 증가시킨다고 하며 카라긴산, 알긴산, 한천 등은 식품의 물성 개량을 위한 첨가제로 많이 이용되고 있다.

1. 해조류의 성분과 특성

(1) 해조류의 분류

1) 녹조류

녹조류에는 파래, 청각, 클로렐라 등이 있으며 클로로필계, 크산토필계, 카로틴계 색소들이 함유되어 있고 얕은 바다의 따뜻한 물에서 잘 자란다. 단백질 함량이 높아서 새로운 식량 자원으로 관심을 끌고 있다.

2) 갈조류

갈조류에는 미역, 다시마, 톳 등 우리의 식생활에 가장 많이 이용되는 종류들이 포함된다. 클로로필, β-카로틴 등의 색소를 함유하며 특히 영양성분 중 요오드의 함량이 많다.

3) 홍조류

홍조류에는 김, 우뭇가사리 등이 있으며 깊은 바다에서 자라고 약 4,000 종류가 있다. 주된 색소는 붉은색을 띠는 피코에리트린(phycoerythrin)과 카로티노이드 등이다.

(2) 해조류의 성분

1) 탄수화물

해조류의 주성분은 탄수화물이며 건조된 것에는 40~60% 정도 함유되어 있다. 해조류의 종류에 따라 다당류의 성분에 차이가 있는데 녹조류에는 포도당이 주이고 갈조류에는 알긴산과 푸코오스(fucose)가 주이다. 홍조류는 갈락토오스를 주체로 하는 다당류를 함유한다. 홍조류의 우뭇가사리를 끓여서 즙을 분리하고 탈수, 정제하여 한천을 만든다.

2) 단백질

김, 파래, 미역 등은 단백질을 많이 함유하고 있으며 단백가도 높다. 필수아미노산 중 트립토판과 페닐알라닌은 많으나 메티오닌과 리신은 적은 편이다.

3) 지질

지질은 건조중량의 1% 정도로 아주 적으며 불포화지방산인 올레익산이 많다.

4) 무기질과 비타민

해조류는 무기질의 우수한 급원 식품이며 이 중 요오드가 특히 많고 나트륨, 칼륨, 칼슘, 인, 철 등도 많이 함유되어 있다. 비타민 중에서는 비타민 A가 많고 그 외 비타민 B_1, B_2, B_{12}, C, 나이아신(niacin)이 함유되어 있다.

5) 맛 성분

해조류의 감칠맛 나는 특유의 맛은 아미노산에 의하며 그 종류와 함량은 해조류의 종류에 따라 차이가 난다. 김의 주된 맛 성분은 글리신(glycine)과 알라닌(alanine)이며 다시마는 글루탐산(glutamic acid)에 의해 맛을 낸다. 해조류에서 추출한 성분은 가공되어서 각종 조리 시 조미의 재료로 쓰인다.

(3) 주요 해조류의 종류

1) 김(laver)

김의 감미는 알라닌과 글리신이, 구수한 맛은 글루탐산이 낸다. 김에는 녹색의 클로로필, 황색의 크산토필, 청색의 피코시안, 적색의 피코에리트린 등이 혼합되어 있어 검게 보이며 구우면 녹색으로 보이는 것은 적색의 피코에리트린이 탈수화되면서 청색의 피코시안으로 되기 때문이다. 겨울에 수확한 김이 단백질 함량(30~35%)이 높아서 품질이 가장 좋다.

2) 미역(seaweed)

미역에 함유되어 있는 탄수화물의 구성성분인 갈락탄은 조리해도 거의 소화가 되지 않으므로 영양적 가치는 적다. 반면 단백질은 12~13% 정도 함유되어 있고 무기질도 우수하다.

3) 다시마(tangle)

양질의 단백질과 프로비타민 A 및 비타민 B_2를 함유하고 있으며 요오드는 미역의 약 10배 정도 함유하고 있다. 다시마의 주된 맛난 성분은 글루탐산으로서 Na염이 추출되어 나오면 떫은맛을 내지만 20℃의 물에 30~60분 정도 담가 두면 없어진다.

4) 한천(agar-agar)

한천은 홍조류 중 우뭇가사리, 비단풀 등을 일광에 표백한 후 0.01%의 황산, 또는 0.03%의 초산을 넣고 삶아서 점액을 채취하고 이것을 식혀서 고형화하여 동결시킨 후 해동하여 건조시켜 만든다.

주성분은 갈락토오스와 그 유도체로 복합 다당류이며 식물성 젤라틴이라고 할 수 있다. 동물성의 젤라틴은 단백질을 함유하고 있는 반면 한천은 식물성으로 주로 당질을 함유하고 있으며 인체 내에서 소화되지 않고 그냥 배설되므로 다이어트 식품으로 또는 정장작용을 하는 식품으로 이용된다. 또한 미생물이 이용하지 못하기 때문에 미생물 실험용 배지로 널리 쓰이며 특히 겔을 형성하는 능력이 강해서 식품의 겔화를 이용한 식품(잼, 젤리, 양갱 등)에 많이 쓰인다.

5) 파래(green laver)

파래는 민물이 흘러 들어가는 담수가 섞인 연안에 큰 군락을 이루면서 늦은 가을부터 초여름까지 번식하며 선명한 녹색을 띤다.

파래는 강한 알칼리성 식품으로 요오드와 비타민 U(위궤양 예방에 좋은 비타민)가 들어 있는데 양배추의 약 70배 이상 함유하고 있다. 현재 김모양으로 가공하여 사용하거나 직접 식용으로 사용하고 있다.

6) 클로렐라(chlorella)

클로렐라는 '*chloros*', 즉 '작다'라는 뜻을 가진 라틴어에 근거하는 용어로 녹조류에 속하는 대표적인 조류이다. 단세포로서 고등식물과 같이 빛의 존재 하에서는 간단한 무기염과 CO_2의 공급으로 광합성을 하면서 생육하는 독립영양균(autotrophic)인데 세포막은 헤미셀룰로오스나 셀룰로오스로 되어 있고 핵을 가지고 있다.

단백질은 건조품 중 52.2% 정도 차지하며 클로렐라의 단백질을 식량으로 이용하기 위하여 연구되어 왔다. 아미노산 종류로는 리신이 많고 메티오닌 함량은 일반식품에 비해 적은 편이다. 그 외 탄수화물(19.7%)과 지질(6.6%), 섬유(10.4%), 회분(10.1% 정도며 주로

Mg, S, K, Na, Mn 등) 등이 고르게 함유되어 있으며 특히 필수지방산은 균형 있게 들어 있다. 그 밖에 비타민과 핵산 관련 물질(AMP, GMP, CMP) 등이 들어 있다.

2. 해조류의 실험조리

실험1

미역의 불림 온도에 따른 무게 및 부피 증가 비교

건조 미역을 불리는 물의 온도와 시간에 따라 무게 및 부피가 어느 정도로 늘어나는지 측정해 보고 이를 미역국 조리에 활용한다.

● **재료 및 분량**

건조 미역 120g

● **기구 및 기기**

저울, 냄비, 비커

● **실험 방법**

① 건조 미역을 10g씩 상온의 물과 더운물에 각각 담가 불린다.

② 10분씩 경과할 때마다 꺼내어 체에 밭쳐 물기를 제거하고 무게(g)와 부피(mℓ)를 측정한다.

[표 15-1] 미역의 불림 온도에 따른 무게 및 부피 증가

물의 종류	불리는 시간(분)											
	10분		20분		30분		40분		50분		60분	
	g	mℓ	g	mℓ	g	mℓ	g	mℓ	g	mℓ	g	mℓ
상온의 물 (25℃)												
더운 물 (40℃)												

● **결과 및 고찰**

- 미역을 불릴 때 불린 온도에 따라 형상에 차이가 있는지 측정해 본다.
- 차이가 있다면 어느 방법이 더 좋은지 평가해 본다.

결과

Chapter 15 해조류의 영양 및 조리특성

실험2

설탕의 첨가량에 따른 팥 양갱의 질감 변화

설탕의 첨가량을 달리하여 양갱을 만들고 질감의 차이를 평가해 본다.

● **재료 및 분량**

팥 앙금(건조하지 않은 것) 500g, 설탕 1,260g, 한천(마른 것) 30g

● **기구 및 기기**

냄비, 성형 틀

● **실험 방법**

① 팥 양갱 제조의 기본 재료 배합비는 팥 앙금 100g, 설탕 240g, 한천 6g, 물 0.6ℓ로 한다.

② 한천을 냄비에 넣고 30분 정도 분량의 냉수에 침지시킨 후 가열하여 완전히 용해되면 설탕을 각각의 분량(60g, 120g, 240g, 360g, 480g)으로 넣어 녹이고 팥앙금을 넣어 잠시 혼합한 후 응고상자에 부어 굳힌다(팥 앙금과 한천이 분리되지 않으려면 약 40℃를 유지하면서 응고시켜야 함).

③ 냉각시켜 완전히 굳어지면 일정하게 절단하여 플라스틱 필름 등에 포장하여 제품으로 만든다.

[표 15-2] 설탕의 첨가량에 따른 팥 양갱의 질감 변화

설탕 첨가량(g)	응고시간(분)	질　감*	외　관*	맛*
60				
120				
240				
360				
480				

*관능평가하고 가장 좋은 것을 1로 하여 순위대로 기입한다.

● **결과 및 고찰**

– 설탕의 첨가량이 어느 수준일 때 가장 질감이 좋은지 평가해 본다.

– 양갱을 저장하면서 시간에 따라 이액이 형성되는지 관찰해보고 만약 된다면 설탕의 양에 따라 차이가 있는지 측정해 본다.

결과

조리과학 이론 및 실험

Chapter 16

식품의 품질측정

01 식품 품질의 특성

품질의 정의

식품 품질의 특수성

식품 품질의 요소

02 식품 품질의 관능적 요소 측정 방법

기계적 측정법

관능검사법

1. 식품 품질의 특성

(1) 품질의 정의

품질(quality)이란 어떤 목적에 사용되기 위해서 대상 제품이 적합한지의 여부를 나타내는 말이며, 품질측정(quality measurement)이란 그 대상 제품의 질을 물리 · 화학적 및 관능적 방법으로 평가하는 것을 의미한다. 소비자는 적정한 가격으로 최적의 제품을 획득했을 때 큰 만족감을 느끼게 되며, 기업측에서도 최적의 제품을 생산한다는 것은 주어진 조건에서 얻을 수 있는 최상의 품질로서 최소의 비용으로 최대의 효과 즉 최대이윤을 얻을 수 있게 되는 것을 뜻한다. 그러므로 기업과 소비자는 최적 품질의 획득과 제품 품질의 향상을 위해 최선을 다하고 있는 것이다.

(2) 식품 품질의 특수성

식품은 다른 제품과는 비교가 안될 만큼 사람의 건강과 매우 밀접한 관계에 놓여 있으므로 품질을 평가하는 데 신중을 기해야 하는데 이것은 식품이 가지고 있는 몇가지 특수성에서도 기인한다.

첫째, 식품은 사람이 섭취하기 위해 만들어진 것이고 한 번 먹고 난 후에는 돌이킬 수 없다는 것이다. 불량식품이나 더 나아가 독성 및 발암식품을 모르고 먹었다 하더라도 이로 인한 피해는 쉽게 제거되지 않는다.

둘째, 식품이란 우리가 매일 섭취하거나 장기간 습관화된 것이므로 같은 식품이라도 개개인의 기대가치는 많은 차이를 갖게 된다. 이 같은 것에는 간단한 과자에 대해 요구되는 맛의 정도도 다르며 나아가 국가 간, 민족 간에도 맛의 형성과정이 다르므로 좋아하는 식품의 가치기준이 다르게 된다.

셋째, 식품은 우리의 생명유지에 필요한 영양소를 제공하는 물질이면서도 그 영양 가치를 외관적으로 감지할 수 없다. 그러므로 식품 섭취의 궁극적인 목적이 영양소 공급이면서도 그 선택을 좌우하는 기준이 되는 것은 영양가와는 별개인 색깔, 맛, 냄새 등의 기호에 의존하게 되는 것이다.

넷째, 식품은 그의 운용, 즉 보관 및 조리행위를 부적절하게 했을 때 품질의 변화가 크게 또 급속하게 일어나므로 항시 주의를 요하는 제품이다.

(3) 식품 품질의 요소

식품의 품질을 구성하고 있는 요소는 크게 나누어 양적 요소, 영양 및 위생적 요소, 관능적 요소의 세 가지로 나눌 수 있다. 그러나 식품에 있어 이들 세 요소는 서로 깊은 상관관계를 가지고 있으므로 품질을 평가할 때는 이들을 모두 고려하여야 한다.

1) 양적 요소

식품의 품질을 평가하는 가장 일차적인 요소로서 무게, 부피, 개수, 고형분 함량, 침전물의 양 등 양적으로 측정하거나 계산할 수 있는 요소이다. 특히 포장식품인 경우에 포장에 명시된 제품의 종류와 양이 정확하게 내부에 들어있는가를 확인하는 검사가 행해진다.

2) 영양 및 위생적 요소

① 화학적 조성

식품이 가지고 있는 단백질, 지질, 탄수화물, 비타민, 무기질 등의 화학성분은 곧 식품의 영양 공급능력을 의미한다. 그러므로 우리나라를 비롯한 미국 등 많은 나라에서 전체 포장식품에 반드시 영양함량 정보를 포장 외부에 표시하도록 하여 소비자들이 식품 구매 시 품질을 비교 · 선택할 수 있도록 하고 있다.

② 영양소의 질과 효능

같은 화학 성분 함량을 가진 식품이라도 제조 조건에 따라 질과 효율이 달라질 수 있으며 이는 곧 관능적 요소의 변화를 동반하게 되므로 식품 제조 · 가공 시 최적의 조건이 행해졌는지 판단되어져야 한다.

③ 영양 저해 요소의 유무

식품에 천연으로 존재하는 다소의 영양 저해 요소가 적절한 가공 공정을 통해 제거되었는지를 점검하고 이러한 과정이 이루어짐으로써 품질을 향상시킬 수 있다.

④ 이물질 및 독소물질의 혼입

식품 원료의 정선이 미비했거나 제조과정 및 작업장 환경이 불결했을 때 완성식품에 이물질이 투입되어 있거나 독소물질이 혼입될 수 있는데 이러한 것은 비록 건강에 주는 해는 적다 하더라도 제품의 이미지에는 치명인 손상을 가져오게 된다.

⑤ 첨가물의 사용

식품첨가물의 사용은 사용함으로써 야기되는 위험보다 얻는 이득이 더 크기 때문에 허용되는 것이므로 꼭 필요한 곳에 허용량 이내로 사용해야 한다.

⑥ **유해 미생물의 유무**

식품 속에 병원성 세균과 독소세균은 철저하게 방제되어야 하며 이들의 생육 가능성을 제거하는 것은 식품제조 및 조리공정에서는 큰 의미와 과제를 지닌다.

3) 관능적 요소

양적 요소 및 영양, 위생적 요소는 관련 기관에 의하여 기준이 설정되고 통제되거나 감시되는 품질 요소인 반면에 관능적 요소는 통제에서 제외된다. 그러나 소비자 입장에서 식품의 품질을 생각할 때는 대부분 관능적 요소를 의미하게 되며 이 요소에 의해 식품을 선택했을 때는 이에 대한 스스로의 책임을 지니게 된다. 또한 식품 생산자 측에서도 기업의 유지와 발전을 위해서는 정부의 간섭 없이도 자발적으로 식품의 관능적 품질을 유지, 개선시켜 나가야 하므로 가장 중요한 요소라고 볼 수 있다.

식품의 관능적 품질을 판단하는 요소는 크게 겉모양, 풍미, 조직감 등으로 분류된다. 겉모양은 시각에 의해 식품의 색채, 크기, 형태, 점조성, 외피 결함 등이 평가되며 풍미는 미각, 후각에 의해 식품의 맛, 냄새, 입 속에서의 느낌 등이 평가된다. 또한 조직감은 촉각, 청각 등에 의해 식품의 점성, 촉감, 운동감 등의 관능적 요소가 측정된다.

이러한 식품 품질의 관능적 요소는 사람의 오감을 통한 주관적 평가와 기기에 의한 객관적 평가에 의해 측정된다.

2. 식품 품질의 관능적 요소 측정 방법

식품 품질의 관능적 요소를 측정하는 방법에는 크게 기계적 측정법(instrumental method)과 관능검사법(sensory evaluation)이 있다.

(1) 기계적 측정법

기계를 이용한 품질측정법은 객관적인 측정법으로 물리적으로 의미 있는 절대값을 재현성 있게 얻을 수 있으며 측정자의 기분이나 주위 환경에 영향을 받지 않는다. 또 사람에게 직접 시험할 수 없는 식품 원료나 중간 제품의 측정도 가능하다.

그러나 이 방법은 사람의 감각작용에 대한 간접적인 측정방법이므로 항상 그 검사법의 타당성을 해당 관능검사를 통해 비교 · 확인하여야 하며 관능검사 결과와 깊은 상관관계가 인정될 때만 비로소 가치가 있다고 본다. 식품의 관능적 요소의 기계적 측정에 이용되는 기기의 종류를 살펴보면 다음과 같다.

1) 색의 측정

색을 측정할 때는 흔히 스펙트로포토미터(spectrophotometer)나 색차계(color difference meter)를 사용하여 색소함량을 화학적으로 분석하게 된다. 색차계는 색을 측정한 후 이것을 숫자로 나타내는 것으로 보통 색을 표현하는 경우 색입체에 의해 명도, 채도, 색상으로 색의 위치를 결정한다. 색차계에서 사용하는 Hunter Color 척도는 L, a, b로 L은 명도, a는 적색과 녹색의 정도, b는 황색과 청색의 정도를 나타낸다.

2) 맛 농도의 측정

단맛을 나타내는 당의 농도를 측정하는 당도계로는 휴대용 굴절당도계(hand refractometer)와 아베굴절계(Abbe refractometer)가 있으며 대개 0~90도의 범위로 측정된다. 짠맛을 나타내는 소금의 농도를 측정하는 데는 염도계가 쓰이고, 신맛은 총산도를 측정하거나 pH meter로 수소 이온 농도를 측정한다.

또 휘발성 및 비휘발성 맛 성분의 측정에는 가스크로마토그래피(gas chromatography: GC)나 고성능액체크로마토그래피(high performace liquid chromatography: HPLC)를 사용한다.

3) 질감의 측정

점성을 재는 기계로는 오스트왈드 점도계(ostwald viscometer), 회전 점도계(rotation viscometer) 그리고 아밀로그래프(amylograph)가 있고 빵 반죽의 탄력성을 잴 때는 익스텐소그래피(extensography)를 사용한다. 크래커나 파이크라스트의 연한 정도는 쇼오토미터(shortometer)를 사용하고 또 육류의 연한 정도를 측정할 때는 전단 기구(shear apparatus)를 사용한다.

식품의 경도(hardness), 응집성(cohesiveness), 점성(viscosity), 탄성(springiness), 점착성(adhesiveness) 등을 측정할 때는 페네트로미터(penetrometer), 레오미터(rheometer), 인스트론(instron) 등을 이용하여 질감을 종합적으로 측정할 수 있다.

(2) 관능검사법

관능검사란 미각, 후각, 시각, 청각, 촉각을 통해 식품이나 재료의 특성을 측정, 분석, 평가하는 주관적인 측정법이다. 즉 통계학에 기초를 두고 통계학적 실험 설계법에 의하여 미리 계획된 조건하에서 식품을 만든 후 여러 사람들의 감각기관과 평가표를 평가의 도구로 삼아 식품의 맛과 질을 평가하고 그 결과를 통계처리하여 신뢰성 있는 결론을 얻고자 하는 것이다.

그러나 식품의 관능적 품질에 대한 기계적 측정법과는 달리 식품에 대한 개개인의 기호도의 차이, 식별 능력의 차이, 표현 방법의 차이, 편견, 기분의 변화 등으로 재현성 있는 검사 결과를 얻기가 어렵고 감각기능에 의한 정도의 표시를 정확하게 물리적 수치로 나타내는 데 한계가 있다.

그러므로 다수의 훈련된 검사원(panel) 확보, 우수한 관능검사실 설비, 잘 설계된 검사방법 및 반복 검사, 정확한 통계 분석 및 해석 등과 같은 평가결과의 신뢰도를 높이기 위한 노력이 요구된다.

또한 제품에 대한 신뢰성 있는 관능검사 결과를 얻을 수 있다면 이는 각 산업체에서 다양하게 이용될 수 있다. 관능검사를 응용할 수 있는 분야는 다음과 같다. ① 신제품의 개발, ② 제품의 개량, ③ 제조공정의 개선, ④ 경제적 효과(원가절감)의 판정, ⑤ 새로운 제조원료의 선택, ⑥ 품질 수준의 유지, ⑦ 저장에 대한 안정성, ⑧ 제품의 등급화, ⑨ 최적시료의 선택, ⑩ 신제품 또는 개량품의 시장시험, ⑪ 소비자의 선택시험, ⑫ 관능검사용 패널원의 선정 등이다.

1) 관능검사의 단계

① 검사의 필요성 확정(목적의 인식)
② 적절한 방법의 선택(차이검사 또는 기호도검사 등)
③ 검사원 집단의 편성(숙련된 소집단 또는 비숙련의 다집단 등)
④ 시료의 조달
⑤ 면밀한 실시계획
⑥ 실시단계[질문지→ 시료 → 감각기관 → 뇌 → 말(문자)]
⑦ 평가지 수합 및 집계
⑧ 통계분석(결과 도출)
⑨ 해석 및 평가

2) 관능검사법의 유형

① 차이식별 검사(difference test)

차이식별 검사는 관능검사에서 널리 사용되는 것으로 종합적 차이검사와 특성차이 검사가 있다. 종합적 차이검사는 각 시료 간에 전체적인 차이가 있는지 여부를 조사하는 방법으로 단순차이 검사법, 3점 시험법, 1 · 2점 비교법 등이 있다. 특성 차이검사는 주어진 각각의 특성에 대해 2개 또는 여러 개의 시료 간에 차이가 있는지 평가하는 방법으로 2점 비교법, 순위 시험법, 채점척도 시험법 등이 속한다.

- **단순차이 시험법(simple difference test)**

  두 개의 시료간에 차이가 있는지 결정하기 위한 방법이다.

- **3점 시험법(triangle test)**

  두 개는 동일하고 한 개는 다른 세 개의 시료를 동시에 제공하여 다른 한 가지를 알아내고자 하는 방법이다. 얻어진 결과를 3점 시험법 검정표를 이용하여 유의성을 판정한다.

3점 시험법(TRIANGLE TEST)

품명 ____________ 일시 ____________________

성명 ____________ 연령 ____________ 성별 ____________

내용:

1. 제시된 세 개의 시료 중 두 개는 동일하고 나머지 한 개(홀수)는 다르다.
2. 시식 후 홀수를 지적하시오.

(1) 시료번호	(2) 홀수 지적(V표)
549	____
318	____
735	____

3. 기호성

   홀수 시료를 더 좋아한다. ________

   짝수 시료를 더 좋아한다. ________

• **1 · 2점 비교법(duo-trio test)**

세 개의 시료 중 표준시료(R)로 지정된 것을 먼저 맛보고 나머지 두 시료 중 표준시료와 같은 것을 찾아내는 방법이다.

• **2점 비교법(paired comparison test)**

어떤 관능적 특성의 강도 차이가 아주 미약한 다른 두 시료를 동시에 제시하여 특성이 더 강한 것을 알아내는 방법이다.

• **순위 시험법(ranking test)**

세 개 이상의 시료를 제시하고 주어진 특성에 대해 순위를 정하도록 하는 방법이다. 사용절차가 간단하고 한 번에 많은 시료를 빠르게 시험할 수 있으나 시료 간의 차이 정도를 나타내지는 못한다.

순위 시험법(RANKING TEST)

품명 ______ 일시 ______________________

성명 ______ 연령 ____________ 성별 ____________

내용: 제시된 각 시료의 _____ 대하여 평가하여 가장 강한 것을 1로 하고, 가장 약한 것을 3으로 하여 해당하는 시료의 기호를 기입하시오.

순 위	시료번호
549	
318	
735	

- **채점척도 시험법(scoring test)**

시료에서 감지되는 어떤 특성의 정도를 특성의 강도가 미리 표시되어 있는 척도를 이용하여 나타내는 방법으로 주로 5점, 7점, 9점 척도가 이용된다.

채점척도 시험(SCORING TEST)

품명 ______________ 일시 ______________________________

성명 ______________ 연령 ______________ 성별 ______________

내용: 제시된 각 시료의 맛을 보고 시료의 풍미에 대한 평가를 가장 잘 나타낸 곳에 V표를 하시오.

	시료번호 137	시료번호 586	시료번호 493
대단히 좋다(very good)			
약간 좋다(good)			
보통이다(fair)			
약간 나쁘다(poor)			
대단히 나쁘다(very poor)			

② **묘사 시험(descriptive test)**

시료의 관능적 특성과 강도를 모두 표시하도록 하는 방법으로 묘사분석이 이에 속한다. 이는 시료가 가지고 있는 모든 관능적 특성을 감지하여 묘사하고 그 강도를 측정하는 방법이다.

종류에는 향미 프로필, 텍스처 프로필, 정량적 묘사분석 등을 대표적으로 들 수 있으며 고도로 훈련된 검사원들에 의해 진행된다.

묘사 시험(DESCRIPTIVE TEST)			
품명 ________	일시 ________		
성명 ________	연령 ________	성별 ________	
맛	강도	향기 및 냄새	강도
달다	________	향긋하다	________
고소하다	________	구수하다	________
짜다	________	버터향이 있다	________
버터맛이 있다	________	시큼하다	________
시큼하다	________	비릿하다	________

*강도 표시: 0 = 전혀 없다 1 = 약하다 2 = 보통이다 3 = 강하다

③ 기호도 및 선호도 시험(preference test)

소비자 조사라고도 하며 개발된 제품이 시장에 판매되기 전에 소비자를 대상으로 그들의 반응을 조사하는 목적으로 이용되고 있다. 기호도 시험은 시료의 좋아하는 정도를 측정하고자 할 때 이용하며 7점 또는 9점 척도가 사용된다. 선호도 시험은 여러 시료 중 좋아하는 시료를 선택하게 하는 방법으로 이중 비교법, 순위법 등이 있다.

순위 선호 시험법(RANKING PREFERENCE TEST)

품명 ________ 일시 ________

성명 ________ 연령 ________ 성별 ________

내용: 제시된 시료를 선호도에 따라 가장 좋은 것을 1로 하여 순위를 매기시오.

순 위	시료번호
1	________
2	________
3	________

2점 기호 시험법(PAIRED COMPARISON PREFERENCE TEST)

품명 ________________ 일시 ________________________________

성명 ________________ 연령 ____________ 성별 ______________

내용: (A) 제시된 2개의 시료를 평가하고, 그 중 더 좋다고 생각되는 시료를 선택하시오.

시료번호	시료선택
188	______
615	______

(B) 두 개 시료 간의 기호도의 정도를 표시하시오.

약간 좋다. ______

보통으로 좋다. ______

대단히 좋다. ______

3) 결과의 통계처리 방법

관능검사의 결과는 관능검사요원들이 작성한 평가지를 수집하고 정리한 후 통계 처리하여 평가한다.

① t-test

시료가 2가지인 경우 이로부터 얻은 평균치의 차이가 유의미하게 있는지 확인하고자 할 때 사용한다.

② 분산분석 및 다중 비교

분산분석(ANOVA)은 시료가 2가지 이상인 경우 각 시료 간에 유의미한 차이가 있는지 알고자 할 때 사용되는 검정법이고 다중 비교는 각 시료 간에 유의미한 차이가 있다고 판단된 후 과연 어떤 시료군끼리 유의미하게 다른지를 밝혀내기 위한 검정법으로 Duncan's multiple range test가 많이 사용된다.

③ 상관계수

상관계수는 시료의 품질 평가를 위해 A, B 두 가지 방법으로 측정한 경우 A 방법이 B 방법과 어느 정도의 상관성을 가지는지 알고자 할 때 구하게 된다. 예를 들어, 관능검사를 통하여 측정한 시료의 조직에 대한 특성과 기계적 측정에 의한 조직의 특성에 대한 결과 사이에 어떠한 상관관계가 있는지 알아보고자 할 때 사용된다.

참고문헌

김영수, 김용휘, 「식품학개론」, 수학사, 1993

박일화, 「식품과 조리원리」, 수학사, 1990

현기순, 이혜수, 모수미, 「조리학」, 교문사, 1996

이혜수, 「조리과학」, 교문사, 1996

윤은숙, 명춘옥, 전호남, 허남윤, 「조리사시험 문제집」, 수학사, 1995

한재숙, 「실험조리」, 형설출판사, 1993

김경삼, 김정숙, 홍종만, 김도영, 장형수, 「기초식품학」, 지구문화사, 1996

문수재, 손경희, 「식품학 및 조리원리」, 수학사, 1990

안명수, 우경자, 「조리과학실험(실험조리)」, 수학사, 1993

보건전문대학 교재편찬위원회, 「조리원리 및 실험조리」, 수학사, 1992

전희정, 「식품조리」, 교문사, 1995

계수경, 「식품조리과학」, 1994

손경희, 오혜숙, 이명희, 이영미, 「식품학 및 조리원리-실험실습서」, 도서출판 효일, 1994

이철호, 채수규, 이진근, 박봉삼, 「식품공업품질관리론」, 유림문화사, 1982

김상순, 김순경, 「식품학」, 수학사, 1988

이순애, 「조리학(상)」, 수학사, 1974

이순애, 「조리학(하)-실험조리」, 수학사, 1974

이성우, 「식품화학」, 수학사, 1978

손봉화, 홍영석, 하영선, 「식품분석」, 형설출판사, 1978

송재철, 「식품재료학」, 교문사, 1995

양일선, 「식품구매」, 수학사, 1994

「식품성분분석표」, 농촌영양개선연수원, 2001

지성규, 「식품첨가물」, 도서출판 밝음, 1989

윤서석, 「한국식품사연구」, 신광출판사, 1974

윤정의, 문윤희, 남궁석, 「최신 식품저장학」, 선진문화사, 1982

이영남, 맹광호, 문성명, 「식품영양 핸드북」, 한국사전 연구사, 1992

기동훈, 「식품과학」, 탐구당, 1992

이규한, 「식품화학」, 형설출판사, 1986

이서래, 신효선, 「식품화학」, 신광출판사, 1991

장수경, 김영순, 유맹자, 오성자, 「식품 · 조리과학」, 문운당, 1994

이혜수, 「조리원리」, 교문사, 1995

장수경, 김영순, 오성자, 이송단, 「식품조리학」, 자유출판사, 1995

남궁석, 「식품학 및 조리원리」, 광문각, 1991

김동승, 「조리영어」, 도서출판 효일, 1991

허필숙, 「조리과학」, 수학사, 1985

현순영, 「영양학」, 학문사, 1993

김숙희, 유춘희, 강명희, 김선희, 김경자, 이종미, 이현옥, 「영양학」, 이화여자대학교출판부, 1994

한국과학기술연구소 식량자원연구실, 「한국식품연구문헌총람(1)」, 한국식품과학회, 1971

한국과학기술연구소 식량자원연구실, 「한국식품연구문헌총람(2)」, 한국식품과학회, 1977

한국과학기술연구소 식량자원연구실, 「한국식품연구문헌총람(3)」, 한국식품과학회, 1984

한국과학기술연구소 식량자원연구실, 「한국식품연구문헌총람(4)」, 한국식품과학회, 1989

한국과학기술연구소 식량자원연구실, 「한국식품연구문헌총람(5)」, 한국식품과학회, 1992

이서래, 「한국의 발효식품」, 이화여자대학교출판부, 1992

박원기, 「한국식품사전」, 신광출판사, 1990

이기열, 문수재, 「기초영양학」, 수학사, 1990

「식품과학용어집」, 한국식품과학회편, 대광서림, 1983
유영상, 이윤희, 「식품 및 조리원리」, 광문각, 2000
안명수, 신광출판사, 「식품과 조리과학」, 신광출판사, 2002
윤옥현외 5인, 「최신 조리원리」, 도서출판 효일, 2002
박영선, 이정숙, 「식품과 조리과학」, 도서출판 효일, 2000
조미자, 이순옥, 김상순, 「한국전통식품과 조리」, 도서출판 효일, 1997
「식품과학-곡류가공품」, 한국식품과학회, 1985
「조리과학용어사전」, 한국조리과학회, 교문사, 2003
김완수, 신말식, 정해정, 이경애, 김미정, 「조리과학 및 실험」, 라이프사이언스, 2006
신말식, 이경애, 김미정, 김재숙, 황자영, 「조리과학」, 파워북, 2009
이경애, 변광의, 구난숙, 김미정, 김미라, 윤혜현, 송효남, 「식품학」, 파워북, 2008
손종연, 「최신 식품화학」, 도서출판 진로, 2008
조신호, 조경련, 강명수, 송미란, 주난영, 「식품학」, 교문사, 2008
이숙영, 정해정, 이영은, 김미리, 김미라, 송효남, 「식품화학」, 파워북, 2009
이주희, 김미리, 민혜선, 이영은, 송은승, 권순자, 김미정, 송효남, 「식품과 조리원리」, 교문사, 2012
浦上智子, 「調理科學」, 理工學社, 1977
Owen R. Fennema, 「Food chemistry」, Marcel Dekker, Inc., 1976
Marian Thompson Arlin, 「The Science of Nutrition」, Macmillian Publishing Co, Inc., 1972
Bevery Cox, Joan Whitman, 「Cooking Techniques」, Little Brown and Company, Boston, 1981
Jeanne Himich Freeland-Graves, Gladys C. Pockham, 「Foundation of Food
Preperation」, 5th ed., Macmillan Publishing Company, New York, 1987
Marhoret Mcwilliams, 「Foods, Experimental Perspectives」, Macmillan Publishing Company, New York, 1989
Marjorie P. Penfield, Ada Marie Campbell, 「Experimental Food Science」 3rd. ed., Macmillian Publishing Co, Inc., New York, 1980

Mary L. Morr, Theodore F. Irmiter, 「Introductory Foods」, 3rd. ed., Macmillian Publishing Co, Inc., New York, 1980

Michaael O'Mahony, 「Sensory Evaluation of Food」, Marcel Dekker Inc., New York, 1986

Simatos Multon, 「Properties of Water in Foods」, Martinus Nijhoff Publishers, 1985

P. F. Fox, J.J.Conder, 「Food Proteins」, APPLIED SCIENCE PUBLISHERS, 1982

조리과학 이론 및 실험

부록

Metric Equivallents

Approximate Conversions of Temperatures

삼점검사의 유의성 검정표(p = 1/3)

이점검사의 유의성 검정표(p = 1/2)

x^2 분포표

순위법의 유의성 검정표(5%)

순위법의 유의성 검정표(1%)

관능검사 용어 풀이

Metric Equivallents

1tsp(teaspoon)=5㎖	1oz(ounce)=28.35g
1Tbsp(tablespoon)=15㎖=3tsp	1lb(pound)=454g
1fl oz(fl ounce)=30㎖=2Tbsp	2.2lb(pound)=1kg
1C(Cup)=237㎖=16Tbsp	1in(inch)=2.54cm
1pt(pint)=0.473l=2C	1ft(foot)=3.048cm
1qt(quart)=0.946l=4C	℃(Centigrade)=5/9(℉−32)
1gal(gallon)=0.3875㎗	℉(Fahrenheit)=9/5℃+32

Approximate Conversions of Temperatures

℃	℉	℃	℉
−18	0	113	235
0	32	121	250
5	41	132	270
21	70	149	300
35	95	160	320
37	99	163	325
40	104	170	338
49	120	177	350
60	140	180	356
74	165	190	375
85	185	204	400
100	212	210	410
104	219	219	425

삼점검사의 유의성 검정표(p=1/3)

검사자수	유의적 차이를 표명할 수 있는 최소 정답수			검사자수	유의적 차이를 표명할 수 있는 최소 정답수		
	a=0.05 (*)	a=0.01 (**)	a=0.001 (***)		a=0.05 (*)	a=0.01 (**)	a=0.001 (***)
5	4	5		53	24	27	29
6	5	6		54	25	72	30
7	5	6	7	55	25	27	30
8	6	7	8	56	25	28	31
9	6	7	8	57	26	28	31
10	7	8	9	58	26	29	31
11	7	8	9	59	27	29	32
12	8	9	10	60	27	29	32
13	8	9	11	61	27	30	33
14	9	10	11	62	28	30	33
15	9	10	12	63	28	31	34
16	9	11	12	64	29	31	34
17	10	11	13	65	29	32	34
18	10	12	13	66	29	32	35
19	11	12	14	67	30	32	35
20	11	13	14	68	30	33	35
21	12	13	15	69	30	33	36
22	12	13	15	70	31	34	37
23	12	14	16	71	31	34	37
24	13	14	16	72	32	34	37
25	13	15	17	73	32	35	38
26	14	15	17	74	32	35	38
27	14	16	18	75	33	35	39
28	14	16	18	76	33	36	39
29	15	17	19	77	33	36	39
30	15	17	19	78	34	37	40
31	16	17	19	79	34	37	40
32	16	18	20	80	35	37	41
33	16	18	20	81	35	38	41
34	17	19	21	82	35	38	42
35	17	19	21	83	36	39	42
36	18	20	22	84	36	39	42
37	18	20	22	85	36	39	43
38	18	20	23	86	37	40	43
39	19	21	23	87	37	40	44
40	19	21	24	88	38	41	44
41	20	22	24	89	38	41	44
42	20	22	24	90	38	41	45
43	20	23	25	91	39	42	45
44	21	23	25	92	39	42	46
45	21	23	26	93	39	43	46
46	22	24	26	94	40	43	46
47	22	24	27	95	40	43	47
48	22	25	27	96	41	44	47
49	23	25	28	97	41	44	48
50	23	25	28	98	41	45	48
51	24	26	28	99	42	45	48
52	24	26	29	100	42	45	49

이점검사의 유의성 검정표(p=1/2)

검사자 수	단측 검정			양측 검정		
	최소 정답수			최소 정답수		
	a=0.05 (*)	a=0.01 (**)	a=0.001 (***)	a=0.05 (*)	a=0.01 (**)	a=0.001 (***)
7	7	7		7		
8	7	8		8	8	
9	8	9		8	9	
10	9	10	10	9	10	
11	9	10	11	10	11	11
12	10	11	12	10	11	12
13	10	12	13	11	12	13
14	11	12	13	12	13	14
15	12	13	14	12	13	14
16	12	14	15	13	14	15
17	13	14	16	13	15	16
18	13	15	16	14	15	17
19	14	15	17	15	16	17
20	15	16	18	15	17	18
21	15	17	18	16	17	19
22	16	17	19	17	18	19
23	16	18	20	17	19	20
24	17	19	20	18	19	21
25	18	19	21	18	20	21
26	18	20	22	19	20	22
27	19	20	22	20	21	23
28	19	21	23	20	22	23
29	20	22	24	21	22	24
30	20	22	24	21	23	25
31	21	23	25	22	24	25
32	22	24	26	23	24	26
33	22	24	26	23	25	27
34	23	25	27	24	25	27
35	23	25	27	24	26	28
36	24	26	28	25	27	29
37	24	27	29	25	27	29
38	25	27	29	26	28	30
39	26	28	30	27	28	31
40	26	28	31	27	29	31
41	27	29	31	28	30	32
42	27	29	32	28	30	32
43	28	30	32	29	31	33
44	28	31	33	29	31	34
45	29	31	34	30	32	34
46	30	32	34	31	33	35
47	30	32	35	31	33	36
48	31	33	36	32	34	36
49	31	34	36	32	34	37
50	32	34	37	33	35	37
51	32	35	37	33	36	38
52	33	35	38	34	36	39
53	33	36	39	35	37	39

X^2 분포표

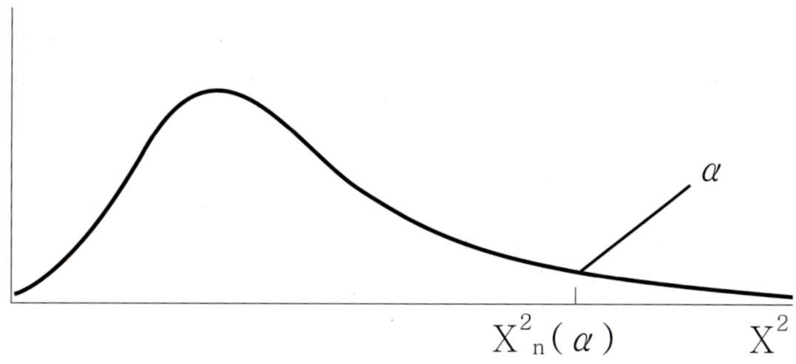

d.f. v	.990	.950	.900	a .500	.100	.050	.025	.010	.005
1	.0002	.004	.02	.45	2.71	3.84	5.02	6.63	7.88
2	.02	.10	.21	1.39	4.61	5.99	7.38	9.21	10.60
3	.11	.35	.58	2.37	6.25	7.81	9.35	11.34	12.84
4	.30	.71	1.06	3.36	7.78	9.49	11.14	13.28	14.86
5	.55	1.15	1.61	4.35	9.24	11.07	12.83	15.09	16.75
6	.87	1.64	2.20	5.35	10.64	12.59	14.45	16.81	18.55
7	1.24	2.17	2.83	6.35	12.02	14.07	16.01	18.48	20.28
8	1.65	2.73	3.49	7.34	13.36	15.51	17.53	20.09	21.95
9	2.09	3.33	4.17	8.34	14.68	16.92	19.02	21.67	23.95
10	2.56	3.94	4.87	9.34	15.99	18.31	20.48	23.21	25.19
11	3.05	4.57	5.58	10.34	17.28	19.68	21.92	24.72	26.76
12	3.57	5.23	6.30	11.34	18.55	21.03	23.34	26.22	28.30
13	4.11	5.89	7.04	12.34	19.81	22.36	24.74	27.69	29.82
14	4.66	6.57	7.79	13.34	21.06	23.68	26.12	29.14	31.32
15	5.23	7.26	8.55	14.34	22.31	25.00	27.49	30.58	32.80
16	5.81	7.96	9.31	15.34	23.54	26.30	28.85	32.00	34.27
17	6.41	8.67	10.09	16.34	24.77	27.59	30.19	33.41	35.72
18	7.01	9.39	10.86	17.34	25.99	28.87	31.53	34.81	37.16
19	7.63	10.12	11.65	18.34	27.20	30.14	32.85	36.19	38.58
20	8.26	10.85	12.44	19.34	28.41	31.41	34.17	37.57	40.00
21	8.90	11.59	13.24	20.34	29.62	32.67	35.48	38.93	41.40
22	9.54	12.34	14.04	21.34	30.81	33.92	36.78	40.29	42.80
23	10.20	13.09	14.85	22.34	32.01	35.17	38.08	41.64	44.18
24	10.86	13.85	15.66	23.34	33.20	36.42	39.36	42.98	45.56
25	11.52	14.61	16.47	24.34	34.38	37.65	40.65	44.31	46.93
26	12.20	15.38	17.29	25.34	34.56	38.89	41.92	45.64	48.29
27	12.88	16.15	18.11	26.34	36.74	40.11	43.19	46.96	49.64
28	13.56	16.93	18.94	27.34	37.92	41.34	44.46	48.28	50.99
29	14.26	17.71	19.77	28.34	39.09	42.56	45.72	49.59	52.34
30	14.95	18.49	20.60	29.34	40.26	43.77	46.98	50.89	53.67
40	22.16	26.51	29.05	39.34	51.81	55.76	59.34	63.69	66.77
50	29.71	34.76	37.69	49.33	63.17	67.50	71.42	76.15	79.49
60	37.48	43.19	46.46	59.33	74.40	79.08	83.30	88.38	91.95
70	45.44	51.74	55.33	69.33	85.53	90.53	95.02	100.43	104.21
80	53.54	60.39	64.28	79.33	96.58	101.88	106.63	112.33	116.32
90	61.75	69.13	73.29	89.33	107.57	113.15	118.14	124.12	128.30
100	70.06	77.93	82.36	99.33	118.50	124.34	129.56	135.81	140.17

순위법의 유의성 검정표(5%)

네 개의 숫자는 최소 비유의적 순위합-최대 비유의적 순위합(표준시료가 없는 경우), 최소 비유의적 순위합-최대 비유의적 순위합(표준시료가 있는 경우)을 나타낸다.

반복수	처 리 수								
	2	3	4	5	6	7	8	9	10
2				3-9	3-11	3-13	4-14	4-16	4-18
3		4-8	4-11	4-14 5-13	4-17 6-15	4-20 6-18	4-23 7-20	5-25 8-22	5-28 8-25
4		5-11 5-11	5-15 6-14	6-18 7-17	6-22 8-20	7-25 9-23	7-29 10-26	8-32 11-29	8-36 13-31
5	6-9	6-14 7-13	7-18 8-17	8-22 10-20	9-26 11-24	9-31 13-27	10-35 14-31	11-39 15-35	12-43 17-38
6	7-11 7-11	8-16 9-15	9-21 11-19	10-26 12-24	11-31 14-28	12-36 16-32	13-41 18-36	14-16 20-40	15-51 21-45
7	8-13 8-13	10-18 10-18	11-24 13-22	12-30 15-27	14-35 17-32	15-41 19-31	17-46 22-41	18-52 24-46	19-58 26-51
8	9-15 10-14	11-21 12-20	13-27 15-25	15-33 17-31	17-39 20-36	18-46 23-41	20-52 25-47	22-58 28-52	24-64 31-57
9	11-16 11-16	13-23 14-22	15-30 17-28	17-37 20-34	19-44 23-40	22-50 26-46	24-57 29-52	26-64 32-58	28-71 35-64
10	12-18 12-18	15-25 16-24	17-33 19-31	20-40 23-37	22-48 26-44	25-55 30-50	27-63 33-57	30-70 37-63	32-78 40-70
11	13-20 14-19	16-28 18-26	19-36 21-34	22-44 25-41	25-52 29-48	28-60 33-55	31-68 37-62	34-76 41-69	36-85 45-76
12	15-21 15-21	18-30 19-29	21-39 24-36	25-47 28-44	28-56 32-52	31-65 37-59	34-74 41-67	38-82 45-75	41-91 50-82
13	16-23 17-22	20-32 21-31	24-41 26-39	27-51 31-47	31-60 35-56	35-69 40-64	38-79 45-72	42-88 50-80	45-98 54-89
14	17-25 18-24	22-34 23-33	26-44 28-42	30-54 33-51	34-64 38-60	38-74 44-68	42-84 49-77	46-94 54-86	50-104 59-95
15	19-26 19-26	23-37 25-35	28-47 30-45	32-58 36-54	37-68 42-63	41-79 47-73	46-89 53-82	50-100 59-91	54-111 64-101
16	20-28 21-27	25-39 27-37	30-50 33-47	35-61 39-57	40-72 45-67	45-83 51-77	49-95 57-87	54-106 63-97	59-117 69-107
17	22-29 22-29	27-41 28-40	32-53 35-50	38-64 41-61	43-76 48-71	48-88 54-82	53-100 61-92	58-112 67-103	63-124 74-113
18	23-31 24-30	29-43 30-42	34-56 37-53	40-68 44-64	46-80 51-75	51-93 58-86	57-105 65-97	62-118 72-108	68-130 79-119
19	24-33 25-32	30-46 32-44	37-58 39-56	43-71 47-67	49-84 54-79	55-97 62-90	61-110 69-102	67-123 76-114	73-136 84-125
20	26-34 26-34	32-48 34-46	39-61 42-58	45-75 50-70	52-88 57-83	58-102 65-95	65-115 73-107	71-129 81-119	77-143 89-131

순위법의 유의성 검정표(1%)

네 개의 숫자는 최소 비유의적 순위합–최대 비유의적 순위합(표준시료가 없는 경우), 최소 비유의적 순위합–최대 비유의적 순위합(표준시료가 있는 경우)을 나타낸다.

반복수	처리 수								
	2	3	4	5	6	7	8	9	10
2									3–9
3				4–14	4–17	4–20	5–22	5–25	4–29 6–27
4			5–15	5–19 6–18	5–23 6–22	5–27 7–25	6–30 8–28	6–34 8–32	6–38 9–35
5		6–14	6–19 7–18	7–23 8–22	7–28 9–26	8–32 10–30	8–37 11–34	9–41 12–38	9–46 13–42
6		7–17 8–16	8–22 9–21	9–27 10–26	9–33 12–30	10–38 13–35	11–43 14–40	12–48 16–44	13–53 17–49
7	8–13	8–20 9–19	10–25 11–24	11–31 12–30	12–37 14–35	13–43 16–40	14–49 18–45	15–55 19–51	16–61 21–56
8	9–15 9–15	10–22 11–21	11–29 13–27	13–35 15–33	14–42 17–39	16–48 19–45	17–55 21–51	19–61 23–57	20–68 25–63
9	10–17 10–17	12–24 12–24	13–32 15–30	15–39 17–37	17–46 20–43	19–53 22–50	21–60 25–56	22–68 27–63	24–75 30–69
10	11–19 11–19	13–27 14–26	15–35 17–33	18–42 20–40	20–50 23–47	22–58 25–55	24–66 28–62	26–74 31–69	28–82 34–76
11	12–21 13–20	15–29 16–28	17–38 19–36	20–46 22–44	22–55 25–52	25–63 29–59	27–72 32–67	30–80 35–75	32–89 39–82
12	14–22 14–22	17–31 18–30	19–41 21–39	22–50 25–47	25–59 28–56	28–68 32–64	31–77 36–72	33–87 39–81	39–96 43–89
13	15–24 15–24	18–34 19–33	21–44 23–42	25–53 27–51	28–63 31–60	31–73 35–69	34–83 39–78	37–93 44–86	40–103 48–95
14	16–26 17–25	20–36 21–35	24–46 25–45	27–57 30–54	31–67 34–64	34–78 39–73	38–88 43–83	41–99 48–92	45–109 52–102
15	18–27 18–27	22–38 23–37	26–49 28–47	30–60 32–58	34–71 37–68	37–83 42–78	41–94 47–88	45–105 52–98	49–116 57–108
16	19–29 19–29	23–41 25–39	28–52 30–50	32–64 35–61	36–76 40–72	41–87 46–82	45–99 51–93	49–111 56–104	53–123 61–115
17	20–31 21–30	25–43 26–42	30–55 32–53	35–67 38–64	39–80 43–76	44–92 49–87	49–104 55–98	53–117 60–110	58–129 55–121
18	22–32 22–32	27–45 28–44	32–58 34–56	37–71 40–68	42–84 46–80	47–97 52–92	52–110 59–103	57–123 65–115	62–136 71–127
19	23–34 24–33	39–47 30–46	34–61 36–59	40–74 43–71	45–88 49–84	50–102 56–96	56–115 62–109	61–129 69–121	67–142 76–133
20	24–36 25–35	30–50 32–48	36–64 38–62	42–78 45–75	48–92 52–88	54–106 59–101	60–120 66–114	65–135 73–127	71–149 80–140

관능검사 용어 풀이

A

absolute brightness threshold (절대 밝기 한계값)
자극을 주지 않는, 주변의 시야보다 더 밝다고 인지되기에 충분한 최소 시각 자극의 강도(어떤 특정한 파장의 자극)

absolute judgement(절대 불가)
외부의 표준 자극이 없이 자극이 절대 강도의 평가를 요구하는 정신 물리학적 방법 또는 관찰자의 경험에 기초를 둔 절대적 평가

absolute scaling(절대 등급 매기기)
일련의 관찰에 의해 얻어진 값을 다른 척도에서 관찰한 결과와 직접 비교할 수 있는 척도로 전환시키는 것

acceptance(기호도)
1. 긍정적인 태도로 특정 지어지는 경험 또는 경험의 양상
2. 실제적 이용(구입, 신청), 특정식품 항목에 대한 선호 및 기호에 의해 측정될 수 있음

acid(산)
1. 양자를 제공할 수 있는 수소 이온을 포함하고 있는 화학물질
2. 자극의 산 농도에 관한 표현. '신'이라는 단어 대신에 사용하는 것은 잘못된 것임

acrid(아린)
코를 찌르는 강한 냄새

acuity(예민성)
관능적인 인자나 구별이 뛰어남. 자극이 적은 절대적 또는 상대적인 차이도 구별할 수 있는 능력. 명확함, 날카로움

adaptation(적응)
한 자극에 대한 계속적인 노출의 결과로서 주어진 자극에 대한 예민도가 상실되거나 변하는 것. 둔화라고도 함

adaptation level(적응)
반응에 대해 무관해지는 순간적인 상태

adaptation, sensory(관능적인)
1. 자극의 조건이 변화되어도 감각을 유지하는 것(긍정적인 적응). 특히 어둠에 대한 적응 감소된 조명 아래에서 눈이 부분적으로 예민성을 유지할 수 있음
2. 계속적인 자극의 결과로 생기는 감각기관의 감소된 반응(부정적인 반응)

adequate stimulus(적합된 자극)
주어진 감각으로부터 반응을 끌어내기에 충분한 정상적인 자극

adhesive(부착성의)
혀, 입 천장, 이에 의해 인지되는 텍스처의 특성. 끈끈한, 끈적거리는

affective responses(기호반응)
기호(수응), 회피(거부). 기호척도에 의해 측정된다. 예) 쾌적도의 정도

aftertaste(뒷맛)
어떤 조건하에서 미각자극을 제거했을 때 뒤에 남은 경험. 최초의(본래의) 경험과 동일한 반응이 나타나거나 삼킴. 타액, 회석 및 다른 기타의 영향이 자극물질에 영향을 준 기간 후에는 다른 방향으로 나타날 수 있음

aged(숙성된)
저장 기간 후 조건의 결과로서 식품에 발생하는 향미와 다른 관능적 성질에 관한 표현. 바람직하지 않을 수도 있음

ageusia(무감각증)
미각자극에 대한 민감도의 결핍 또는 손상

alkaline(알칼라인)
보통 신 자극과 쓴 자극(및 촉각)의 조합에 의해 생기는 맛 감각

alliaceous(파, 마늘 냄새가 나는)
마늘, 양파, 부추를 포함하는 파・마늘류의, 마늘이나 양파 냄새를 지니는

amplitude(풍부함, 조화도가 높음)
향미 프로필에서 제품의 질적・양적 평가의 조합. 전체적인 평가・균형

anchoring point(정착점)
시리즈(연속물)에서 다른 항목이 평가되는 기준점

anosmia(후각 상실증)
전체적으로 또는 부분적으로 물질의 냄새를 맡지 못함

appearance(외관)
크기, 모양, 색, 형태 등을 포함한 식품의 시각적 성질

appetite(식욕)
식품에 대한 강한 욕구나 욕망. 만약 배고픔이 위에 제한된(집중된) 특정한 관능적 경험으로 간주되고 위벽의 주기적인 수축에 의해 일어난다면 식욕은 배고픔 없이도 발생할 수 있고, 특히 습관적인 행동이 식품에 대한 과거의 경험에 의존할 때 문명인에게서 일상적으로 일어남

appetizing(식욕을 돋우는)
식욕을 느끼게 하는, 끌리는

aroma(방향, 향기)
코에 의해 인지되는 제품의 방향 또는 냄새

aromatic(방향성의)
향기로운 냄새를 지니는

assessment(평가)
진단 또는 평가

astringent(수렴성의)
명반이나 탄닌에 노출되었을 때 구강 내에서 느끼는 특징적인 감각. 구강상피가 수축되거나 조임으로 인해 나타나며 입안에서 오랫동안 건조한 느낌을 유발함

attitude(태도)
어떤 부류의 대상에 대해 일관된 양상으로 반응하게 되는 취득된 소질. 어떤 대상이나 어떤 대상의 수준에 대해 있는 그대로가 아닌 인지되도록 된 방향으로 반응하게 되는 일관된 준비상태

attitude scale(태도척도)
태도나 의견을 측정하는 척도

attribute(특성)
자극에 대한 질적 또는 특징적 묘사

B.

basic tastes(기본맛)
설탕, 구연산, 소금 또는 퀴닌(quinine)에 의해 특정 지어지는 단맛, 신맛, 짠맛 또는 쓴맛 감각

bias(편견)
버릇, 선입견 또는 편견적 판단

bite(압각)
온도, 맛, 냄새와 무관하게 혀에서 느끼는 물리적 감각. 탄산수와 같은 물질에 노출 시 느끼는 찌르는 듯한 화학적 감각. 이 감각은 보통 오래 남아있음

bitter(쓴맛)
혀 뒷부분의 성곽형 파필라에서 인지되는 카페인, 퀴닌 및 특정 용액에 의해 나타나는 기본맛 중의 하나

bland(순한)
독특한 냄새나 맛이 없는

blended(혼합된)
향미 측면에서 여러 특성이 잘 조화되고 적합한 순서로 감지되며, 불쾌한 후미가 없는 부드러운 향미

blind test(비정체 검사)
시료의 정체가 실험자에게만 알려진, 기호만 표시된 시료의 평가

body(풍부함)
단단함, 텍스처의 밀집성, 충만감, 맛의 풍부함과 관련된 식품이나 음료의 특성

boredom(심리적 권태)
특별한 자극이 없이 발생하는 과로

bouquet(술 따위의 향기, 방향)
방향제, 포도주, 맥주, 정제된 알코올 등의 독특한 냄새

brackish(소금기가 있는)
짜고 알칼리 맛을 지닌

brightness contrast(밝기 대조)
절대적 밝기의 차이와 더 큰 밝기에 대한 비유를 나타내는 두 대상물의 상대적 밝기

briny(짠)
짠맛과 신맛의 복합된 맛

brisk(상쾌한)
새로 만든 차의 상쾌한 향미. 맥주의 거품이 많이 이는

brittle(부서지기 쉬운)
쉽게 부서지고, 부서진 자리가 날카롭게 남는 텍스처의 특성

burning(타는 듯한)
고추나 겨자 및 다른 강한 조미료들과 같은 물질에 의하여 발생하는 뜨거운 느낌. 촉각으로 느끼는 아픔과 온도에 관련된 특성

burnt flavor(탄 향미)
연기나 타르 향기

C

caramellized(캐러멜화된)
당이 가열되거나 산처리 되었을 때 생성되는 색과 향미. 그 효과는 저장 중에 나타나는 당과 단백질 사이의 마이야르 반응과는 다름

chalky(텁텁한)
입안에서 건조하고 가루와 같이 느껴지는 텍스처 특성

character notes(특성)
묘사분석 시 단순 물질에 대해 개인 또는 패널에 의해 감지되는 개별적인 맛과 향의 특성

chemoreceptors(화학 감수체)
화학적 자극에 반응하는 수용체. 미뢰와 코의 점막에 있는 말초 신경들

chewy(졸깃졸깃한)
쉽게 파괴 또는 용해되지 않고 입안에 잔류하려는 경향. 저작을 요구하는

chroma(색채도)
먼셀 표시법에서 색을 나타내기 위하여 사용되는 세 가지 기준 중의 하나로 포화정도 또는 순도를 뜻함

clear(맑은)
액체나 음료의 시각적 특성으로 혼탁 상태가 없는

cloudy(혼탁한)
맑지 않은

cloying(음식에 물리는)
만족스러운 정도 이상으로 자극되는 맛 감각. 종종 과도하게 단물질의 묘사에 사용됨

coarse(거친)
미세한 것에 반대되는 개념으로 큰 입자가 구성된 또한 술에서 좋지 못한 향미의 개념으로 harsh와 유사한 표현

coating(피막을 형성하는)
혀와 치아에 막을 형성하는 것. 때때로 음식의 탄닌과 침 속의 단백질이 결합하여 나타나기도 함

coding(부호화)
시료의 표시 방법으로 보통 문자나 숫자로 표현되는 특정한 기호의 지정

coefficient of concordance(일치계수)
검사자들이 여러 제품에 대해 지정한 순위들의 일치 정도를 나타내는 계수

cohesiveness(응집성)
자극체의 분자 구조적인 측면에서 내부 결합 강도와 관련된 혀나 치아에서 감지되는 텍스처 특성의 일종. 응집성이 있는 물질은 서로 교착되어 있어 힘이 주어졌을 때 부서지지 않음

color blindness(색맹)
전체 또는 부분적으로 색을 뚜렷하게 구별할 수 없는 능력

comparative judgement(비교평가)
한 자극을 강도나 선호 측면에서 다른 것과 직접 비교하여 평가하는 것

comparison stimulus(비교자극)
일정하고 표준화된 자극과 각각 비교되는 일련의 자극

compensation(상쇄)
여러 자극이 있을 때 각 자극이 상호작용에 의해서 단독으로 있을 때보다 그 강도가 약하게 감지되는 것

complementary(보색)
혼합되었을 때 무채색을 나타내는 두 가지 색

condiment(향신료)
음식의 향미를 증진시키거나 더하기 위해서 사용되는 후추나 겨자 같은 첨가제

conditioned response(조건 반응)
이미 경험한 자극이 주어질 때 표현되는 반사적 반응

consistency(점조도, 균일성)
1. 견고성, 비중, 점도와 같이 입에 느끼는 촉감
2. 각 부분들의 일치나 조화, 균일

constant stimulus(동일한 자극)
단독, 한 쌍 또는 여러 번에 걸쳐 제시되는 동일한 질과 강도를 지닌 자극의 제시

consumer(소비자)
상품을 구입하고 사용하는 개인

consumer panel(소비자 패널)
행위 측정이 요구되는 특정 모집단을 대표하는 표본 집단

continuum(연속체)
감지할 수 없을 정도의 일련의 변화 중에서 기본적인 공통 특성을 감지할 수 있는 어떤 것. 예) 감각 연속체

contrast(대조)
대조되는 특성을 강화시키거나 강조하기 위해 두 가지의 다른 감각을 나란히 놓음. 대조에서는 자극이 제시된 시점에 따라 ① 동시 자극, ② 연속 자극의 두 가지가 있음

contrast effect(대조효과)
서로 다른 기호도(또는 품질) 수준을 가진 시료의 평가 시 한 시료의 평가가 반대 품질 수준을 지니는 시료의 다음에 평가될 때 독립적으로 평가될 때에 비해 더 높거나 낮게 평가되는 현상

convergence effect(근사현상)
평가되는 시료가 품질에 상관없이 그 전의 시료와 비슷하게 인지되는 경향. 종종 halo effect라고도 불림

cooling(시원함)
1. 박하(menthol)같은 물질에 노출된 결과 oro-nasopharyngeal cavity 내에서 경험되는 특정한 화학적 감각. 이 감각은 일차적으로 구강 내에서 경험되며 계속 되지는 않음
2. Sugar alcohol(예: sorbitol, xylitol) 이나 차가운 음식에 노출됨으로서 경험되는 물리적 찬 감각. 이 감각은 일차적으로 구강 내에서 경험되며 계속되지는 않음

creamy(크림상의)
1. 액체 및 반고체가 지니는 텍스처 특성으로 지방이나 크림의 유화액이 지니는 매끄럽고 기름기 있는 성질
2. 크림질의 향미는 가시지방 함량이나 풍만함(body)과 관련됨

crisp(바삭바삭한, 아삭아삭한)
부서지거나 깨지기 쉬운 성질로 특정 지어지는 텍스처 특성

crumbly(부슬부슬한, 푸석푸석한)
작은 조각으로 분리되기 쉬운 물질에 의해 특정 지어지는 텍스처 특성

crunchy(아작아작한, 바작바작한)
음식물을 씹는 동안 특징적인, 갈거나 부서지는 소리를 만드는 텍스처 특성

crusty(건조하고 딱딱한)
마르고 딱딱하거나 거친 표면을 가진

D

deodorize(탈취하다)
공기나 물질로부터 냄새를 없앰

descriptive analysis(묘사분석)
물질의 관능적 성질을 평가할 때 묘사적인 용어를 사용하는 방법

detection threshold(감지 한계값)
자극의 종류를 감지할 필요는 없고 단지 자극의 존재를 감지하는 최소 물리적 강도의 감지

difference test(차이검사)
선호도와 관계없이 하는 양적 및 질적 변화의 비교

dilute(희석시키다)
액체를 묽게 하거나 양을 늘림. 묽게 함으로써 강도나 향미, 밝기를 감소시킴

dilution test(희석검사)
물질이 물이나 다른 표준물질에 의해 단계적으로 묽어지는 경우 강도나 여러 가지 특성 변화에 대한 단계적인 평가

discrimination(식별)
1. 두 개 또는 그 이상의 대상 간에 존재하는 어떤 특성에 대한 감지
2. 정량적으로 다른 자극에 대한 식별반응

doubly balanced incomplete-block design(중균형 불완전한 블록 설계)
2개 1조의 처리(시료)뿐만 아니라 3개 1조의 경우에 대해서도 균형을 갖춘 설계

doughy(반죽질의)
굽지 않은 물과 밀가루 혼합물과 유사한 텍스처 성질. 풀같은, 부드러운, 무거운

dry(건조한, 달지 않은)
1. 물기가 없는
2. 맛에 단 느낌이 없음. 환원당을 0.4% 미만 갖는 포도주는 dry함. drying(마르게 하는) → astringent 참조

duo-standard(이점표준)
차이 식별검사의 한 방법. 먼저 아는 시료를 제시한 다음, 다시 한번 검사자에게 모르는 시료를 제공하여 규명하도록 하는 검사

duo-tri test(일-이점 검사)
차이 검사방법. 즉 두 개의 시료중 어느 하나가 먼저 기준으로 지정되어 평가자에게 제공되고, 두 개중 어느 것이 그것과 동일한지 선택하는 검사방법

dusty(먼지가 많은, 가루의)
미세하게 분리된 입자로 인하여 건조하고 숨이 막히는 감각을 나타내는 냄새나 향미 특성

dysosmia(이상후각증)
냄새를 맡는 데 있어서 어려움이 있는 증상

E

earthy(흙의)
흙냄새가 나는

effervescent(거품이 이는)
발효나 샴페인, 맥주, 소다수와 같이 탄산화에 의해 공기 방울을 함유한

elasticity(탄성)
변형으로부터 물질의 회복율을 반영하는, 혀나 이에서 인지되는 텍스처 특성

electrophysiology(전리 생리학)
자극에 의해 나타나는 생물 전기 현상을 기록할 수 있는 기구를 사용하여 생체기능을 연구하는 학문분야

emotional expression(감정표현)
감정이나 감정적 생각에 의해 나타나는 근육 활동

empyreumatic odor(초연취)
훈연취 또는 타르 냄새

enhancement(강화현상)
물질의 특성 성질을 증가시키는 효과

epicure(미식가)
맛에 까다로운 사람

essential(정유)
휘발성 냄새를 지닌 액체로서 글리세롤 에스테르(glycerol esters)가 아니기 때문에 식용 유지와는 관계가 없음. 불연성이나 알코올과 에테르에는 녹지만 물에는 녹지 않으며 향미를 더해주는 데 사용됨

expectation error(기대오차)
제공된 자극의 성질이나 제시 기술로 인한 선입관에 의해 야기되는 심리적 오차

expert panel(전문패널)
일반적으로 특별한 식품에 있어서 특별한 평가 능력 및 기술이 있다고 인정된 자

exterceptor(외부자극 반응체)
체외자극에 대해서 자극되는 감각 기관

F

fatigue, physiological(생리적 둔화)
안전 활동의 결과로 나타나는 생체 활동 능력의 감소

fatigue, psychological(심리적 둔화)
보통 휴식과 수면 후 경과된 시간과 노동량에 따라 증가되는 피로의 느낌이나 감각

fechner-weber law (fechner-weber의 법칙)
관능적 작용의 강도가 자극의 크기에 대수적으로 비례한다고 주장하는 정신 물리학적 법칙

feeling factor(감각요인)
보통 입 안에서의 촉감에 해당되는 것

fibrous(섬유질상의)
섬유질과 같은 텍스처 특성

firm(단단한)
단단하고 조밀한 텍스처 특성

flaky(박편상의)
쉽게 분리되는 성긴 켜로 구성된 텍스처 특성

flat flavor(향미부족, 단조로운 향미)

1. 향미가 거의 없거나 아주 없는 것. 우유의 경우 향미 부족은 물 첨가에 의해 나타날 수 있음
2. 낮은 산도의 포도주에 적용되는 용어
3. 거품이 이는 음료에 있어서 탄산가스의 손실

flavor(향미)

1. 맛, 냄새, 압력감, 따뜻하고 찬 느낌 및 약한 통감과 같은 촉감을 포함한 복합적이지만 단일 경험
2. 소화관과 호흡기관의 입구에서 합쳐지는 감각말단의 자극에 의해 발생하는 음식, 음료 및 조미료의 특성. 특히 냄새와 맛

flavor memory(향미기억)

묘사분석 시 개별적인 많은 냄새와 향미를 인식하고 판별하는 능력

flavoring(향신료)

특별한 향미를 내는 데 사용되는 정유나 추출물과 같은 물질

flavor profile technique (향미 프로필 기술)

냄새와 향미에 대한 정성적 묘사분석의 한 방법. 이 방법은 각각의 특성, 조화된 정도, 제품에 대한 전체적 인상에 기초하여 두 검사물 간의 차이를 나타낼 수 있음

formy(거품상의)

액체 위에 형성되거나 교반 또는 발효에 의해 형성된 많은 거품으로 나타나는 텍스처 특성

forced choice judgment(강제 선택판단)

한 개 또는 그 이상의 한정된 범주로 나타내야 하는 반응. 즉, '모르다'나 다른 불확실한 대답을 허락하지 않는 반응

foreign flavor(이취)

일반적으로 제품과 연관이 없는 향미

fragrant(방향성의)

좋은 후각적 특성. 뚜렷하게 좋은 냄새

G

gel(겔)

젤리의 형태로 응고된 졸 또는 콜로이드 현탁액. 한천과 펙틴은 탄성적인 겔을, 아라비아 고무, 규산은 비탄성적 겔을 만듦

gelatinous(젤라틴 같은)

끈끈하고 젤리와 같은 성질

glitter(반짝임)

밝고 반짝이는

gloss(광택, 윤)

밝기, 광택, 윤기

gourmet(미식가)

음식에 대해 특별한 기호를 가진 사람

grainy(과립상의)

과립형의

greasy(풋내의)

초록색 풀에서 나는 쓴맛 혹은 수렴성을 연상케하는 향미로 바람직하지 못한 특성임

greasy(기름투성이의)

기름 또는 고체 지방으로 입 안이 덮인 느낌

gritty(깔깔한)
모래 입자나 석세포의 존재에 의해 나타나는 단단하고 거칠며 돌같은 감각

gummy(껌성의)
혀에 의해 인지되는 반고체 물질의 텍스처 특성

gust
주어진 물질의 역차와 관련된 미각 정도의 한 단위

gustation(미각)
당, 산, 염과 같은 수용성 화학 물질에 의해 자극되는 감각으로 감각 수용체들은 혀의 점막에 존재함

gymnemic acid(김네산)
단맛과 쓴맛의 감지를 억제시키는 산으로 짠맛, 신맛은 거의 변화시키지 않음

H

haptic(촉감의)
광범위한 의미에서 피부 또는 접촉의 감각에 속하는 것

hardness(경도)
텍스처 특성. 변형되는 데 필요한 힘

harsh(거친, 깔깔한)
조화 또는 매끈함이 결핍된. 거친, 울퉁불퉁한, 거슬리는, 부조화의 수렴성의

heat(매운)
1. 고추 또는 후추와 같은 이물질에 노출된 결과로 구강에서 경험되는 화학적으로 타는 듯한 감각 특성. 그 감각은 구강 전체에 영향을 미치고 오래 지속됨
2. 뜨거운 음식과 음료에 노출된 경우에 나타나는 물리적 감각. 이 감각은 지속되지 않음

hedonic scale(기호척도)
기호도의 강도가 기록되는 척도

hue(색상)
감지되는 빛의 파장과 관계된 시각적 감각(또는 색깔)의 한 차원

hunger(공복)
식품에 대한 욕구로 때에 따라 위의 심한 수축이 수반됨

hyperosmia(후각과민증)
후각이 과민한 증세

hyperphagia(과식증)
비정상적으로 많은 양의 음식을 섭취하는 증세

hypesthesia(감각 감퇴증)
손상된 감각능력

hyposmia(후각감퇴, 저후각증)
손상된 후각

I

inadequate stimulus(부적합 자극)
혀에 전류가 닿는 것과 같은, 정상적이지 못한 에너지를 감각기관에 적용하여 그로 인해 정상적인 자극에 해당한 감각을 만들어 내는 것. '부적합' 외에 '무의미'란 용어도 사용

incentive(자극, 동기)
유기체가 동기를 받게 되는 쪽으로 향하는

외부적인 목표

incomplete block design (불완전 블록설계)

한번에 평가될 수 있는 것보다 더 많은 제품을 평가하도록 하는 설계. 그러한 설계는 만약 같은 수의 제품이 각각의 회기에서 평가되고, 제품의 모든 쌍이 같은 수의 회기에서 함께 발생한다면 균형적이라고 함

inhibition(저해)

일반적으로 자극의 반대. 보통 자극에 대한 반응의 억제 혹은 감소

insipid(김빠진)

맛 없는, 풍미없는

intensity(강도)

색의 밝기, 소리의 크기 및 맛이나 냄새, 물질의 농도와 같이 자극의 물리적 에너지의 강도에 대해 거의 정비례하는 감각의 양적인 성격

intensity scale(강도척도)

자극의 강도를 나타내기 위해 사용된 수나 용어로 구성된 척도

interaction(상호작용)

한 요인의 수준을 변화시키는 효과가 다른 한 요인이나 그 밖의 요인의 수준에 의존하는 정도의 측정

interoceptor(체내 반응기)

체내에 있는 감각기관 혹은 수용체로서 체표면이나 그 근처에 있는 것과 대조 됨

J

JND(just noticeable difference, 분별 최소량)

간신히 인지할 수 있는 차이 혹은 다른 자극이 인식되는 한계. 두 자극 사이에서 최소의 감지 차이

JNND(just not noticeable difference, 분별 최대량)

감지될 수 없는 최대의 차이

judge(검사원)

일반적으로 그의 경험을 구두 보고하는 식으로 데이터를 제공함으로써 테스트에 참가하는 사람. 어느 정도의 특별한 자격을 가진 사람을 의미함

juicy(다즙성의)

수분을 함유하는, 즙액이 많은

L

lattice design(격자설계)

불완전 블록실험계획법으로 배치된 시료들의 수는 완전한 제곱이고, 한번에 평가하도록 제시되는 시료의 수는 그 수의 제곱근임

line of regression(회귀직선)

일련의 점들을 가장 최적화 시키는 직선. 그 방정식을 회기방정식이라고 함

liquor(알코올, 액)

어떤 액체물질, 즉 알코올 음료, 끓인 차와 같이 물에 어떤 물질을 넣은 수용액

logical error(논리적 오차)

특성들이 다른 관련없는 특성들과 논리적으로 관련되어 있다고 관찰자에게 보여졌기 때문에 특성들에 대해 유사한 점수를 부여함으로써 야기되는 오차. 예) 덜익은 과일 향미 – 푸른색

M

masking(마스킹, 감춤)
두 냄새 또는 향미들이 서로 중화될 때 사용되는 용어. 맛, 냄새, 향미 등에 있어서 혼합물을 이루는 한 성분의 특성이 존재하는 다른 성분의 특성보다 우세하여 성분들 사이의 화학적인 상호작용의 이점없이 감지될 특성을 변화시키는 것

mastication(저작)
치아로 씹고, 갈고, 분쇄하는 동작

mealy(파삭파삭한)
전분질과 같은, 혹은 거친 옥수수같은 감각으로 입에 느껴지는 특성

medicinal(약냄새)
약과 같은 향미나 냄새(보통 불쾌한)를 나타내는 후각과 미각의 감각. 소독제, 염소제, 옥소, 혹은 페놀 성분의 냄새와 맛

merosmia(후맹)
어떤 냄새가 감지되지 않는, 색맹과 유사한 상태

metallic(금속성의)
철이나 구리 오염을 연상시키는 향미 결점 지방을 함유한 식품에서는 산패와 관계됨

MID(minimum identifiable difference, 최소 확인 가능 차이)
차이 역치

MIO(minimum identifiable oder, 최소 확인 가능 냄새)
냄새의 인식 역치

modality(양상)
부분적 또는 전체적으로 나타나는 감각의 분화(식별). 맛의 양상은 단맛, 신맛, 짠맛과 쓴맛임

moldy(곰팡이의)
곰팡이를 연상시키는 냄새

monosodium glutamate(MSG)
글루탐산의 나트륨염

motivation(동기)
유기체 내의 상태에 의해 시작되거나 조절되는 행동을 설명하기 위한 용어. 자극

motive(동기, 자극)
행동을 자극하거나 결정하는 내부의 유기적 상태

mouthfeel(압촉감)
시료 물질의 밀도, 점도, 표면장력 및 그 밖의 다른 물리적이고 화학적인 특성에 관련된, 식품이나 음료를 섭취하는 동안, 또는 그 후에 입 속의 피부 감각에서 유래되는 복합적 경험

multiple comparison(다중비교)
무제한 수(보통 3개 이상)의 시료가 무작위 배치 또는 미리 정한 통계학적 설계에 따라 관측자에게 동시에 제시됨. 결과의 유의성은 보통 분산분석으로 계산됨

multiple range test(다범위 검정)
비교되는 평균들의 수에 의존하여 다른 유의값을 사용하는 검사

musty(곰팡이의)
눅눅하고 불충분하게 환기가 되는 지하실의 특색과 유사한 향미

N

neutralize(중화하다)
다른 자극과 함께 맛 또는 후각을 말살하거나 억제하는 것. 또는 화학적으로 산과 염기의 반응

null hypothesis(귀무가설)
좀더 극단적인 값에 대한 통계 및 이에 상응하는 확률의 계산이 가능한 모집단 또는 분포에 적용할 수 있는 가설

numbing(감각을 잃은)
eugenol같은 물질의 마취성질

O

objective(객관적인)
1. 반복 가능한 작동의 혹은 물리적 도구에 의해 기록 가능한
2. 한 개인의 관찰과 보고에 전적으로 의지하는 것이 아니라 다른 사람들에 의해 입증할 수 있는, 대개 '주관적인'의 반대말

observer(실험자)
일반적으로 자신의 경험을 구두로 보고하는 형태로 자료를 제공하는 것에 의해 검사에 참여하는 사람. 'judge'와는 반대로 주요 관심이 검사 물질보다는 사람의 냄새에 쏠려 있는 상황을 뜻함

odor(냄새)
냄새 맡아 지는 것. 냄새란 기체 물질이 콧구멍에 있는 후각 수용체를 자극함으로써 결과되는 자극 또는 감각을 일컬음

odor counteraction(냄새 반작용)
두 개의 식별할 수 있는 냄새가 혼합될 때 그 두 냄새 어느 것보다도 약한 강도의 세 번째 냄새를 산출하는 비화학적 냄새현상

odorant(냄새 물질)
후각 수용체를 자극하는 물질

odor prism(냄새 프리즘)
자명한 기본적 부류의 냄새와 전이된 혹은 혼합된 냄새 사이의 관계에 대한 도식적인 표현

oily(기름의)
미끄럽고 기름투성이의 구강 감각

olfaction(후각)
냄새 감각

olfactometer(후각 측정기)
한계치 혹은 다른 정량적 값들을 측정하는데 사용되는 냄새 자극의 조절된(두피, 온도, 습도, 유출속도) 제시를 위한 도구

olfactometry(후각 측정)
자극보다는 대상자에 중점을 두어 인간의 후각적인 민감도 측정

olfactory coefficient(후각 계수)
냄새의 식별을 위해 필요한 물질의 기체 성분의 최소 부피

olfactory epithelium(후각 상피)
후각 수용체 세포를 포함하는 코에 있는 표피층

olfactory region(후각 영역)
후각 수용체의 부위

one tailed(or one sided)
test(단축검정) 분포의 한쪽 꼬리에 근거를 두는 유의성 검사. 예) 이점비교검사

organoleptic(감각적, 관능적)
1. 기관 또는 유기체 전체에 느낌을 주거나 영향을 주는
2. 느낌을 받을 만한
3. 맛과 냄새에 대한 검사를 일컬을 때 때때로 '관능검사' 또는 '관능'에 대한 동의어로 사용됨. 이 단어는 식품분석에서 '관능검사' 또는 '정신 물리학'이란 말에 의해 대체되어 진부한 표현이 되었음

osmics(냄새학)
냄새에 관한 학문 분야

oxidized(산화된)
향미의 결점. 예) 제품의 마분지 향미, 포도주의 알데히드냄새 같은 것, 기름의 산패취

P

paired comparison(method of, 이점비교검사)
기호도, 강도 또는 정해진 품질의 수준과 같은 어떤 한정된 항목에 대해 비교하기 위하여 시료가 쌍으로 제시되는 정신측정학적 또는 정신물리학적 방법
1. 번호를 붙인 시료(AA, AB, BB)를 제시하고 "두시료가 다릅니까?"라고 질문함
2. 번호를 붙인 시료(AB 또는 BA)를 제시하고 "어는 것이 더 강합니까?", "더 답니까?" 또는 "어느 것을 더 좋아합니까?"라고 질문함

paired preference(이점기호검사)
선호도를 비교하는 이점검사

palatable(맛있는)
좋아하는 맛을 지닌, 맛 좋은, 그러므로 기분 좋은

palate(입 천장)
입 천장 또는 개인의 주관적 선호경향

panel(패널)
어떤 방식으로 특별히 선택되거나 지명된 표본 집단(observers, objects, judges)으로 그들은 훈련된 검사자일 수도 있고, 특별한 지식과 기술을 지닌 자이거나 단순히 참여 가능한 자일 수도 있음

panel leader(패널 지도자)
묘사분석에 있어서 패널을 조직화하고 검사를 진행시키며 패널 지도의 책임을 지는 사람

papillae(파필라)
미뢰를 함유하고 있는 다양한 모양의 돌기체, 엽상, 성곽형, 균상, 섬유상의 네 종류가 인간의 혀에서 발견됨

pasty(풀같은)
밀가루와 물로 이루어진 풀과 같은 텍스처 성질

perception(인지)
감각기관에 의하여 대상, 성질, 관계를 인식하는 과정

physiological psychology(생리심리학)
신체적인 작용과 행위 사이의 관계를 연구하

는 학문

plastic(사소성의)

텍스처 특성으로서 파괴되지 않고 어떤 방향으로든지 계속 또는 영구적으로 변형될 수 있는

pleasant(유쾌한)

기분 좋은 맛이나 기호도가 조화를 이룬

preference(선호)

1. 더 좋아하는 데 대한 표현
2. 다른 것과 비교하여 여러 개 중 하나를 선택

pretest(예비실험)

한 절차를 거쳐 어떤 방향으로든지 계속 또는 영구적으로 변형될 수 있는

primary qualities(기본적인 질)

그것으로부터 다른 모든 질들이 파생될 수 있는 기본 성질. 네 가지 기본적인 맛의 질은 일반적으로 단맛, 신맛, 짠맛, 쓴맛이라고 볼 수 있음

probability model(확률모형)

확률이론에 기초한 어떤 한 상황의 중요한 측면에 대한 유용하고 편리한 제시

protection level(방어수준)

두 측정치들 사이에서 차이의 유의성을 검증하려고 할 때 모평균들이 동일하다면 평균들 사이

psychophysics(정신물리학)

물리적인 자극 변수와 관능적인 변수들에 대한 심리적 측정 사이의 관계를 연구하는 학문

pungent(콕 쏘는)

암모니아, 겨자 갠 것, 고추냉이 같은 물질에 노출되었을 때 입, 코, 인두 부위에서 경험하게 되는 특정 형태의 자극적인 화학적 감각, 기본적인 감각은 코에서 인지하고 오래 남음

pure odors(순수한 냄새)

3차 신경이나 미각기관과 같이 입안 피부의 감각에 의해 영향을 받지 않은 후각 경험

pure stimulus(순수 자극)

부수적이거나 복잡한 형태의 자극을 지니지 않는 형태(광파, 화학 물질, 음파 등)

Q

quality(품질)

1. (심리학적) 정도보다는 종류의 다양성의 포함하는 양상, 특성, 특징 또는 기본적 경험
2. 각각의 제품을 구별할 수 있는 복합적 특성이며 소비자의 기호도를 결정하는 데 있어서 중요한 인자임
3. 주로 경험 있는 소비자에 의해 결정되는 상품의 기준

quality control(품질관리)

제품의 색깔, 점도, 향미 등과 같은 특성이 과도하게 달라지는 것을 방지하기 위해 생산 시 관능적, 물리적 및 화학적 검사를 적용하는 것

R

rancid(산패된)
오래된 기름에서 나는 고약한 냄새 또는 향미를 가진 심한 경우에는 페인트와 같은

randomiized black desing(난괴법)
무작위 순서로 제시된 모든 시료를 한 번의 검사 시에 각 평가자가 평가하도록 하는 실험설계

rank order(순위법)
1. 평가자들이 선호도, 강도, 질과 같이 정해진 항목에 대한 한 시리즈에 있는 모든 시료를 동시에 고려하여 순위를 매기도록 요구하는, 다중비교에서 사용되는 심리측정방법
2. 어떤 항목에 따라 식품을 순서대로 나열하고 순서에 따라 순위를 지정하는 방법

rating method(평정법)
특성 강도의 가능한 범위를 나타내는 선의 양극단 사이의 적당한 위치에 표시함으로써 자극 물질이 지닌 특정 성질의 정도에 대해 평가하는 방법. 훈련에 의해 인식된 한정된 항목에 시료를 배치하는 것

rating scale(평가척도)
평가된 강도를 나타내기 위한 척도, 훈련을 통해 인식된 항목에 시료의 강도를 표시함

reation(반응)
행동과학에서 알려지거나 내포된 자극에 대하여 나타나는 행위

reation time(반응시간)
자극과 반응이 일어나는 사이에 경과되는 시간

receptor(감각기)
어떤 자극에 대해 다른 기관보다 더 민감하게 반응하는 세포

recognition threshold(인식역치)
자극을 판별하는 데 필요한 최소의 물리적 강도

reference sample(기준시료)
다시료 검사에서 모든 다른 것들과 비교 기준이 되는 시료

reflectance, diffuse or RD(산란반사)
불투명한 물질에 의해 확산되면서 반사되는 빛 에너지. 거울같은 반사나 지향성 반사와는 반대로 산란반사는 모든 방향에서 다소 동일하게 반사되기 때문에 광택을 주지 않음

reflectance, directional(지향성 반사)
불투명한 표면으로부터 특정 각도에서 다른 각도에서보다 더 큰 강도로 반사되는 빛 에너지

region of acceptance(수용영역)
귀무가설이 받아들여지는 범위

region of rejection(기각영역)
귀무가설이 기각되는 범위

response surface procedure (반응표면방법)
최대 점수를 얻기 위해 다양한 재료의 최적 비율을 결정하도록 변수 사이의 함수관계를 연구하는 방법

rubbery(고무같은, 질긴)
1. 자연산 또는 합성고무의 냄새로 para-teriary butylphenol의 특성
2. 탄력성 있고 고무같은 질감

S

saliva(침)

입의 이하선으로부터 나오는 맑고 알칼리성 이며 다소 점성이 있는 분비액

salty(saline, 짠맛의, 소금맛의)

소금의 맛이 전형적인 맛인 맛감각의 질

sample(시료)

평가하기 위해 제시되는 한 개의 검사물 또는 일정량

satiety(포만)

포식하고 만족하여 더 이상 배가 고프지 않고 식욕이 없는 상태

saturation(채도)

순도로 설명되는 색의 차원. 채도가 높으면 색상이 순수하고 회색이 없는 것으로 보이고, 채도가 낮으면 회색이 많이 섞여 있는 것으로 보인다

savory(맛 좋은, 풍미 있는)

마음에 드는 향을 지녀서 식욕을 돋우는

scaling(척도법)

고정된 표준점수와 관련지어 연속적인 척도 사이에 대한 점수를 표시하는 것

scent(향수냄새)

특징적인 냄새, 미묘한 냄새

score(점수)

1. 검사물의 특성에 대한 특정 반응의 값
2. 식품에 대해 점수를 매긴다는 것은 식품의 특성에 대해 척도상의 등급을 나타내는 것

screening(선별)

가능한 시료, 기술, 검사자 등에 대한 예비 검사

seasoning(조미료, 양념)

향신료처럼 식품의 향을 보충하거나 증진시키는데 사용되는 조미료, 향신료

sensation(감각)

뇌의 피질에 이르는 구심성 활동이 수반되는 방해받지 않은 경험. 감각기관이 자극되었을 때 즉각적으로 자각하는 것

sensitivity(민감성)

예민함. 정량적이거나 정상적인 차이를 인지하는 능력

sensitizer(동기)

감각기관이 외부자극에 대해 선택적으로 반응하도록 하는 내적 요소

sensory(관능의)

감각기관에 관한. 관능검사는 감각기관에서 얻어진 반응으로 수행됨

sensory panel(관능적인 패널)

자극에 대한 예민도, 신뢰도에 근거하여 선택된 사람들의 집단 또는 그들의 평가가 큰 집단의 평가를 대표할 수 있다고 판단되는 사람들의 집단

sequential analysis(연속분석)

시료의 수를 미리 정하지 않고 진행하면서 수집되는 시료를 택하는 방법

series effect(연속효과)

한 자극에 대해 일련의 자극 전체와 관련지어 과대 또는 과소 평가하려는 경향

sharp(얼얼한)

다양한 종류의 산과 알코올과 같이 먹거나 냄새 맡은 물질에 대해 강렬하거나 고통스

러운 반응을 나타내게 하는

shear(전단)
씹는 행위가 식품에 가하는 힘의 일종으로 처음 식품은 압착되고 그 다음에는 잘라짐

short(바삭바삭한)
과자같이 쉽게 부서지고 깨지는

significance(statistical, 유의성, 통계적인)
차이가(시료 간이나 처리 간에) 실제 있고 그 차이는 chance variation에 의해 발생한다는 확률 용어

single stimulus(단일자극)
제시된 하나의 자극에 대한 판단을 하도록 하는 정신 물리적 혹은 정신 측정학적 방법

smell(냄새)
후각신경의 흥분에 의해 감지되는 것

smoky(훈연취의)
연기를 내는 것. 회색 구름같이 뿌연 양상. 탄 냄새와 향미를 지니는 것

smooth(매끄러운)
균일한 표면이나 질감을 갖는 것. 거칠지 않은 것

sniff(흡입)
냄새를 평가하기 위하여 코를 통해 소리가 날 정도로 급속히 숨을 들이마심

soft(부드러운)
1. 온화하고 상쾌한 방식으로 감각을 자극하는 것. 거칠지도 단단하지도 않으며 시지 않은. 맛보고 바라보며 듣고 만질 때 거슬리지 않는
2. 물리적 압력으로 쉽게 변형되는. 쉽게 모양을 만들고 자를 수 있는 내구력이 없는
3. 물: 비누의 거품 형성을 방해하는 칼슘과 마그네슘이 없는
4. 과일 음료: 알코올이 없는
5. 밀: 글루텐 함량이 낮은 낟알의

soggy(눅눅한)
수분으로 포화된. 무겁고 젖은, 물에 붙은, 물에 적신

sorting(분류)
한 변이의 여러 개의 시료와 다른 변이의 여러 개의 시료들을 두 개의 동질그룹으로 분류하라는 지시에 따라 무작위적인 순서로 제시하는 방법

sour(신)
산에 의해 나타나는 맛의 감각. 상한 식품을 묘사하기도 함

specific smell strength(냄새 비강도)
1ℓ당 함유된, 간신히 냄새를 맡을 수 있는 물질의 gram수의 역수

specific tenacity of odor(냄새 비지속률)
특정 조건하에서 무수 알코올 내에 함유된 어떤 물질 1% 용액 1g이 그 냄새를 계속 나타내는 시간에 100을 곱한 것

spicy(향신료의)
향신료로 향미를 낸, 향신료를 함유한, 향신료의 특성(향기로운, 얼얼한, 톡쏘는)

spongy(스펀지상의)
스펀지의 질감을 갖는. 성기고 유연한 텍스처, 탄력성의, 다공질의

springy(상한)
신선하지 않은. 상한 맥주, 상한 빵같이 오래되어 김이 빠지거나 맛이 없는

standard sample(표준시료)
다른 시료와 비교하기 위해 기준으로 정해진 시료

standards(표준)
향미 프로필 방법에 있어서 묘사 용어를 조정기준으로 사용하는 화합물 및 혼합물

starchy(전분상의)
전분식품과 같이 많은 양의 탄수화물을 포함하는, 조리되지 않은 전분의 향미나 구강과 유사한

stimulus(자극)
감각기관을 자극하는 것. 예를 들어 냄새가 나는 물질이나 향미가 있는 용액, 그리고 전류 같은 것

stimulus error(자극오차)
감각의 특성에 대해서가 아닌 자극의 성질에 주의를 기울인 결과로 나타나는 오차. student's t-distribution x/s의 비를 나타내는 분포. x는 평균이 0인 정규 집단으로부터 관측된 결과이고, s는 모집단 표준편차의 유효 추정치임

subject(검사원)
검사(test)에 참여하여 데이터를 제공하는 사람. 검사원이라는 포괄적인 용어는 이와 관련된 용어 중 어느 것이 사용되더라도 적합함. 따라서 검사자는 주관적이거나 구술적인 데이터를 제공하는 사람들뿐 아니라 다른 어떤 방법으로 응답하는 사람들도 포함함. 검사원, 판단자(judge) 그리고 관찰자(observer)는 관습에 따라 용납되는 용어들이며, 그 자체로는 실험자(tester), 맛 평가자(taster), 패널요원(panelist), 냄새 평가자(sniffer) 등과 같은 말로 구별됨

subjective(주관적인)
관련된 사람에 의해서만 관찰되거나 보고될 수 있는 개인적인 경험에 관한 성격, 편견 및 감정적 상황의 영향을 받기 쉬운

subliminal(식역하의)
역치하의. 뚜렷한 감각을 자극할 만큼 충분히 강하지는 않지만 개인의 반응에 영향을 미치는 자극에 적용됨

succulent(다즙의)
멜론의 조직과 같이 즙이 많은 조직을 가진

supraliminal(식역상의)
역치상의−절대역치 혹은 차이역치에 해당

sweet(단맛)
설탕맛이 대표적인 예인 맛 감각의 특성

T

tacky(끈적끈적한)
들러붙는, 끈끈한

tactile(촉감의)
감촉의

tactometer(촉감계)
촉감을 예민하게 검사하고 측정하는 기구

tangy(짜릿한)
얼얼하고 짜릿한 향미를 지닌

tannin(탄닌)
많은 천연제품(붉은 포도주, 차(tea), 커피 등)에 들어 있는 떫은 물질. tart(신) → sour 참조

taste(맛)

감각의 하나로 감각기관이 입안에 위치해 있으며 여러 종류의 화합물 및 용액에 의해 활성화되는 감각. 대부분의 연구자들은 미각의 특성을 보통 네 가지, 즉 짠맛, 단맛, 신맛 그리고 쓴맛으로 제한함. 미각도 포함되는 감각인 향미와 구별됨

taste blindness(미맹)

미각의 결핍. → ageusia 참조

taste buds(미뢰)

혀에 위치하는 미각신경의 말단기관. 구강의 다른 부분에 존재하기도 함

tasty(풍미 있는)

좋은 맛이나 향미를 지니는, 맛 좋은

tender(연한)

쉽게 파괴되거나 잘리거나 또는 씹히는, '질긴' 혹은 '단단한'의 반대말

tenderometer(연도 측정기)

식품의 연한 정도를 검사하고 측정하는 기구

texture(질감)

눈, 피부 및 입 안의 근육에 의해 감지되는 거침, 매끄러움, 입상 등을 포함하는 식품의 특성

thin(묽은)

향미 혹은 텍스처에 있어서 물질, 풍부함, 강도 혹은 밀도가 부족한

threshold(역치, 한계값)

연속적인 감각 혹은 판단에 있어서 자극 척도상에 전환이 나타나는 통계적으로 결정된 지점으로 한계값에는 다음과 같은 몇 가지 형태가 있음. ① 절대 한계값, 감각의 한계값, 감지 한계값 혹은 무감각 상태에서 감각이 발생하는 자극치. ② 차이 한계값은 감각에 있어 변화를 나타나게 하는 데 요구되는 특정 자극의 최소량으로, DL로 표시되며 JND로서 그 간격 혹은 단위가 표시됨. ③ 인식 한계값은 그 물질이 정확하게 무엇인지를 알 수 있는 최소의 농도. ④ 최종 한계값은 자극에 대해 감지된 특성 강도가 더 이상 증가하지 않는 자극의 크기로 보통 그 이상이 되면 통증이 수반됨

time error(순차오차)

두 가지 시료를 동시에 제시하는 경우 발생하는 판단의 오류. ① 부정적 – 두 번째 자극에 비해 첫 번째 자극을 더 높게 혹은 더 강하게 평가하는. ② 긍정적 – 첫 번째 자극에 비해 두 번째 자극을 더 높게 혹은 더 강하게 평가하는

time–intensity test(시간–강도 시험)

어떤 하나의 자극에 의해 자극되는 속도, 지속 시간 및 강도를 측정하는 것

tough(질긴)

깨지지 않고 유연성을 지니는, 파괴되지 않으며 변형되는 육류의 인대같이 질긴

transmittance(투과)

일정한 파장을 지닌 방사된 빛의 일부가 반사되거나 흡수되지 않고 물질을 통과하는 것

triangle test(삼점검사)

세 개의 시료 중 두 개는 같고 하나는 다른 시료로 이루어지는 차이 검사의 한 방법. 검사자의 임무는 하나의 다른 시료를 선택하는 것임. 제시 순서로 가능한 조합은 AAB, ABA, BAA, ABB, BAB, BBA이다

trigeminal(3차신경)
5번째 두개골 신경과 관련된 것으로 이 신경을 넘어 통감이 중앙 신경계로 전달됨

turbid(탁한)
뿌연, 탁한, 맑지 않은

turbinates(갑개골)
코 구조에서 외이 부분

two-tailed(two-sided) test(양측검정)
이점 기호 검사에서처럼 분포의 양쪽 끝부분에 근거한 유의성 검정

U

unbalanced(불균형된)
한 성분 또는 다른 성분이 시나쳐 미삭, 후각적으로 조화되지 않는

unconditioned response(무조건 반사)
앞선 조건없이 특유한 자극에 대해 일어나는 반응

unconditioned stimulus(무조건 자극)
앞선 학습에 영향받지 않고 행동에 영향을 주는 자극

use test(사용검사)
소비자에게 한 개 또는 그 이상의 상품을 일정기간 사용하도록 한 후의 반응을 유도하기 위해서 사용

V

validity(정당성, 타당성)
실험 또는 실험 자료에 대한 논급에서 실험결과가 실험의 목적에 부합한다는 것을 나타냄

value(명도)
색깔의 밝음과 어두움

viscous(점성이 있는)
걸쭉한

W

warm-up sample(맛보기 시료)
검사에 앞서 시료의 소개를 위해 검사원에게 제시되는 시료

watery(물같은)
희석된 향미. 향미의 강도가 평이하고 부족한

weber ratio(웨버비율)
관능적 강도가 자극의 대수에 비례한다고 하는 정신 물리학적 방법

weber's law(웨버법칙)
물리적 자극의 비례증가에 대해 반응이 동등하게 증가한다는 법칙

조리과학 이론 및 실험

찾아보기

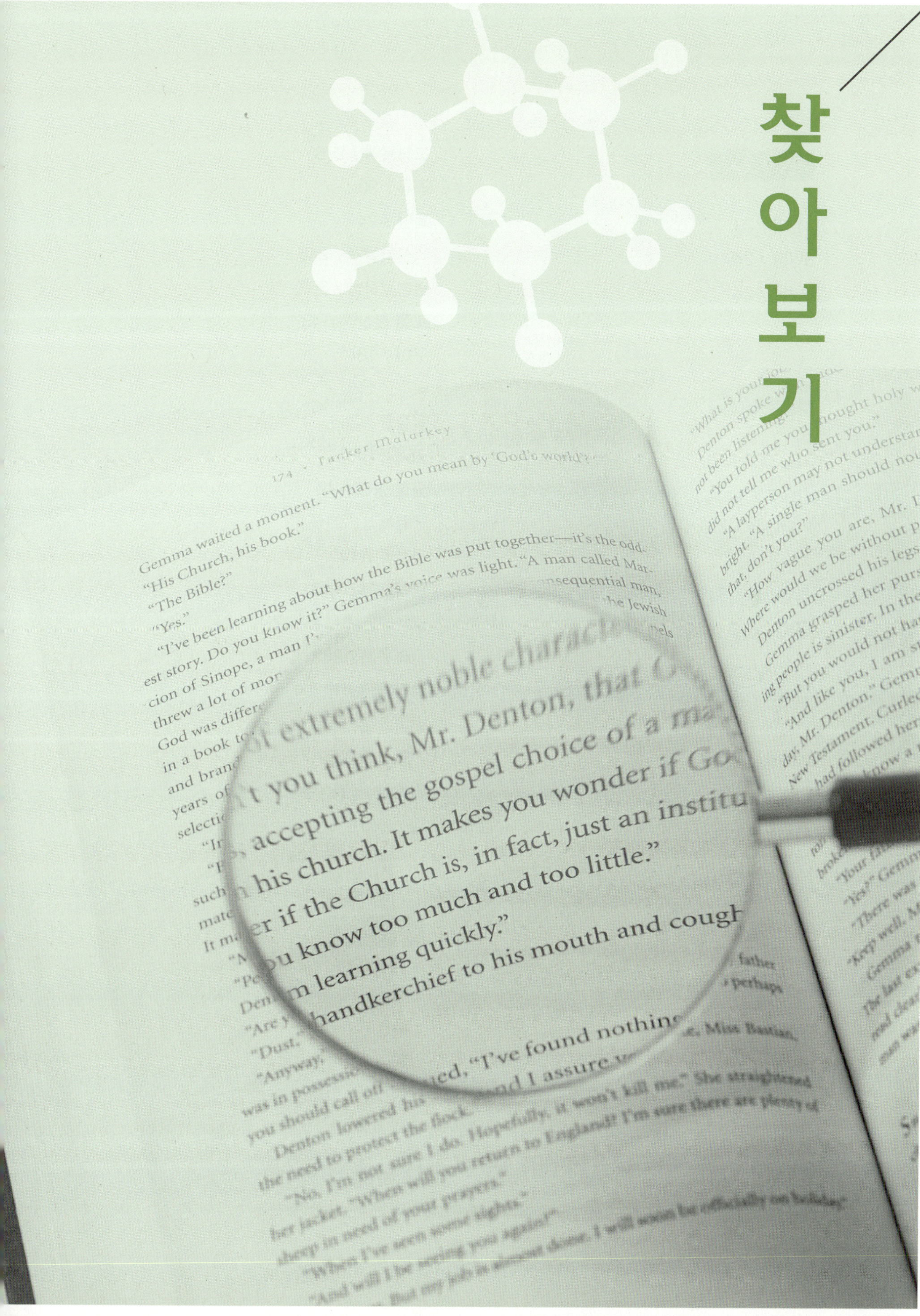

his church. It makes you wonder if Go
er if the Church is, in fact, just an institu
ou know too much and too little."
m learning quickly."
handkerchief to his mouth and cough

기호 / 숫자

ㄱ

ㄴ

ㄷ

ㄹ

ㅁ

ㅂ

ㅅ

ㅇ

ㅈ

ㅊ

ㅋ

ㅌ

ㅍ

ㅎ

┌ 저자약력 ┐

◈ **강근옥**

이학박사(조리전공)

국립한경대학교 영양조리과학과 교수

◈ **김성옥**

관광학 박사(외식조리전공)

동원대학교 호텔조리과 교수

조리과학 이론 및 실험

2004년	1월	1일	초판	인쇄
2007년	1월	29일	개정판	발행
2009년	8월	1일	개정2쇄	발행
2013년	3월	4일	3개정판	발행
2015년	2월	28일	3개정2쇄	발행

저 자 강근옥 · 김성옥
발 행 인 김홍용
펴 낸 곳 도서출판 효일
디 자 인 에스디엠
주 소 서울시 동대문구 용두2동 102-201
전 화 02) 928-6644
팩 스 02) 927-7703
홈 페 이 지 www.hyoilbooks.com
등 록 1987년 11월 18일 제 6-0045호

값 20,000원

ISBN 978-89-8489-342-9